高等院校园林专业系列教材

城市绿地规划设计

田建林　张致民　主编

中国建材工业出版社

图书在版编目(CIP)数据

城市绿地规划设计/田建林,张致民主编. —北京:中国建材工
业出版社,2009.1(2017.7重印)
高等院校园林专业系列教材
ISBN 978-7-80227-490-7

Ⅰ. 城…　Ⅱ.①田…②张…　Ⅲ. 城市规划:绿地规划　Ⅳ. TU985

中国版本图书馆 CIP 数据核字(2008)第 178862 号

内 容 提 要

　　本书主要内容可分为两大部分:第一部分从总体上介绍了城市园林绿地及其功能;第二部分则分别介绍应如何规划城市绿地中的各个子系统,包括城市绿地、园林组成要素、公园、城市道路、广场绿地、居住区绿地、单位附属绿地、风景名胜区、森林公园和观光农业园(区)的规划设计。书中运用了大量的图表来表达城市绿地规划设计的要点及程序等,简单直观,易于理解、掌握。

　　本书可作为各类建筑院校的城市规划专业、景观设计专业,农林院校的园林专业、观赏园艺专业教材用书,也可供各类园林景观设计人员参考。

城市绿地规划设计

田建林　张致民　主编

出版发行：中国建材工业出版社
地　　址：北京市海淀区三里河路 1 号
邮　　编：100044
经　　销：全国各地新华书店
印　　刷：北京雁林吉兆印刷有限公司
开　　本：787mm×1092mm　1/16
印　　张：16.75
字　　数：409 千字
版　　次：2009 年 1 月第 1 版
印　　次：2017 年 7 月第 3 次
书　　号：ISBN 978-7-80227-490-7
定　　价：**39.00 元**

本社网址：www.jccbs.com.cn
本书如出现印装质量问题，由我社发行部负责调换。联系电话：(010)88386906

《城市绿地规划设计》编委会

主编：田建林　张致民

编委：丁　文　王　乔　王作仁　冯义显

　　　巩晓东　刘英慧　季铁兴　吴戈军

　　　张　敏　张　琦　经东风　姜　彧

　　　唐纯翼　葛春梅

发展出版传媒　　服务经济建设

传播科技进步　　满足社会需求

我 们 提 供

图书出版、图书广告宣传、企业定制出版、团体用书、
会议培训、其他深度合作等优质、高效服务。

编 辑 部　　　　**图书广告**　　　　**出版咨询**　　　　**图书销售**
010-68342167　　010-68361706　　010-68343948　　010-68001605

jccbs@hotmail.com　　　　www.jccbs.com.cn

中国建材工业出版社

China Building Materials Press

前　言

　　城市绿地是改善城市环境的重要途径之一,城市绿地规划设计是否合理,直接影响着城市的发展。当今社会城市发展迅速,导致经济发展与生态环境产生了极大的矛盾。因此,如何对城市绿地进行规划设计是当今城市建设中引起多方关注的焦点问题之一。对城市绿地进行合理的规划,可以有效地维护城市的生态平衡,给整个城市带来优美、舒适的自然环境,加快城市的经济发展。本书详细地阐述了如何对城市绿地进行规划及在规划中应当注意的各种问题。

　　本书共有10章:前2章从总体上介绍了城市园林绿地及其功能;后8章则分别介绍应如何规划城市绿地中的各个子系统,包括城市绿地、园林组成要素、公园、城市道路、广场绿地、居住区绿地、单位附属绿地、风景名胜区、森林公园和观光农业园(区)的规划设计。本书还运用了大量的图表来表达城市绿地规划设计的要点及程序等,简单直观,易于理解、掌握。

　　由于编者的水平和学识有限,尽管编者尽心尽力,但内容难免有疏漏或不妥之处,敬请有关专家和读者提出宝贵意见,予以批评指正,以不断充实、提高、完善。

编　者

目　　录

第1章 概 述

1.1 城市园林绿地的概念

园林的概念是随着社会历史和人类认识的发展而变化的。不同历史发展阶段有不同的内容和适用范围,不同国家和地区对园林的界定也不完全一样,不少园林专家、学者从不同的角度对园林一词提出了自己的见解。在我国古籍里,园林根据不同的性质也称作园、圃、苑、园亭、庭园、园池、山池、池馆、别业、山庄等,国外有的则称之为 garden、park、landscape garden。它们的性质、规模虽不完全一样,但都具有一些共同的特点。

概括地说,园林是指在一定地域内运用工程技术和艺术手段,通过因地制宜地改造地形、整治水系、栽种植物、营造建筑和布置园路等方法创作而成的优美的游憩境域。

园林的规模有大有小、内容有繁有简,一般都包含四种基本的构成要素:土地、水体、植物、建筑。土地和水体是园林的地貌基础。土地包括平地、坡地、山地。水体包括河、湖、溪、涧、池、沼、瀑、泉等。天然的山水需要修饰、加工、整理;人工开辟的山水要讲究造景,还要解决许多工程问题。因此,"筑山"(包括地表起伏的处理)和"理水"就逐渐发展成造园中的专门技艺。植物栽培起源于生产的目的,早先的人工栽植以提供生活资料的果园、菜畦、药圃为主,后来随着园艺科学的发达才有了大量供观赏用的树木和花卉。现代园林的植物配置是以观赏树木和花卉为主,而今因人们更加崇尚自然,植物这一要素在园林中的地位更加突出。园林建筑是指亭、台、楼、阁、建筑小品以及各种工程设施,它们不仅在功能方面必须满足游人游憩、休闲、交通的需要,同时还以其特殊的形象成为园林景观必不可少的一部分,有无园林建筑也是区别园林与天然风景区的主要标志。

上述四要素中,土地、水体、植物为自然要素,建筑为人工构筑要素。在造园中,必须遵循自然规律,才能充分发挥其应有的作用。

1.2 城市园林绿地规划的目的和任务

1.2.1 城市园林绿地规划的目的

由于每个城市的地理位置和自然环境不同,其历史发展历程也各不相同,因此,每个城市的绿地规划的任务、内容也应有所不同。各个城市应当针对各地不同的景观、文化、历史条件制定绿地系统结构,在规划中体现出地域性。

作为城市总体规划阶段专项规划的城市绿地系统规划的工作特性或者说实质性内容主要应体现在三个方面:第一,城市各类绿化用地的规划控制,要在保证用地数量的同时,形成合理的绿地布局;第二,城市主要的绿地体系的规划,如公园绿地、防护绿地、减灾避灾绿地等体系的建立;第三,城市绿化特色的拟定,要结合城市自然条件和城市性质,针对不同用地的特点推

1

荐不同的植物品种、配植方式，以形成富有本地特色的城市绿化景观。

1.2.2　城市园林绿地规划的主要任务

城市园林绿地规划的主要任务是：

1）根据城市发展的要求和具体条件，制定城市各类绿地的用地指标，并确定各项主要绿地的用地范围，合理安排整个城市的园林绿地系统，作为指导城市各项绿地建设和管理的依据。

2）从生态园林城市的建设要求出发，充分利用自然条件，塑造城市景观特色。分别创造以沿河为主的自然水体景观区及由环城林组成的生态绿色景观区，形成以城区外部绿色林带景观为背景，水体景观为依托，以城区景观轴线为网络骨架，突出城区重点地段的景观风貌，以城区公共绿地系统和城市广场为中心的景观结构。

3）着眼于城区内外绿地景观的衔接和协调，重视对城区出入口、工业区及城区内重点地段和重要节点处的形象设计。

1.3　城市园林绿地发展趋势

城市园林绿地规划设计呈现出以下新的发展趋势，见表1-1。

表1-1　城市园林绿地发展趋势

趋　　势	特　　　　　　　　　　　　　　点
更加注重实用功能	从过去的观赏型转向重视实用性，更加注重形式美与实用功能的有机结合，以生物与环境的良性关系为基础，以自然环境的良性关系为目标，城市园林绿地系统的功能在21世纪走向生态合理与实用化
数量与效益提高	城市园林绿地的数量不断增加，面积不断扩大，类型日趋多元化，由于人口的增加，土地相对减少，如何合理高效利用各种空间（包括从死角挖掘额外的空间）、发挥园林绿地的效益显得非常重要，出现了立体型、多功能集商业性、寓教于乐性为一体的城市中心园林绿地，以及改进城市污染废弃场地等新型园林绿地
绿地系统结构网络化	城市园林绿地系统由集中到分散，由分散到联系，由联系到融合，呈现出逐步走向网络连接、城郊融合的发展趋势，更加注重以植物综合运用、景观环境绿化和水土整治为核心的物质生态环境规划的统一与协调
新材料、新技术的应用	造园材料与施工技术更加专业化，在各种游乐设施与植物养护管理上广泛采用先进的技术设备和科学的管理方法
方法更加科学	设计方法更加科学化，关注与城市规划的整体协调，重视设计前的调研工作，重视设计中的公众参与，注重研究人的心理行为与环境关系，关注使用者的心理及生理需求，从过去偏重艺术领域向更加科学的范畴拓展

当今社会信息与交通的发达，使得世界性交往日益频繁，园林界的东西方交流也越来越多。这既有利于相互取长补短，但也有同化的不利因素存在。在城市园林绿地规划设计中如何保持民族特色与地域特色是值得深思的问题。

第2章 城市园林绿地的功能

2.1 园林绿地的生态功能

2.1.1 改善小气候

城市的气候与城市周围郊区的气候有一定差别。如城市气温一般比郊区高,云雾、降雨比郊区多;大风时城内的风速比郊区小,但小风时反而比郊区大;城市上空的悬浮尘埃比郊区多,因此能见度比较低,所接受到的太阳辐射量也小。

尘埃多、日照少、能见度低等不利影响,是由于城市人口密集,工业生产集中,城市中大部分地面被建筑物和道路所覆盖,绿地面积很少所造成的。城市上空的空气中含有城市排放的各种污染物质,这些物质不仅使到达地面的太阳热能减少,也使热量的外散受到阻挡。加之城市本身是个大热源,工厂和川流不息的汽车,生活用煤的燃烧,建筑墙面、路面、建筑铺装物所散发的辐射热,都是使城市增温的热源。

城市气候不仅与郊区有明显差别,而且在城市范围内也会因建筑密度不同、城市土地利用和功能分区的不同而造成不同地区的差异。如工业区以及人流、车流集中的市中心区气温就高一些,绿地面积大的地区气温就低一些。树木花草叶面的蒸腾作用能降低气温,调节湿度,吸收太阳辐射热,对改善城市小气候有积极的作用。城市地区或周围大面积的绿化种植,以及道路两侧浓密的行道树和建筑前后的树丛都可以对城市、局部地区、个别地域空间的温度、湿度、通风产生良好的调节效果。

1. 调节气温的作用

影响城市小气候最突出的有物体表面温度、气温和太阳辐射温度,而气温对于人体的影响是最主要的。其原因主要是太阳辐射的 60% ~ 80% 被成荫的树木及覆盖了地面的植被所吸收,而其中 90% 的热能为植物的蒸腾作用所消耗,这样就大大削弱了由太阳辐射造成的地表散热而减少了空气升温的热源。此外,植物含水根系部吸热和蒸发、树叶摇拂飘动的机械驱热和散热作用及树荫对人工覆盖层、建筑屋面、墙体热状况的改善,也都是降低气温的因素。

冬季由于树干树叶吸收的太阳热量缓慢散热,而使绿地气温可能比非绿地高,如铺有草坪的足球场表面温度就比无草地的足球场要高 4℃。

夏季时,人在树荫下和在直射阳光下的感觉差异是很大的。这种温度感觉的差异不仅仅是 3 ~ 5℃ 气温差,而主要是太阳辐射温度所决定的。经辐射温度计测定,夏季树荫下与阳光直射的辐射温度可相差 30 ~ 40℃ 之多,这才是使人们感受到降温作用明显的真正原因(图 2-1)。

除了局部绿化所产生的不同气温、表面温度和辐射温度的差别外,大面积的绿地覆盖对气温的调节则更加明显。

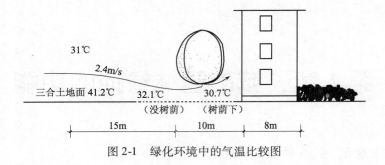

31℃

2.4m/s

三合土地面 41.2℃　　32.1℃　　　　30.7℃

　　　　　　　　　（没树荫）　（树荫下）

| 15m | 10m | 8m |

图 2-1　绿化环境中的气温比较图

大片绿地和水面对改善城市气温有明显的作用,在城市地区及其周围应设置大面积绿地,特别是在炎热地区,应该大量种树,提高绿化覆盖率,将全部裸土用绿色植物覆盖起来,并尽量考虑建筑的屋顶绿化和墙面的垂直绿化,对于改善城市的气温是有积极作用的。

2. 调节湿度

空气湿度过高,易使人厌倦、疲乏,过低则感觉干燥、烦躁。一般认为最适宜的相对湿度为 30% ~60%。

城市空气的湿度较郊区和农村为低。城市大部分面积被建筑和道路所覆盖,这样,大部分降雨成为径流流入排水系统,蒸发部分的比例很少,而农村地区的降雨大部分涵蓄于土地和植物中,通过地区蒸发和植物的蒸腾作用回到大气中。

绿化植物叶片蒸发表面大,故能大量蒸发水分,一般占从根部吸进水分的 99.8%,特别在夏季,据北京园林局测算,一公顷的阔叶林,在一个夏季能蒸 2500t 水,比同等面积的裸露土地蒸发量高 20 倍,相当于同等面积的水库蒸发量。又从试验得知,树木在生长过程中,要形成 1kg 的干物质,大约需要蒸腾 300 ~400kg 的水。每公顷油松林每日蒸腾量为 43.6 ~50.2t,由于绿化植物具有如此强大的蒸腾水分的能力,不断地向空气中输送水蒸气,故可提高空气湿度。一般森林的湿度比城市高 36%,公园的湿度比城市其他地区高 27%,即使在树木蒸发量较少的冬季,因为绿地里的风速较小,气流交换较弱,土壤和树木蒸发水分不易扩散,所以绿地的相对湿度也比非绿化区高 10% ~20%。另外,行道树也能提高相对湿度 10% ~20%。

近年来,城市除了受到"热岛"的困扰,"干岛"问题也日益突出。城区公园比城区相对湿度也大约要高 2%。因此,发挥绿地调节湿度的作用对于解决该问题具有重要的作用。

3. 调节气流

绿地对气流的影响表现在两个方面,一方面在静风时,绿地有利于促进城市空气的气流交换,产生微风并改善市区的空气卫生条件,特别在夏季,通过带状绿化引导气流和季风,对城市通风降温效果明显;另一方面在冬季及暴风袭击时,绿地中的林带则能降低风速,保护城市免受寒风和风沙之害。

由于市区的温度高,热空气上升并向外扩散,郊区的地面气团向中心移动,产生城市内的地面风。而郊区大面积的绿地使城市中扩散出来的热气团降温下沉,从而形成循环往复的环状气流。这种环状气流加速了市区受污染空气的扩散和稀释,并引入了郊区新鲜的空气。此外,在市区内的绿地和非绿地之间,也因为存在较大的温差,产生了局部地段的环状气流。

城市带状绿化包括城市道路与滨水绿地,它们都是城市绿色的通风渠道,特别是带状绿地的方向与该地的夏季主导风向一致的情况下,可以将城市郊区的气流随着风势引入城市中心地区,为炎夏城市的通风创造良好条件。因此在城市周围部署大片楔形绿地,并引入城市,对于调节城市小气候,改善环境有积极的作用(图2-2)。

城市的气温高,如同一个"热岛",其热空气上升,四周大面积田野森林的冷空气就会不断地向城市建筑地区流动,形成区域性的气体环流,这种气体交换促进了市区污染气体的扩散和稀释,并输入了周围的新鲜空气,改善了通风条件。特别是在夏季这种由温差而产生的空气流动,在静风时其作用尤感突出(图2-3)。

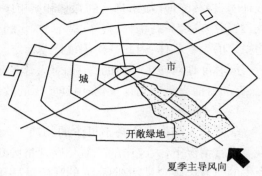

图2-2 城市绿地的通风作用

而在冬季和暴风时,绿地能发挥防风作用。绿地能降低风速,是因为当风穿越树林时,树木枝叶摇曳以及气流和枝叶间的摩擦可以消耗部分风能,并且将风分割成很多小涡流,这些方向不一的小涡流彼此干扰又消耗了大量的能量,从而降低了风速(图2-4)。

图2-3 城市建筑地区与绿地之间的气体环流示意

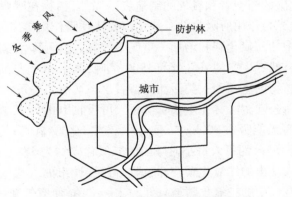

图2-4 城市绿地的防风功能

因此,在垂直冬季的寒风方向种植防风林带,可以降低风速,减少风沙,改善气候。

2.1.2 净化空气

随着工业的发展,人口的集中,城市环境污染的情况也日益严重。这些污染包括空气污染、土壤污染、水污染、噪声污染等,对人们的生活和健康造成了直接的危害,而且对自然生态环境所产生的破坏导致自然生态环境潜在的灾害危机,这种现象已经开始引起人们的注意和重视。许多国家都制定了有关的法律,我国在1989年12月也颁布了《中华人民共和国环境保护法》。

要改善和保护城市环境,一方面要想方设法控制污染源,另一方面要做防治处理。科学实践证明,森林绿地(城市郊区的森林和城市园林绿地)具有多种防护功能和改善环境质量的机能,对污染环境具有稀释、自净、调节、转化的作用,并且由于森林绿地是一个生长周期长和结构稳定的生物群体,因此其作用也持续稳定。

园林绿地对城市环境的作用,对人体健康的效应有很多方面,有的已经做了些计量的测定,有的目前尚难做到计量化,但其实际的效果是大家所公认的。

1. 增加氧气含量

氧气是人类生存所必不可少的物质。人们呼吸和物品燃烧的过程中会排出大量二氧化碳。通常情况下,大气中的二氧化碳含量为0.003%左右。在城市,工业集中,人口密集,因此产生的二氧化碳含量特别高,人的呼吸就感不适;到0.2%时,就会感到头昏耳鸣,心悸,血压升高;达到10%时,就会迅速丧失意识,停止呼吸,甚至死亡。大气中氧的含量通常为21%,当其含量减至10%时,人就会恶心呕吐。

随着工业的发展,人口的增加,二氧化碳的排放量日益增加。大气圈二氧化碳比例的增加,将引发一系列的问题,这些已经引起了许多科学家的忧虑。

在大城市里不仅二氧化碳含量大,而且二氧化碳的相对密度也较大,多沉于近地面的空气层中,所以在接近地表的某些地面,其浓度有时达到0.05% ~ 0.07%,甚至高达0.2% ~ 0.6%,对人体健康危害很大。

$$6H_2O + 6CO_2 + 674(大卡) \xrightarrow[\text{光合作用}]{\text{叶绿素}} C_6H_{12}O_6 + O_2 \uparrow$$

从化学式中可以看到,通过绿色植物可以产生氧气,吸收二氧化碳,因此大面积的森林绿地能成为天然的二氧化碳的消费者和氧气的制造者。当然,植物在呼吸过程中也要吸收氧气和释放二氧化碳,但是,光合作用所吸收的二氧化碳要比呼吸作用排出的二氧化碳多20倍,因此,总的是消耗了空气中的二氧化碳和增加了空气中的氧。据测算,地球上植物每年吸收的二氧化碳为936亿吨,而自然界生产的氧气量为1900亿吨,其中66%是陆地上植物制造的。从这个意义上来看,绿色植物的生长和人类活动保持着生态平衡的关系。

据有关资料表明,每公顷阔叶林在生长季节每天可吸收1000kg二氧化碳和释放出750公斤氧气;而每公顷绿地每天能吸收900kg二氧化碳,产生600kg氧气;每公顷生长良好的草坪每小时可吸收二氧化碳15kg,而每人每小时呼出的二氧化碳约为38kg,所以在白天若有25m²的草坪,就可以把一个人呼出的二氧化碳全部吸收,可见,城市的人均绿地面积若达到了相应的指标,就能自动调节空气中的二氧化碳与氧气的比例平衡,使空气新鲜。那么,每人有10 ~ 15m²的树林地或25 ~ 30m²的草地面积就能供给所需要的氧气并吸掉呼出的二氧化碳。有人认为再加上生活燃烧等的影响,每个城市居民需要有30 ~ 40m²的绿地面积,就可以达到二氧化碳与氧气的自然平衡。如果说热带雨林是地球之肺的话,绿地便是城市之肺,是每一个都市人赖以生存的"天然制氧机"。

2. 吸收有害气体

污染空气的有害气体种类很多,最主要的有二氧化碳、二氧化硫、氯气、氟化氢、氨以及汞、铅蒸气等。这些有害气体虽然对园林植物生长不利,但是在一定浓度条件下,有许多植物种类对它们分别具有吸收能力和净化的作用。

（1）二氧化硫

在这些有害气体中，以二氧化硫的数量较多，分布较广，危害较大。当二氧化硫浓度超过百万分之六时，人就感到不适，达到百万分之十时人就无法持续工作，达到百万分之四百时，人就会死亡。由于在燃烧煤、石油的过程中都要排出二氧化硫，所以工业城市、以燃煤为主要热源的北方城市的上空，二氧化硫的含量通常是比较高的。

人们对植物吸收二氧化硫的能力进行了许多研究，发现空气中的二氧化硫主要是被各种物体表面所吸收，而植物叶片的表面吸收二氧化硫的能力最强。硫是植物必需的元素之一，所以正常植物中都含有一定量的硫。而且，只要在植物可以忍受的限度内，空气中的二氧化硫浓度越高，植物的吸收量也越大，其含硫量可为正常含量的 5～10 倍。随着植物叶片的衰老凋落，它所吸收的二氧化硫也一同落下，树木长叶落叶，二氧化硫也就不断地被吸收。

研究表明：绿地上的空气中二氧化硫的浓度低于未绿化地区的上空。污染区树木叶片的含硫量高于清洁区许多倍。煤烟经绿地后其中 60% 的二氧化硫被阻留。松林每天可从每立方米空气中吸收 20mg 二氧化硫。每公顷柳杉林每天能吸收 60kg 二氧化硫。此外，研究还表明，对二氧化硫抗性越强的植物，一般吸收二氧化硫的量也越多。阔叶树对二氧化硫的抗性一般比针叶树要强，叶片角质和蜡质层厚的树一般比角质和蜡质层薄的树要强。

（2）对其他有害气体的作用

从另一些实验中也证明不少园林植物对于氟化氢、氯以及汞、铅蒸气等有害气体也分别具有相应的吸收和抵抗能力。根据上海市园林局的测定，如女贞、泡桐、梧桐、刺槐、大叶黄杨等有较强的吸氟能力，其中女贞的吸氟能力尤为突出，比一般树木高 100 倍以上。构树、合欢、紫荆、木槿、杨树、紫藤、紫穗槐等都具有较强的抗氯和吸氯能力；喜树、梓树、接骨木等树种具有吸苯能力；银杏、柳杉、樟树、海桐、青冈栎、女贞、夹竹桃、刺槐、悬铃木、连翘等具有良好的吸臭氧能力；紫薇、夹竹桃、棕榈、桑树等能在汞蒸气的环境下生长良好，不受危害；而大叶黄杨、女贞、悬铃木、榆树、石榴等则能吸收铅等。

因此，在散发有害气体的污染源附近，选择与其相应的具有吸收和抗性强的树种进行绿化，对于防治污染、净化空气是有益的。

（3）吸滞烟灰和粉尘

城市空气中含有大量尘埃、油烟、炭粒等。有些微颗粒虽小，但其在大气中的总重量却很惊人。据统计，每烧一吨煤，就产生 11kg 的煤粉尘，许多工业城市每年每平方公里降尘量平均 500 吨左右，有的城市甚至高达 1000t 以上。这些烟灰和粉尘一方面降低了太阳的照明度和辐射强度，削弱了紫外线，对人体的健康不利；另一方面，人呼吸时，飘尘进入肺部，有的会附着于肺细胞上，容易诱发气管炎、支气管炎、尘肺、矽肺等疾病。对于有粉尘作业的企事业单位，1987 年国务院发布《中华人民共和国尘肺病防治条例》，就是为了保护职工的健康，消除粉尘危害。而我国有些城市飘尘大大超过了卫生标准，特别是近年来城市建设全面铺开，加大了粉尘污染的威胁，不利于人民的健康。

1）植物，特别是树木，对烟灰和粉尘有明显的阻挡、过滤和吸附的作用。一方面由于枝冠茂密，具有强大的降低风速的作用，随着风速的降低，一些大粒尘下降；另一方面则由于叶子表面不平，有茸毛，有的还分泌黏性的油脂或汁浆，空气中的尘埃经过树林时，便附着于叶面及枝干的下凹部分等。蒙尘的植物经雨水冲洗，又能恢复其吸尘的能力。

绿色植物的叶面积远远大于它的树冠的占地面积，如森林叶面积的总和是其占地面积的六七十倍,生长茂盛的草皮也有二三十倍,因此其吸滞烟尘的能力是很强的。

2)据报道,某工矿区直径大于 $10\mu m$ 的粉尘降尘量为 $1.52g/m^2$,而附近公园里只有 $0.22g/m^2$,减少近 6 倍。而一般工业区空气中的飘尘(直径小于 $10\mu m$ 的粉尘)浓度,绿化区比未绿化的对照区少 10% ~50% 。绿地中的含尘量比街道少1/3 ~2/3,铺草坪的足球场比未铺草坪的足球场,其上空含尘量减少 2/3 ~5/6 。又如,对某水泥厂附近绿化植物吸滞粉尘效应进行的测定表明,有绿化林带阻挡的地段,要比无树的空旷地带减少降尘量23.4% ~51.7% ,减少飘尘量37.1% ~60% 。

3)树木的滞尘能力与树冠高低、总的叶片面积、叶片大小、着生角度、表面粗糙程度等条件有关,根据这些因素,刺楸、榆树、朴树、重阳木、刺槐、臭椿、悬铃木、女贞、泡桐等树种对防尘的效果较好。草地的茎叶物,其茎叶可以滞留大量灰尘,且根系与表土牢固结合,能有效地防止风吹尘扬造成的多次污染。

由此可见,在城市工业区与生活区之间营造卫生防护林,扩大绿地面积,种植树木,铺设草坪,是减轻尘埃污染的有效措施。

(4)减少含菌量的效果

城市空气中悬浮着各种细菌达百种之多,其中许多是病原菌。

据调查,在城市各地区中,以公共场所如火车站、百货商店、电影院等处空气含菌量最高,街道次之,公园又次之,城郊绿地最少,相差几倍至几十倍。空气含菌量除与人车密度密切相关外,绿化的情况也有影响。如同属人多、车多的街道,有浓密行道树的与无街道绿化的,其含菌量就有差别。其原因即由于细菌系依附于人体或附着于灰尘而进行传播的,一般人多、车多的地方尘土也多,其含菌量也高;而如有绿化,就可以减少尘埃,减少含菌量。

另外,有些树木和植物还能分泌有杀菌能力的杀菌素,这也是使空气含菌量减少的重要原因。如百里香油、丁香酚、天竺葵油、肉桂油、柠檬油等,已早为医药学所知晓。城市绿化树种中有很多杀菌能力很强的树种,如柠檬桉、悬铃木、紫薇、桧柏属、橙、白皮松、柳杉、雪松等杀菌力较强,其他如臭椿、楝树、马尾松、杉木、侧柏、樟树、枫香等也具有一定的杀菌能力。

各类林地和草地的减菌作用有差别。松树林、柏树林及樟树林的减菌能力较强,是与它们的叶子能散发某些挥发性物质有关。草地上空的含菌量很低,显然是因为草坪上空尘埃少,从而减少了细菌的扩散。

森林、公园、草地及其他绿地空气中含菌量减少的事实,具有重要的卫生疗养意义。为了使人们拥有益于居住的健康环境,应该拥有面积足够和分布均匀的绿地。对于医疗机构、疗养院、休养所等单位不仅应有大量的绿化,并且应该注意选用具有杀菌效用的树种。

(5)健康作用

1)负离子的作用。绿色植物进行光合作用的同时,产生具有生命活力的空气负离子氧——空气维生素。负离子氧被吸入人体后,增加神经系统功能,使大脑皮层抑制过程加强,起到镇静、催眠、降低血压的作用,使电负荷影响人体的电代谢,令人精神焕发,对哮喘、慢性气管炎、神经性皮炎、神经性官能症、失眠、忧郁症等许多疾病有良好的治疗作用。

据有关部门测定,森林、园林绿地和公园都有较多的负离子含量,这是由于一些尖锥形的树冠具有尖端放电的功能,加之一些山泉、溪流、瀑布等地带,由于水分子激励而产生负离子氧,在这些地带具有几万个负离子,在一般地区负离子只有几十个。

2)芳香草对人体的影响。芳香型植物的活性挥发物可以随着病人的吸气进入终末支气管,

8

有利于对呼吸道病变的治疗,也有利于通过肺部吸收来增强药物的全身性效应。如辛夷对过敏性鼻炎有一定疗效,玫瑰花含0.03%的玫瑰油,对促进胆汁分泌有作用,玫瑰花香气清而不浊、和而不猛、柔目温胆、舒气活血、宣通窒滞而绝无辛猛刚燥之弊,是气药中最有捷效又最为驯良者。

3)绿色植物对人体神经的作用。根据医学测定,在绿地环境中,人的脉搏次数下降,呼吸平缓,皮肤温度降低,精神状态安详、轻松。绿色对人眼睛的刺激最小,能使眼睛疲劳减轻或消失。绿色在心理上给人以活力和希望,静谧和安宁,丰足和饱满的感觉。

因此,人们喜欢在园林绿地中进行锻炼,既可以吸收负离子氧又可使人增加活力,在松柏樟树的芬香之中锻炼也会收到较好的疗效。

2.1.3 防止公害灾害

1. 降低噪声的作用

现代城市中的汽车、火车、船舶和飞机所产生的噪声,工业生产、工程建设过程中的噪声,以及社会活动和日常生活中带来的噪声,有日趋严重之势。城市居民每时每刻都会受到这些噪声的干扰和袭击,对身体健康危害很大。轻的使人疲劳,降低效率,重的则可引起心血管或中枢神经系统方面的疾病。为此,人们采用多种方法来降低或隔绝噪声,应用造林绿化来降低噪声的危害,也是探索的方向之一。

一些研究材料表明,声音经过30m宽林带可以降低6~8dB(扣除自然衰减),40m宽林带可以降低10~15dB。在公路两旁设有乔灌木搭配15m宽的林带,可以降低噪声一半。高1.7m、宽1.8m的海桐"绿坪"能降低噪声5~6dB。这些测定,都说明绿化,特别是组合密实的绿化带对减弱噪声有积极的作用(图2-5)。

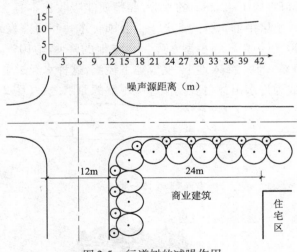

图2-5　行道树的减噪作用

树木能降低噪声,是因为声能投射到树叶上被反射到各个方向,造成树叶微振而使声能消耗从而削弱。因此,树木减噪的主要部位是树冠层,枝叶茂密的减噪效果好,而落叶树在落叶季节的减噪效能就降低,植物配置方式对减噪效果影响也很大,自然式种植的树群比行列式的树群效果好,矮树冠比高树冠为好,灌木更好。对林带来说,结构比宽度更重要,并且一条完整的宽林带,其效果不及总宽相同的几条较窄的林带。

在城市中常因用地紧张,不宜有宽的林带,因此要对树木的高度、位置、配置方式及树木种类等进行分析,以便获得最有利的减噪效能。

2. 净化水体和土壤的作用

城市和郊区的水体常受到工业废水和居民生活污水的污染,使水质变差,影响环境卫生和人民健康。对有些水体污染不是很严重的,绿化植物具有一定的净化污水的能力,达到水体自净的效果。

许多水生植物和活生植物对污水有明显的净化作用。如芦苇能吸收酚及其他二十多种化合物,每平方米土地生长的芦苇一年内可积聚 6kg 的污染物质,还可以消除水中的大肠杆菌。在种有芦苇的水池中,其水的悬浮物要减少 30%、氯化物减少 90%、有机氮减少 60%、磷酸盐减少 20%、氨减少 66%、总硬度减少 33%,所以,有的国家把芦苇作为处理污水的一种重要植物。又如,在栽有水葱的污水池中,许多有机化合物均被水葱所吸收。凤眼莲也具有吸收水中的重金属和有机化合物的能力。

据测定,树木可以吸收水中的溶解质,减少水中的细菌数量。如在通过 30 ~ 40m 宽的林带后,由于树木根系和土壤的作用,一升水中所含的细菌数量可减少 1/2。

某些植物的根系及其分泌物有杀菌作用,能使进入土壤的大肠杆菌死亡。在有植物根系的土壤中,好气细菌活跃,比没有根系的土壤要多几百倍,甚至几千倍,这样就有利于土壤中的有机物、无机物,使土壤净化和提高土壤肥力。利用市郊森林生态系统及湿地系统进行污水处理,不仅可以节省污水处理的费用,并且该森林地区的树木生长更好,湿地生物更加丰富,周围动物更加繁盛起来。因此,城市中一切裸露的土地,加以绿化后,不仅可以改善地上的环境卫生,而且也能改善地下的土壤卫生。

3. 涵蓄水源及保护地下水

树木下的枯枝落叶可吸收 1 ~ 2.5kg 的水分,腐殖质能吸收比本身含量大 25 倍的水,1 平方米面积,每小时能渗入土壤中的水分约 50kg。1 公顷林木每年可蒸发 4500 ~ 7500t 水,一片 5 万亩的林地相当于 100 万立方米的小型水库。在绿地的降水有 10% ~ 23% 可能被树冠截留,然后蒸发至空中,70% ~ 80% 渗入地下,变成地下径流,这种水经过土壤、岩层的不断过滤,流向下坡或泉池溪涧,成为许多山林名胜溪流经年不竭的原因之一(图 2-6)。

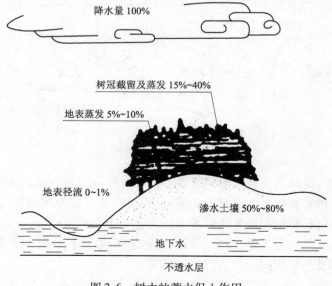

图 2-6 树木的蓄水保土作用

4. 保护生物环境

（1）保护生物多样性

由于植物的多样性的存在才有了多种生物微生物及昆虫类的繁荣,而生物的多样性即是生态可持续发展的基础,故而园林植物的环境有多种植物的种植,从而对保护生物环境起到积极的作用。

（2）保护土壤环境

蓄水保土对保护自然景观,建设水库,防止山塌岸毁,水道淤浅,以及泥石流等都有着极大的意义。园林绿地对水土保持有显著的作用。树叶防止暴雨直接冲击土壤,草地覆盖地表阻挡了流水冲刷,植物的根系能紧固土壤,所以可以固定沙土石砾,防止水土流失。

2.1.4 安全防护作用

城市也会有天灾人祸所引起的破坏,如台风、火灾、多雨山区城市的山崩、泥石流,濒水城市的岸毁,以及地震的破坏性灾害。而园林绿地则具有防震防火,蓄水保土,备战防空的作用。

1. 避震防火的作用

公园绿地被认为是保护城市居民生命财产的有效公共设施。

许多绿化植物,枝叶含有大量水分,一旦发生火灾,可以阻止蔓延,隔离火花飞散,如珊瑚树,即使叶片全部烧焦,也不会产生火焰;银杏在夏天即使叶片全部燃烧,仍然会萌芽再生。其他如厚皮香、山茶、海桐、白杨等都是很好的防火树种。因此,在城市规划中应该把绿化作为防止火灾延烧的隔断和居民避难所来考虑。我国有许多城市位于地震区内,因此应该把城市公园、体育场、广场、停车场、水体、街坊绿地等统一规划,合理布局,构成一个避灾的绿地空间系统,符合避震、疏散、搭棚的要求。有的国家已规定避灾公园的定额为 $1m^2／人$ 。

2. 备战防空、防放射性污染

绿化植物能过滤、吸收和阻碍放射性物质,降低光辐射的传播和冲击波的杀伤力,阻碍弹片的飞散,并对重要建筑、军事设备、保密设施等起遮蔽的作用,其中密林更为有效。例如,第二次世界大战时,欧洲某些城市遭到轰炸,凡是树木浓密的地方所受损失要轻得多,所以绿地也是备战防空和防放射性污染的一种技术措施。

为了备战,保证城市供水,在城市中心应有一个供水充足的人工水库或蓄水池,平时作为游憩用,战时作为供消防和消除放射性污染使用。在远郊地带也要修建必要的简易的食宿及水、电、路等设施,平时作为居民游览场所,战时可作为安置城市居民疏散的场所,这样就可以使游憩绿地在战时起到备战疏散,防空、防辐射的作用。

2.2 园林绿地的社会效益

2.2.1 提供游憩度假的条件

园林绿地在历史上就具有游憩的使用功能。我国古代的苑囿是帝王游乐的地方,一些皇家园林和私家园林则是皇家、官绅、士大夫的游憩场所,旧中国的一些城市公园是为殖民主义者和"高等华人"所享用的,只有解放后的公园才真正成为广大人民群众游憩、娱乐的园地。

根据全面实现小康社会的要求,人们的劳逸时间有了新的变化,休闲时间将不断增加,形成了 3 个层次:

1）在工作日 8 小时工作时间以外的时间。

2）每周两天的休假日。

3）每年 1~2 次的长假时间。

这是时代发展的必然，应顺应这一趋势作出相应的安排，也就是要在园林绿地的游憩功能上提出相应的措施。第一，首先要满足建设好居民区周围的绿地环境，使居民能住在一个清洁、优美、舒适的环境中，满足居民第一层次的需求。第二，利用一些大的公园、专业公园、郊区的度假区或风景名胜区的绿化满足人们周末度假休闲的需要。第三，绿地要满足人们对朝霞晨露，夕阳暮霭，鸟语花香，星光月影这种浓郁的大自然风景百赏不厌的要求，这些正是人们在长假期间亲近大自然，放松心情的好去处，因此要做好集中的假日服务的安排，满足人们游赏、观光和食宿的要求。

人们在紧张、繁忙的劳动以后，需要游憩，这是生理的需要。这些游憩活动可以包括安静休息，文化娱乐，体育锻炼，郊野度假等。这些活动对于体力劳动者可消除疲劳，恢复体力；对于脑力劳动者可以调剂生活，振奋精神，提高效率；对于儿童，可以培养勇敢、活泼、伶俐的性格，有利于健康成长；对于老年人，则可享受阳光空气，增进生机，延年益寿；对于残疾人，兴建专门的设施可以使他们更好地享受生活，热爱生活。这些活动对工作、生活都起了积极的作用，产生了广泛的社会效益。因此，游憩逐步由个人自身的需要发展成社会的需要，越来越受到人们和社会的重视，而成为社会系统的一部分，而游憩空间的组织则是现代城市规划中不可缺少的组成部分。

1. 日常户外活动

城市人口的增加和密集，人工环境的扩大和强化，带给人们一种"自然匮乏"的感觉，在生理上和心理上受到损害。人们在工作之余，希望到户外进行活动，其中包括散步、作息、茗茶、交谈、阅读、赏景等安静的活动，也包括各类体育锻炼活动，希望在阳光明媚，空气清新，树木葱绿，水体清净，景色优美的环境里进行这些活动。因此城市中的游园，居住区中的各类绿地首先要满足人们日常对自然的需求，使人在精神上得到调剂，在生理上得到享受，为人们获得自然信息提供方便条件。当然，还需要有相应的设施以满足人们的作息、娱乐、锻炼、社交等各类活动的需求。

现代教育的研究证明，少年儿童的户外活动对他们的体育、智育、德育的成长有很积极的作用，因此很多经济发达的国家对儿童的户外活动颇为重视，一方面创造就近方便的条件，一方面设置有益的设施，把建造儿童游戏场体系作为居住区设计和园林绿地系统的组成部分。

2. 文化宣传、科普教育

园林绿地是城市居民接触自然的窗口，通过接触，人们可以获得许多自然学科的知识，从各类植物的生长、生态形态到季节的变化，群落的依存，动植物多样化的关系等，有的还设有专业的植物园、动物园、地质馆、水族馆等来做系统的专门性的介绍，使人得到科学普及的知识和自然辩证法的教育。有些公园绿地除了对自然科学的传播外，还有人文历史艺术方面的宣传，如历史名胜公园、革命烈士陵园等都可以通过具体的资料、形象进行爱国主义教育，增添文化历史的知识，从而使人得到精神上的营养。运用公园这个阵地进行文化宣传，科普教育。由于人们是在对自然的接触中、游憩中、娱乐中而得到教育，寓教于乐，寓教于学，形象生动，效果显著，所以园林绿地越来越受到社会的重视。它作为人们认识自然，学习历史，普及科学的重要场所，还不断增添了新的内容，如反映原始人、古代人生活方式、生活环境的"历史公园"；介绍海洋资源，激发人们去开拓的"海洋公园"；介绍科学技术发展历史，引导人们去探索未来的

"科学公园"等。这些无疑会帮助人们克服愚昧、无知、迷信、落后的思想,对提高人们的文化科学水平有积极的作用。

3. 旅游度假

第二次世界大战后,世界旅游事业蓬勃发展,其原因是多方面的。其中很重要的一个因素就是人们希望投身到大自然的怀抱中,弥补其长期生活在城市中所造成的"自然匮乏",从而锻炼身体,增长知识,恢复疲劳,充实生活,获得生机。由于经济和文化生活水平的提高,休假时间的增加,人们已不满足于在市区内园林绿地的活动,而希望离开城市,到郊区、到更远的风景名胜区甚至国外去旅游度假,领略特有的情趣。

我国幅员辽阔,风景资源丰富,历史悠久,文物古迹众多,园林艺术享有盛誉,加之社会主义建设日新月异,这些都是发展旅游事业的优越条件。近几年来,随着旅游度假活动的开展,国内的游人大幅度地增加,一些园林名胜地的开发对旅游事业的发展起到了积极的作用,同时还获得了巨大的经济效益和社会效益。

4. 度假及休闲疗养的基地

由于自然风景区景色优美,气候宜人,可为人们提供度假疗养的良好环境。许多国家从区域规划角度安排度假休、疗养基地,充分利用某些地方特有的自然条件,如海滨、高山气候、矿泉作为较长期的度假及休、疗养之用,使度假疗养者经过一段时间的生活和治疗,增进了健康,消除了疾病,恢复了生机,重新回到工作岗位发挥作用。我国许多自然风景区中都开辟了度假疗养地。

从城市规划来看,主要利用城市郊区的森林、水域、风景优美的园林绿地来安排为居民服务的度假及休、疗养地,特别是休假活动基地,有时也与体育娱乐活动结合起来安排。

2.2.2 美化城市、装饰环境

城市中各类园林绿地充分利用自然地形地貌的条件,为人为的环境引进自然的景色,使城市景观交织融合在一起,让城市园林化,使人们身居城市仍能得到自然的孕育。

城市道路广场的绿化对市容面貌影响很大,街道绿化得好,人们虽置身于闹市中,也犹如生活在绿色走廊里,避开了一些杂乱工作的干扰。

园林绿化的形式丰富多样,可以成为各类建筑的衬托和装饰,运用形体、线条、色彩等效果与建筑相辅相成,取得更好的艺术效果,使人得到美的享受。

园林绿化还可以遮挡有碍观瞻的景象,使城市面貌整洁、生动、活泼,并可以用园林植物的不同形态、色彩和风格来实现城市环境的统一性和多样性,增加艺术效果。

城市的环境美可以激发人的思想情操,提高人的生活情趣,使人对未来充满理想。优美的城市绿化是现代化城市不可或缺的一部分。

2.2.3 自然美、艺术美和创造性

1)植物的自然特性,给人以视觉、听觉、嗅觉的美感。例如"雨打芭蕉"、"留得残荷听雨声"等,指的就是雨打在叶子上发出声响给人以享受。许多植物还能散发芬芳的气味,如梅花、桂花、含笑、茉莉、蔷薇、米兰、九里香、腊梅等,香气袭人,令人陶醉。视觉的美感最为普遍,青翠欲滴的叶子、五色绚烂的花朵、舒展优美的树形无不给人以视觉上的享受。

2)满足人的情感生活的追求、道德修养的追求和人际交往的追求。

当植物被人们倾注以情感之后,它就不再仅仅是一种纯自然的存在了,而是部分地象征了人们的情感、价值观乃至世界观,甚至成为人们精神世界的物化存在。传统民俗文化更是赋予

13

植物吉祥的意义，例如"玉堂富贵"，以玉兰、海棠、牡丹、桂花四种花木组合；"早生贵子"，以石榴多籽象征子孙满堂；"四君子"——梅、兰、竹、菊合称，因梅优雅，兰清幽，菊闲逸，竹刚直而得名；"岁寒三友"——松、竹、梅，因竹刚直不阿，松持节操，梅傲风雪；又如以各种花草象征各种祝福送给友人，以小草的顽强生长作为自勉的榜样，无不体现了园林植物的文化功能。

3）要满足人们创造的需求，精神世界的发展，需要知识作为武器。园林植物有时候也会激发人的创造性，许多仿生学方面的发明创造即来自于园林植物的启发；人们甚至从植物生态学的角度出发，引申出经济生态学、城市生态学等，进一步扩展了生态平衡的研究领域。

2.3 园林绿地的经济效益

2.3.1 直接经济效益

直接经济效益主要是指园林绿化产品、门票、服务、文化娱乐等的直接经济收入，如公园门票收入、植物园门票收入、植物产品收入、动物园门票收入、动物产品收入、园景门票收入、文化古迹门票收入等。许多城市园林绿地的收入颇为可观，每年都达几千万元。

随着人们工作效率的提高，休闲时间越来越多，娱乐休闲已成为人们必不可少的生活需求，休闲经济也将成为社会的主导经济，传统的农业与园林园艺相结合建设而成的现代农业观光园就是在这一背景下产生的例证。

2.3.2 间接经济效益

间接经济效益是指园林绿化形成的良好生态环境带来的生态效益和社会效益，这种效益无法明示却是巨大的。当然间接经济效益比直接经济效益大得多。近年来的商品住宅区是最好的例证，越邻近公园绿地，售价越高。

城市园林绿地是一个完整的绿色生命系统，一般情况下，在生态上是正效益，能增加自然资源，消耗废弃物，为人类提供生产、生活、工作、学习环境所需要的综合、广泛、长期、共享的无可替代的价值效益。

综上所述，城市园林绿地的综合效益最显著的是由其公益性特性所产生的环境效益和社会效益。从城市园林绿地建设的成效来看，得益最大的是生态环境日益优化的城市和生活质量不断提高的广大城市居民。同时，由绿化建设带动起来的旧城改造、房地产业、旅游业以及相关产业也可以取得明显成效。城市环境的改善对吸引国内外企业投资可以产生积极作用。一些大城市的园林绿地建设的实践证明，花钱发展的绿化，最终将反馈于经济的发展。这种由"绿化经济链"引起的互动效应，将对城市的经济、社会、人口、资源的协调发展起到长远而有效的推动作用。

第3章 城市绿地系统规划

3.1 城市绿地规划的目的和任务

3.1.1 城市绿地规划的目的

城市园林绿地系统是为城市居民进行游憩、工作、生活、生产提供环境优美、空气清新、阳光充沛的人工、自然环境的城市空间系统，是由一定数量和质量的各类不同功能的绿地组成的有机整体。它具有改善城市环境、抵御自然灾害的作用，并为市民提供生活、生产、工作和学习、活动的良好环境，产生良好的生态效益、社会效益和经济效益。

城市园林绿地系统规划的主要目的是保护和改善城市自然环境，保持城市生态平衡，丰富城市景观，为城市居民提供生产、生活、娱乐、健康所需要的良好条件。

随着社会生产的发展和人民生活水平的提高，城市规模不断扩大，城市环境污染日益严重，自然环境质量逐渐下降，给城市生活造成了很大的压力。这就需要城市园林绿地形成一个系统，从而有效地发挥保护环境、美化城市、改善人民生活条件的功能。

3.1.2 城市绿地规划的任务

为保护和改善城市生态环境，优化城市人民居住环境，促进城市的可持续发展，城市绿地系统规划的主要任务包括以下方面：

1）根据城市的自然条件、社会经济条件、城市性质、发展目标、用地布局等要求，确定城市绿化建设的发展目标和规划指标。

2）研究城市地区和乡村地区的相互关系，结合城市自然地貌，统筹安排市域大环境绿化的空间布局。

3）确定城市绿地系统的规划结构，合理确定各类城市绿地的总体关系。

4）统筹安排各类城市绿地，分别确定其位置、性质、范围和发展指标。

5）城市绿化树种规划。

6）城市生物多样性保护与建设的目标、任务和保护建设的措施。

7）城市古树名木的保护与现状的统筹安排。

8）制定分期建设规划，确定近期规划的具体项目和重点项目，提出建设规模和投资估算。

9）从政策、法规、行政、技术、经济等方面，提出城市绿地系统规划的实施措施。

10）编制城市绿地系统规划的图纸和文件。

3.2 城市绿地规划的原则

城市园林绿地系统规划应以城市总体规划为基础，按照国家和地方有关城市园林绿化的法律规定，因地制宜，综合考虑，全面安排。具体应该考虑以下原则。

1. 综合考虑，全面安排

园林绿地在城市中分布很广，与居住区布局、工业区分布、公共建筑分布、道路系统规划、城市水系、管线位置等应密切配合，不能孤立地进行。如在生活居住用地范围内接近居住区的地段，要开辟公共绿地；在河湖水系规划时，要布置开放的公共绿地，并安置水源涵养林和通风绿带；在城市道路网规划时，要考虑预留沿街绿化用地，根据道路性质、宽度、朝向、建筑层数、建筑间距等统筹安排，在满足道路交通功能的同时，为植物的生长创造良好条件。

2. 从实际出发，因地制宜

我国地域辽阔，各城市自然条件、绿地基础、城市发展规模和经济条件各不相同。城市园林绿地规划要从实际出发，结合当地自然条件和现状特点，以原有的名胜古迹、河湖水系、树木绿地为基础，充分利用山川、坡地、树木、池沼等创造优美景色。因此，在进行城市园林绿地系统规划时，各类绿地的位置选择、布局形式、面积大小、定额指标等都要从本地区的实际情况出发，因地制宜地编制规划方案。

3. 均衡分布，比例合理

城市中各类绿地分担着不同的任务，大型公园设施齐全，活动内容丰富，可以满足人们在节假日休息游览、文化体育活动的需要。小型公园、街头绿地以及居住小区的绿地，可以满足人们休息生活的需要。公园绿地的分布，应考虑一定的服务半径（表3-1），根据各区人口密度配置相应数量的公园绿地，保证居民方便利用。

表3-1　公园绿地分布距离

绿 地 种 类	离居住区距离/km	所耗费时间标准/min	
		步　　　行	乘交通工具
全市性公园	2.0~3.0	30~50	15~20
区公园	1.0~1.5	15~25	10~15
儿童公园	0.7~1.0	10~15	不作规定
花园	0.8~1.0	12~15	不作规定
小游园	0.4~0.5	6~8	不作规定

根据我国城市建设的经验，在旧城改建过程中，首先发展小型公园绿地。小型公园绿地投资少、建设期短、收效快；接近居民，利用率较高，便于老年人及儿童就近活动休息；有利于避震避灾，就近疏散；同时增加街景，美化市容。大型公园绿地由于城市的开发、建设投资不足和用地分配等方面的问题，常远离市中心区，居民利用率较低，但设施齐全，容纳游人量较大，活动内容丰富，对改善城市小气候作用也比较大。因此，在进行城市绿地系统规划时，应注重大、中、小相结合，集中与分散相结合，重点与一般相结合，点（公园、游园）、线（街道绿化、游憩林荫道、滨水绿地）、面（分布广大的专用绿地）相结合，大、小绿地兼顾实施，使城市绿地系统形成一个有机的整体。

4. 远近结合，创造特色

城市园林绿地系统规划要充分研究城市远期发展的规模，人民生活水平的发展状况，城市的经济能力和施工条件以及规划项目的重要程度，制定出远景目标，同时还要照顾到由近及远的过渡措施，如在园林绿地指标不足的旧城改造规划中，应划定一定的绿化用地，各种条件成熟时，就可以辟为公园绿地；远期规划为公园绿地的用地，近期可先作为苗圃用地，逐步转化为公园绿地。一般城市应先扩大绿化面积，再逐步提高绿化质量和艺术水平，向花园城市发展。

各地城市绿地规划应根据当地的自然条件和城市性质各具特色，体现不同的风貌，发挥不同功能。如北方城市的园林绿地以冬防寒、夏通风为主要目的建设,南方城市则以通风、降温为主要目的建设,历史文化名城应以名胜古迹、传统文化为主要特色建设,工业城市应以防护、隔离为主要特色建设,风景旅游城市应以自然、清秀、幽静为主要特色建设。

5. 结合生产,增加收入

城市园林绿地系统规划、建设与经营管理,应在发挥其休息游览、保护环境、美化市容等综合功能的前提下,注意结合生产,为社会创造物质财富,以获得最佳的生态效益、经济效益和社会效益。

3.3　城市绿地的分类及用地选择

3.3.1　城市绿地的类型

城市绿地是指以植被为主要存在形态,用于改善城市生态、保护环境,为居民提供游憩场地和美化城市的一种城市用地。

城市绿地分类的研究在我国已经开展了近半个世纪,1992年国务院颁发了《城市绿化条例》,依据这一条例,过去我国常将绿地分为公共绿地、居住区绿地、单位附属绿地、生产绿地、防护绿地、风景林地、道路交通绿地七类。这一分类方法延续使用近十年,这期间出台的相关规范和标准也常使用上述分类方法和术语。但在长期的实践中,发现不同行业部门对上述绿地分类的认识不尽相同,概念模糊,加之一些绿地的性质难于界定,造成绿地统计数据混乱,影响着绿地系统规划的严谨性和科学性。因此,2002年建设部重新修订颁布了新的《城市绿地分类标准》(CJJ/T 85—2002),该标准按绿地的主要功能进行分类,并与城市用地分类相对应,应用大类、中类、小类三个层次将绿地分为公园绿地(G1)、生产绿地(G2)、防护绿地(G3)、附属绿地(G4)、其他绿地(G5)五个大类。各大类绿地下分别有不同层次的绿地类型(表3-2)。

表3-2　城市绿地分类表

类别代码			类别名称	内容与范围	备注
大类	中类	小类			
G1			公园绿地	向公众开放,以游憩为主要功能,兼具生态、防灾、美化等作用的绿地	
	G11		综合公园	内容丰富,有相应的设施,适合于公众开展各类户外活动的规模较大的绿地	
		G111	全市性公园	为全市市民服务,活动内容丰富,设施完善的绿地	
		G112	区域性公园	为市区内一定区域的居民服务,具有较丰富的活动内容和设施完善的绿地	
	G12		社区公园	为一定居住用地范围内的居民服务,具有一定活动内容和设施的集中绿地	不包括居住组团绿地
		G121	居住区公园	服务于一个居住区的居民,具有一定的活动内容和设施,为居民区配套建设的集中绿地	服务半径:0.5~1.0km
		G122	小区游园	为一个居住小区的居民服务,配套建设的集中绿地	服务半径:0.3~0.5km
	G13		专类公园	具有特定内容或形式,有一定游憩设施的绿地	

类 别 代 码			类别名称	内 容 与 范 围	备 注
大类	中类	小类			
G1	G13	G131	儿童公园	单独设置,为少年儿童提供游戏及开展科普、文化活动,有安全、完善设施的绿地	
		G132	动物园	在人工饲料条件下,异地保护野生动物,供观赏、普及科学知识,进行科学研究和动物繁育,并具有良好设施的绿地	
		G133	植物园	进行植物科学研究和引种驯化,并供观赏、游憩及开展科普活动的绿地	
		G134	历史名园	历史悠久,知名度高,体现传统造园艺术并被审定为文物保护单位的园林	
		G135	风景名胜公园	位于城市建设用地范围内,以文物古迹、风景名胜点(区)为主形成的具有城市公园功能的绿地	
		G136	游乐公园	具有大型活动游乐设施,单独设置,生态环境较好的绿地	绿化占地比例应不小于65%
		G137	其他专类公园	除以上各种专类公园外具有特定主题内容的绿地。包括雕塑园、盆景园、体育公园、纪念性公园等	绿化占地比例应不小于65%
	G14		带状公园	沿城市道路、城墙、水滨等,有一定游憩设施的狭长形绿地	
	G15		街旁绿地	位于城市道路用地之外,相对独立成片的绿地,包括街道广场绿地、小型沿街绿化用地等	绿化占地比例应不小于65%
G2			生产绿地	为城市绿化提供苗木、花草、种子的苗圃、花圃、草圃等圃地	
G3			防护绿地	城市中具有卫生、隔离和安全防护功能的绿地。包括卫生隔离带、道路防护绿地、城市高压走廊绿带、防风林、城市组团隔离带等	
G4			附属绿地	城市建设用地中绿地之外各类用地中的附属绿化用地。包括居住用地、公共设施用地、工业用地、仓储用地、对外交通用地、道路广场用地、市政建设用地和特殊用地中的绿地	
	G41		居住绿地	城市居住用地内社区公园以外的绿地,包括组团绿地、宅旁绿地、配套公建绿地、小区道路绿地等	
	G42		公共设施绿地	公共设施用地内的绿地	
	G43		工业绿地	工业用地内的绿地	
	G44		仓储绿地	仓储用地内的绿地	
	G45		对外交通绿地	对外交通用地内的绿地	
	G46		道路绿地	道路广场用地内的绿地,包括行道树绿带、分车绿带、交通岛绿带地、交通广场和停车场绿地等	
	G47		市政设施绿地	市政公用设施用地内的绿地	
	G48		特殊绿地	特殊用地内的绿地	

类　别　代　码			类别名称	内　容　与　范　围	备　　注
大类	中类	小类			
G5			其他绿地	对城市生态环境质量、居民休闲生活、城市景观和生物多样性保护有直接影响的绿地。包括风景名胜区、水源保护区、郊野公园、森林公园、自然保护区、风景林地、湿地等	

3.3.2　各类绿地的用地选择

1. 公园绿地（G1）

指向公众开放，以游憩为主要功能，兼具生态、美化、防灾等作用的城市绿地。一般选址在：

1）卫生条件和绿化条件比较好的地方。公园绿地是在城市中分布最广，与广大群众接触最多，利用率最高的绿地类型。绿地要求有风景优美的自然环境，并满足广大群众休息、娱乐的各种需要。因此选择用地要符合卫生条件，空气畅通，不致滞留潮湿阴冷的空气。常言说"十年树木"，绿化条件好的地段，往往有良好的植被和粗壮的树木，利用这些地段营建公园绿地，不仅节约投资，而且容易形成优美的自然景观。

2）不宜于工程建设及农业生产的复杂破碎的地形、起伏变化较大的坡地，利用这些地段建园，应充分利用地形，避免大动土方，这样既可节约城市用地，减少建园投资，又可丰富园景。

3）具有水面及河湖沿岸景色优美的地段。园林中只要有水，就会显示出活泼的生气，利用水面及河湖沿岸景色优美地段，不但可增加绿地的景色，还可开展水上活动，并有利于地面排水。

4）旧有园林的地方、名胜古迹、革命遗址等地段。这些地段往往遗留有一些园林建筑、名胜古迹、革命遗址、历史传说等，承载着一个地方的历史。将公园绿地选址在这些地段，既能显示城市的特色，保存民族文化遗产，又能增加公园的历史文化内涵，达到寓教于乐的目的。

5）街头小块绿地，以"见缝插绿"的方式开辟多种小型公园，方便居民就近休息赏景。

公园绿地中的动物园、植物园和风景名胜公园，由于其用地具有一定特殊性，在选址时还应当相应作进一步的考虑。

动物园的用地选择应远离有烟尘及有害工业企业、城市的喧闹区。要尽可能为不同种类（山野、森林、草原、水族等）、不同地域（热带、寒带、温带）的展览动物创造适合的生存条件，并尽可能按其生态习性及生活要求来布置笼舍。

动物园的园址应与居民密集地区有一定距离，以免病疫相互传染。更应与屠宰场、动物毛皮加工厂、垃圾处理场、污水处理厂等，保持必要的防护距离，必要时，需设防护林带。同时，园址应选择在城市上风方向，有水源、电源及方便的城市交通联系。如附设在综合公园中，应在下风、下游地带，一般应在独立地段以便采取安全隔离措施。

植物园是一所完备的科学实验研究机构。其中包括有植物展览馆、实验室和栽培植物的苗圃、温室等。除了以上这些科学研究和科学普及场所外，植物园通过各类型植物的展览，给群众以生产知识及辩证唯物主义观点的知识，因此植物园必须具备各种不同自然风景景观、各种完善的服务设施，以供群众参观学习、休息游览的需要，同时又是城市园林绿化的示范基地（如新引进种类的示范区、园林植物种植设计类型示范区等），以促进城市园林事业的发展。植物园的规划设计要按照"园林的外貌、科学的内容"来进行，是一种比较特殊的公园绿地。

植物园的用地选择必须远离居住区,要尽可能设在远郊,但要有较方便的交通条件,以便于群众到达。园址选择必须避免在城市有污染的下风下游地区,以免妨碍植物的正常生长,要有适宜的土壤水文条件。应尽量避免建在原垃圾堆场、土壤贫瘠或地下水位过高或缺乏水源的地方。

正规的植物园址,必须具备相当广阔的园地,特别要注意有不同的地形和不同种类的土壤,以满足生态习性不同的植物生长的需要。其次,园址除考虑有充足水源以供造景及灌溉之用外,还应考虑在雨水过多时,也能通畅地排除过多的水。园址范围内还应有足够的平地,以供开辟苗圃和试验地之用。

风景名胜公园主要选址于郊区,可以是历史上遗留下的风景名胜、历史文物、自然保护地;也可以考虑选址在原有森林及大片树丛的地段,地形起伏具有山丘河湖的地段,水库、溶洞等自然风景优美的地段。

风景名胜公园的出入口应与城市有方便的交通联系,同时城市中心到达主要出入口的行车时间不应超过 1.5 ~ 2h。

2. 生产绿地(G2)

为城市绿化提供苗木、花草、种子的苗圃、花圃、草圃等圃地,是城市绿化的生产基地。一般生产绿地占地面积较大,通常应安排在郊区,并保证与市区有方便的交通联系,以便苗木运输。花圃、苗圃用地范围内要求土壤及水源条件较好、地形变化丰富,既有利于苗木的多样化培育,又有利于苗木的生长和运输。在城市建成区范围内不要占用大片土地作苗圃、花圃。在目前节约土地的情况下,应尽量利用山坡造田、围海造田、河滩地等。有些大城市花圃建设条件较好,也可以局部适当开放,以弥补公共绿地之不足。

3. 防护绿地(G3)

城市中具有卫生、隔离和安全防护功能的绿化用地。

防护林应根据防护的目的来布局。防护林绿地占用城市用地面积较大,防护林绿地具有使土地利用或气象条件发生变化,影响大气扩散模式的作用,因而科学地设置防护林意义十分重大。

1)防风林选城市外围上风向与主导风向位置垂直的地方,以利于阻挡风沙对城市的侵袭。

防风林带的宽度并不是越宽越好,幅度过宽时,从下风林带边缘越过树林上方刮来的风下降,有加速的倾向,因此随着与树林下风一侧的距离增加,不久又恢复原来的风速。所以林带的幅度,栽植的行列大约在 7 行,宽 30m 左右为宜。

2)农田防护林选择在农田附近,利于防风的地带营造林网,形成长方形的网格(长边与常年风向垂直)。

3)水土保持林带选河岸、山腰、坡地等地带种植树林,固土、护坡、涵蓄水源、减少地面径流,防止水土流失。

4)卫生防护林带应根据污染物的迁移规律来布局。

城市大气污染主要来源于工业污染、家庭炉灶排气和汽车排气。按污染物排放的方式可分为高架源、面源和线源污染三类。高架源是指污染物通过高烟囱排放,一般情况下,这是排放量比较大的污染源;面源是指低矮的烟囱集合起来而构成的一个区域性的污染源;线源指污染源在一定街道上造成的污染。以防治大气污染为目的的防护林的布局,应根据城市的风向、风速、温度、湿度、污染源的位置等计算污染物的分布,科学地布局防护林带。

防护林的布局可根据城市空气质量图,分析城市大气污染物迁移规律,在污染物浓度超标的地区布置防护林,这样才能最有效地防御大气污染,经济地利用土地。对于工业城市防护林布局,可借鉴环境预测的方法,建立大气污染的数学模式,预测未来城市污染物分布情况。国家环保总局制定的《环境影响评价技术导则——大气环境》,不仅适用于建设项目的新建、扩建工程的大气环境影响评价、城市或区域性的大气环境影响评价,也可作为城市防护林营造的依据。具体步骤为:

① 调查城市污染源的位置及城市主要污染物的种类。

② 根据污染的气象条件和备污染源的基本情况,选择扩散条件较差的典型气象日,采用《大气环境影响评价导则》中推荐的方法,求出小于24h取样时间的浓度,并将其修订为1h的平均浓度后,利用方程 $C_d = \dfrac{1}{n}\sum_{i=1}^{n}C_i$,求出地面日均浓度。其中 C_i 为一天中 i 小时的小时浓度(mg/m³), n 为一天中计算的次数, n 取18。

③ 将城市划分为若干等面积的网格(网格边长一般为 $1km \times 1km$ 或 $500m \times 500m$),分别计算各时间各网格交点的地面污染物小时浓度,然后求平均值,绘制出主要污染物的日均浓度等值线分布图、城市年长期平均浓度分布图。

④ 根据污染物浓度分布曲线,结合城市山林、滨河绿带、道路绿化等布局防护林,充分发挥防护林的综合功能。

4. 附属绿地(G4)

城市建设用地中除绿地之外各类用地中的附属绿化用地。

5. 其他绿地(G5)

对城市生态环境质量、居民休闲生活、城市景观和生物多样性保护有直接影响的绿地。包括风景名胜区、水源保护区、郊野公园、森林公园、自然保护区、风景林地、城市绿化隔离带、野生动植物园、湿地、垃圾填埋场恢复绿地等。

3.4 城市园林绿地指标

城市园林绿地指标是指城市中平均每个居民所占有的公共绿地面积、城市绿化覆盖率、城市绿地率等,它是反映一个城市的绿化数量和质量、一个时期内城市经济发展、城市居民生活福利保健水平的一个指标,便于城市规划作出科学的定量分析,指导各类绿地规模的制定工作,也是评价城市环境质量的标准和城市精神文明的标志之一。

我国城市规划建设用地结构要求绿地占建设用地比例应为8%～15%。城市规模不同,其绿地指标各不相同。大城市人口密集、建筑密度高,绿地要相应大些,才能满足居民需要,每人应占 $10 \sim 12m^2$;居民在5万以上的城市,郊区自然环境好或环境卫生条件较好,绿地面积可适当低些;在建筑量大、工厂多、人口多的城市,风景旅游和休养性质的城市和干旱地区的城市,其绿化面积都应适当增加,以利于改善环境、美化环境、减少污染。

3.4.1 城市园林绿地率

城市绿地率是指城市各类绿地(含公共绿地、居住区绿地、单位附属绿地、防护绿地、生产绿地、风景林地六类)总面积占城市面积的比率。城市绿地率表示了绿地总面积的大小,是衡量城市规划的重要指标。根据原建设部 1993 年 11 月 4 日颁布的《城市绿化建设指标的规定》,到 2010 年,城市绿地率应不少于 30%。

由于城市绿地面积的计算方法既复杂又不精确,所以其统计工作较困难。随着航测及人造卫星摄影等现代化技术的推广和应用,不仅能得到较准确的数据,同时还能定期取得变化的数据。

计算公式:

$$城市绿地率(\%) = \frac{城镇园林绿地总面积}{城镇用地总面积} \times 100\%$$

现代疗养学认为,绿地面积达 50% 以上,才有舒适的休养环境。一般城市的绿地率以 40% ~ 60% 为好。

为保证城市绿地率指标的实现,各类绿地单项指标应符合下列要求:

① 旧城改建区绿化用地应不低于总用地面积的 25%,新建居住区绿地占居住区总用地比率不低于 30%。

② 城市主干道绿带面积占道路总用地比率不低于 20%,次干道绿带面积所占比率不低于 15%。

③ 内河、海、湖等水体及铁路旁的防护林带宽度应不少于 30m。

④ 单位附属绿地面积占单位总用地面积比率不低于 30%,其中,工业企业、交通枢纽、仓储、商业中心等绿地率不低于 20%;产生有害气体及污染的工厂的绿地率不低于 30%,并根据国家标准设立不少于 50m 的防护林带;学校、医院、休(疗)养院所、机关团体、公共文化设施、部队等单位的绿地率不低于 35%。

3.4.2 城市园林绿化覆盖率

城市园林绿化覆盖率是指城市绿化覆盖面积占城市面积的比率。城市绿化覆盖率是衡量一个城市绿化现状和生态环境效益的重要指标,它随着时间的推移、树冠的大小而变化。林学上认为,一个地区的绿色植物覆盖率至少应在 30% 以上,才能对改善气候发挥作用。

计算公式:

$$城市绿化覆盖率(\%) = \frac{城市内全部绿化种植垂直投影面积}{城市面积} \times 100\%$$

以上计算公式中,乔木下的灌木投影面积、草坪面积不得计入在内,以免重复。

3.4.3 人均公共绿地面积

人均公共绿地面积是指城市中每个居民平均占有公共绿地的面积。根据《城市绿化规划建设指标的规定》规划人均绿地面积指标大于 $9m^2$。人均公共绿地面积指标根据城市人均建设用地指标而定。人均建设用地指标不足 $75m^2$ 的城市,到 2010 年人均公共绿地面积应不少于 $6m^2$;人均建设用地指标 $75 \sim 105m^2$ 的城市,到 2010 年应不少于 $7m^2$;人均建设用地指标超过 $105m^2$ 的城市,到 2010 年应不少于 $8m^2$。

计算公式:

$$人均公共绿地面积(m^2/人) = 城市公共绿地总面积/城市非农业人口$$

3.5 城市园林绿地的布局形式

布局结构是城市绿地系统的内在结构和外在表现的综合体现,其主要目标是使各类绿地合理分布、紧密联系,组成有机的绿地系统整体。通常情况下,系统布局有点状、环状、放射状、放射环状、网状、楔状、带状、指状八种基本模式,如图 3-1 所示。

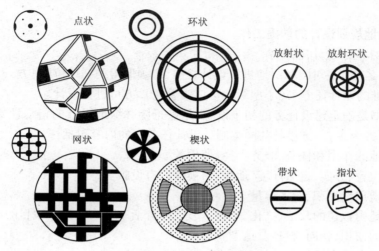

图 3-1 城市绿地分布的基本模式

我国城市绿地空间布局常用的形式有以下五种。

1. 块状绿地

在城市规划总图上,公园、花园、广场绿地呈块形、方形、不等边多角形均匀分布。这种形式最方便居民使用,但因分散独立,不成一体,不能起到综合改善城市小气候的效能。

2. 带状绿地布局

多数是由于利用河湖水系、城市道路、旧城墙等因素,形成纵横向绿带、放射状绿带与环状绿地交织的绿地网。带状绿地布局有利于改善和表现城市的环境艺术风貌。

3. 楔形绿地布局

楔形绿地是指从郊区伸入市中心由宽到窄的放射状绿地。楔形绿地布局有利于将新鲜空气源源不断地引入市区,能较好地改善城市的通风条件,也有利于城市建设艺术面貌的体现。

4. 混合式绿地布局

它是前三种形式的综合利用,可以做到城市绿地布局的点、线、面结合,组成较完整的体系。其优点是能够使生活居住区获得最大的绿地接触面,方便居民游憩,有利于就近地区气候与城市环境卫生条件的改善,有利于丰富城市景观的艺术面貌。

5. 片状绿地

将市内各地区绿地相对加以集中,形成片状,适用于大城市。

1)以各种工业企业性质、规模、生产协作关系和运输要求为系统,形成工业区绿地。

2)以生产与生活相结合,组成一个相对完整地区的绿地。

3)结合各市的河川水系、谷地、山地等自然地形条件或构筑物的现状,将城市分为若干区,各区外围以农田、绿地相绕。这样的绿地布局灵活,可起到分割城区的作用,具有混合式规划的优点。

每个城市具有各自特点和具体条件,不可能有适应一切条件的布局形式。所以规划时应结合各市的具体情况,认真探讨各自的最合理的布局形式。

3.6 园林绿地规划设计的程序

3.6.1 园林绿地规划设计的前提工作

1. 接受园林规划设计任务书

设计单位(乙方)在对园林绿地进行设计之前,必须取得委托单位(甲方)获城市规划和园林主管部门批准的设计任务书(小型绿地可口头委托),方可进行设计。

设计任务书是确定建设任务的初步设想,是进行园林绿地设计的指示性文件。它由甲方制定,也可以甲方为主,乙方参与共同编制。设计任务书的内容包括:

1)园林绿地的作用和任务、服务半径、使用效率。

2)绿地的位置、方向、自然环境、地貌、植被及原有设施。

3)园林绿地用地面积、游人容量。

4)园林绿地内拟建的政治、文化、宗教、娱乐、体育活动类大型设施项目的内容。

5)建筑物的面积、朝向、材料及造型要求。

6)园林绿地布局在风格上的特点。

7)园林绿地建设近、远期的投资经费。

8)地貌处理和种植设计要求。

9)园林绿地分期实施的程序。

10)规划设计进度和完成日程。

2. 现场实地踏勘,收集有关资料

接到工程设计任务书之后,首先就是要对现场进行详尽的调查。资料的选择、分析判断是设计的基础。搜集与基地有关的技术资料并进行实地勘察、测量,从而在一定方针指导下,进行分析判断,选择有价值的内容;依据地形、环境的变化,勾画出大体的骨架,作为设计的重要参考。整理资料应有所侧重,分析资料应着重考虑采用性质差异大的材料。

调查的内容有:

(1)自然条件调查

1)气象方面。每月最低、最高和平均气温,湿度,降雨量,无霜期,冰冻期,每月阴、晴日数,风力、风向和风向玫瑰图等。

2)土壤方面。土壤的种类,氮、磷、钾的含量,土壤的 pH 值,土层深度,地基承载力、冻深、自然安息角,不同土壤的分布区域,内摩擦角及其他有关的物理、化学性质。

3)地形方面。位置,面积,用地的形状,地表起伏变化状况,走向,坡度,裸露岩层的分布情况。

4)水系方面。水系范围,水的流速、流量、方向,水底标高,河床情况,常水位、最低及最高水位,水质及岸线情况,地下水状况等。

5)植被方面。原有植被的种类、数量、高度、生长势、群落构成,古树名木分布情况,其观

24

赏价值的评定,苗源等。

（2）社会条件调查

1）规划发展条件调查。城市规划中的土地利用,社会规划,经济开发规划,产业开发规划等。

2）使用效率的调查。居民人口,服务半径,其他娱乐场所,使用者要求,使用方式、时间,使用者年龄构成,习俗与爱好,人流集散方向等。

3）交通条件调查。交通线路,交通工具,停车场,码头桥梁等状况调查,建设用地与城市交通的关系,游人来向、数量,以便确定园林绿地的服务半径和设施内容。

4）现有设施调查。建设用地的给水、排水设施,能源、电力、电讯的情况,原有的建筑物、构筑物位置、面积、用途等。

5）工农业生产情况的调查。农用地及其主要产品,工矿企业的分布,有污染工业的类别、程度等。

6）城市历史、人文资料调查。

① 地区性质:如乡村,未开发地,大、中、小型城市,人口,产业,经济区等。

② 历史文物:文化古迹种类,历史文献中的遗址等。

③ 居民习俗:传统节日、纪念活动、民间特产、历史沿革、生活习惯禁忌等。

7）其他情况的调查。对建设单位的开发经营方式,近期、远期可保证的资金和施工力量,以及在城市园林系统中的地位等方面,也需作必不可少的调查。

（3）规划设计图纸资料

1）城市规划资料图纸种类

① 比例为 1：5000 ~ 1：10000 的城市用地现状图。

② 比例为 1：5000 ~ 1：10000 的城市土地利用规划图(需参照城市绿地系统规划)。

③ 明确规划对建设用地的要求和控制性指标,以及详细的控制说明文本。

2）建设用地的地形及现状图

① 设计所需的地形图。图纸中应明确显示:建设用地的范围,原有地形地貌,水系,道路,建筑物,构筑物,植物,水系的进口、出口位置,电源的位置等。

建设用地面积在 8hm^2 以下时图的比例为 1：500,等高距 0.25 ~ 2m 不等。

建设用地面积在 8 ~ 100hm^2 时,图的比例为 1：1000 ~ 1：2000,等高距 0.5 ~ 2m 不等。

建设用地面积在 100hm^2 以上时,比例为 1：2000 ~ 1：5000,等高距可视地形坡度及比例不同而异,可在 1 ~ 5m 之间变化。

② 初步设计、详细设计所需的测量图。图纸要真实反映建设单位的详细布局,如标出各控制点、线、面的高程,画出各种建筑物、公用设备网、岩石、道路、地形、水体、乔木的位置、灌木群范围。

比例为 1：500 ~ 1：200,方格网间距 20 ~ 50m,等高距为 0.25 ~ 0.5m。

③ 施工平面所需的测量图。图纸中应明确显示原有乔木具体位置及树冠大小;成群及独立的灌木、花卉植物群的轮廓和范围大小;现有保留的上水、雨水、污水、化粪池、电信、电力、暖气、煤气、热力等管线的位置等。除平面图外还要有剖面图,并需注明管径的大小,管底或管顶的标高、压力、坡度等。

比例 1：200 ~ 1：100;按间距 20 ~ 50m 设立方格木桩,平坦地方格网间距可大些,复杂地形应相应减小;等高距为 0. 25 ~ 0. 1m。

(4)调查资料的分析整理

基地调查是完全客观地记录基地资料的过程,而基地分析、整理则是由资料使用说明及主观的评述所构成。以上的资料及前述的任务书,是基地规划设计分析方向的基本准则。

对基地的分析整理会得出不同的图名或标题,如地形调查分析;水体调查分析;土壤调查分析;植被调查分析;气象资料调查分析;基地范围、交通及人工设施调查分析;视线及有关的视觉调查分析等。当基地面积较小或性质较单一时则可将它们合画在同一张图上。它们是清楚且易了解的图面,并且应从计划的观点来说明特定基地的现况、限制及发展潜力。这些材料大部分只供设计者使用,但在区域性开发计划中,基地分析图可能需要经过和业主多次沟通才能完成。

在大部分情况下,图面只需表达景观面貌概况,无需太精确。对小基地而言,基地调查及分析可用铅笔绘于图纸上,若有需要则可加注解;大基地则需一系列徒手或具技巧的绘图方式来绘图,它们通常更为精致,并常用叠加的办法进行总合(图3-2)。有时图面也可通过上色彩的办法来增加可视效果,尤其是电脑辅助绘制的基地分析图,对于大型土地开发方案更具价值。

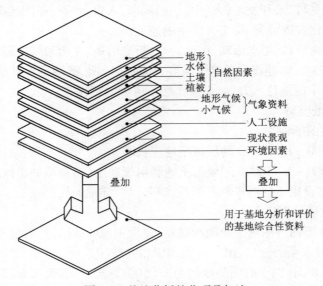

图 3-2 基地分析的分项叠加法

3.6.2 总体设计方案阶段

1. 方案设计

从方案的构思到方案设计不是凭空产生的,是对任务书和基地条件综合了解的结果。功能关系图解和基地分析为全面了解任务书的要求和基地的条件奠定了基础,在此基础上可以为特定的内容安排相应的基地位置,在特定的基地条件上布置相应的内容,然后进一步深化,确定平面形状、使用区的位置和大小、建筑及设施的位置、道路基本线型、停车场地面积和位置等,最后才能制作出用地规划总平面图。

方案设计阶段是探讨初期的设计构想和机能关系的阶段,设计人员根据设计任务书的要求,结合所取得的资料进行分析、综合研究,提出设计原则,进行基地的具体设计的工作。方案设计的图纸大多为徒手绘制的概念图、机能或结构性示意图及纲要计划图,大多是速写或类似速写的图。此阶段的图有:

26

1）园林绿地的位置图（1∶5000、1∶10000）。要表现该绿地在城市中的位置、轮廓、交通和四周环境的关系，可利用的园外借景。

2）现状分析图。根据分析后的现状资料归纳整理，形成若干空间，用圆圈或抽象图形将其粗略地表示出来。如对绿地四周道路、环境进行分析后，划定出入口范围；某一方位人口居住密度高、人流多、交通四通八达，则可划为开放的、内容丰富多彩的活动区域（图3-3）。

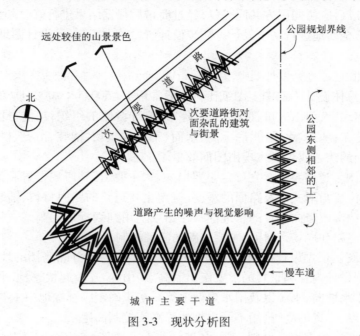

图3-3　现状分析图

3）功能分区图。根据设计原则和现状分析图确定该绿地分为几个空间，使不同的空间反映不同的功能，既要形成一个统一整体，又能反映各区内部设计因素的关系（图3-4）。

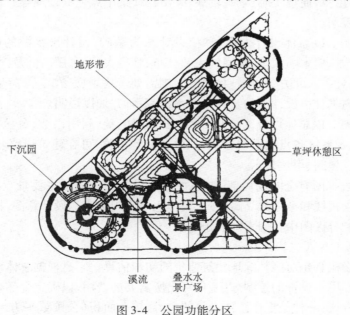

图3-4　公园功能分区

27

4)园林建筑布置图。根据设计原则分别画出园中各主要建筑物的布局位置、主入口、平面图、剖面图、效果图,以便检查建筑风格是否和谐统一,与景区环境是否协调。

方案设计是设计人员为甲方选优提供的设计方案,最好提出两种以上的不同设计方案,供甲方比较选择。

2. 初步设计

方案设计完成后应协同甲方共同商议,经过商讨后根据结果进行修改和调整,一旦初步方案确定下来,就需全面地进行初步设计。初步设计阶段的内容包括:设计图纸、建设概算、设计说明书等。

(1)设计图纸

1)园林绿地总体设计平面图。图纸比例一般常用1∶500、1∶1000、1∶2000,综合表示包括边界线,保护界线;大门出入口、道路广场、停车场、导游线的组织;功能分区活动内容;种植类型分布;建筑分布;地形、水系、水底标高、水面、工程构筑物、铺装、山石、栏杆、景墙;公用设备网络等,以不同的线条或色彩表现出图面效果。

2)道路系统图。道路系统是在确定主要出入口、主要道路、广场位置和消防通道的同时,确定次干道等的位置与形式以及路面的宽度(确定主要道路的路面材料、铺装形式)等后所绘制的图。它可协调修改竖向设计的合理性。在图纸上用细线标出等高线,再用不同粗细的线表示不同级别的道路和广场,并标出主要道路的高程控制点。

3)竖向设计图。根据设计原则以及功能分区图,确定需要分隔遮挡的地方或通透开敞的地方。另外,根据设计内容和景观的需要定出制高点、山峰、丘陵起伏、缓坡平原、小溪河湖等;同时,确定总的排水坡向、水源以及雨水聚散地等。初步确定园林绿地中主要建筑物所在地的控制高程及各景点、广场的高程,用不同粗细的等高线控制高度。

4)种植设计图。根据设计原则、现状条件与苗木采源等,确定全园及各区的基调树种,不同地点的密林、疏林、林间空地、林缘等种植方式和树丛、树林、树群、孤植、树以及花草种植方式等,确定景点的位置、通视走廊、景观轴线、突出视线集中点上的处理等。各树种在图纸上可按绿化设计图例表示。

5)管线设计图。以总体设计方案、种植设计图为基础,设计出水源的引进方式,总用水量、消防、生活、造景、树木喷灌等,管网的大致分布、管径大小、水压高低及雨水、污水的处理和排放方式、水的去处等。北方冬季需要供暖的,则需要考虑取暖方式、负荷量、锅炉房位置等。其表示方法是在树木种植设计图的基础上用粗线表示,并加以说明。

6)电气设计图。以总体设计为依据,设计出总用电量、利用系数、分区供电设施、配电方式、电缆的敷设以及各区各点的照明方式、广播通信等设置,可在建筑道路与竖向设计图的基础上用粗线、黑点、黑圈、黑块表示。

7)表现图。表现图有全园或局部、中心主要地段的断面图或主要景点鸟瞰图,以表现构图中心、景点、风景视线和全园的鸟瞰景观,其作用是直观地表达设计意图,检验和修改竖向设计、道路系统、功能分区图中各因素间的矛盾。

(2)建设概算

园林绿地建设概算是对园林绿地建筑造价的初步估算。它是根据总体设计所包括的建设项目与有关定额和甲方投资的控制数字,估算出所需要的费用,以确定金额余缺。

概算有两种方式:一种是根据总体设计的内容,按总面积(公顷或平方米)的大小,凭经验粗估;另一种方式是按工程项目和工程量分项概算,最后汇总。以工程项目概算为例说明概算的方法:概算要求列表计算出每个项目的数量、单价和总价。单价由人工费、材料费、机械设施费用和运输费用等项目组成。

对于规模不大的园林绿地,可以只用一种概算表,形式见表3-3。对于规模较大的园林绿地,概算可用工程概算表和苗木概算表两种表格,参见表3-3和表3-4。表中工程概算费与苗木概算费合计,即为总工程造价的概算直接费。

建设概算除上述合计费用之外,尚包括间接费、不可预见费(按直接费的百分数取值)和设计费等。

表3-3　绿化工程概算表

工程项目	数　量	单　位	单　价	合　计	备　注

表3-4　绿化工程苗木表

品　种	规　格	数　量	单　价	合　计	备　注

注:1. 表中"品种"指植物种类。
　　2. "规格"指苗木大小;落叶乔木以胸径计,常绿树、花灌木以高度计。
　　3. 苗木单价包括苗木费、起苗费和包装费,苗木具体价格依所在地的情况而定。

园林绿地建设总体设计包括的建设项目主要有土建工程项目和绿化工程项目两类。

1)土建工程项目

① 园林建筑及服务设施。如门房、展览馆、园林别墅、塔、亭、榭、楼阁、舫及附属建筑等。

② 娱乐体育设施。如娱乐场、射击场、跑马场、旱冰场、游船码头等。

③ 道路交通。如园路、园桥、广场等。

④ 水、电、通信。如给排水管线、电力、电信设施等。

⑤ 水景、假山工程。如积土成山、挖地成池、水体改造、音乐喷泉、水下彩色灯等。

⑥ 园林小品及其他设施。如园椅、园灯、栏杆等。

⑦ 其他。如新建园林征地用费、挡土墙、管理区改造等。

2)绿化工程项目

营造、改造风景林;重点景区、景点绿化;观赏植物引种,栽培;观赏经济林工程等。子项目有:树木、花灌木、花卉、草地、地被等。

(3)初步设计说明书

初步设计在完成图纸和概算之后,必须编写说明书,说明设计意图。主要内容包括:

1)园林绿地的位置、范围、规模、现状及设计依据。

2)园林绿地的性质、设计原则、目的。

3)功能分区及各分区的内容,面积比例(土地使用平衡表)。

4)设计内容。出入口、道路系统、竖向设计、山石水体等有关方面的情况。

5)绿化种植安排及理由。

6)电气等各种管线说明。

7)分期建园计划。

8）其他。

初步设计完成以后，应把所有设计图纸和文本装订成册，送甲方审查。甲方聘请相关专家召开方案评审会进行审查。

3.6.3 局部详细设计阶段

1. 扩初设计

设计者结合专家评审意见，进行深入一步地扩大初步设计，简称"扩初设计"。

在扩初文本中，应该有更详细、更深入的总体规划平面、总体绿化设计平面、建设小品的平、立、剖面（标注主要尺寸）。在地形特别复杂的地段应该绘制详细的剖面图。在剖面图中，必须标明几个主要空间地面的标高（路面标高、地坪标高、室内地坪标高）、湖面标高（水面标高、池底标高）。

在扩初文本中，还应该有详细的水、电气设计说明，如有较大用电、用水设施，要绘制给排水、电气设计平面图。

扩初设计评审会上，专家们的意见不会像方案评审会那样分散，而是比较集中，也更有针对性。根据方案评审会上专家们的意见，介绍扩初文本中修改过的内容和措施。未能修改的意见，要充分说明理由，争取能得到专家评委们的理解。

在方案评审会和扩初设计评审会上，如条件允许，设计方应尽可能运用多媒体技术进行讲解，这样，能使整个方案的规划理念和精细的局部设计效果完美结合，使设计方案更具有形象性和表现力。

总体规划平面和具体设计内容经过方案设计评审和扩初设计评审后，为施工图设计打下了良好的基础。总之，扩初设计越详细，施工图设计越省力。

2. 施工图设计

施工图设计阶段是根据已批准的初步设计文件进行更深入、更具体化的设计，并制定施工组织计划和施工程序。其内容包括：施工设计图、编制预算、施工设计说明书。

（1）施工设计图

在施工设计阶段要作出施工总平面图、竖向设计图、园林建筑设计图、道路广场设计图、种植设计图、水系设计图、各种管线设计图以及假山、雕塑、栏杆、标牌等小品设计详图；另外作出苗木统计表、工程量统计表、工程预算等。

1）施工总平面图

表明各设计因素的平面关系和它们的准确位置，放线坐标网，基点、基线的位置。其作用一是作为施工的依据，二是作为绘制平面施工图的依据。

施工总平面图图纸内容包括：保留的现有地下管线（虚线表示）、建筑物、构筑物、主要现场树木等（用细线表示）、设计的地形等高线（细黑虚线表示）、高程数字、山石和水体（粗实线外加细线表示）、园林建筑和构筑物的位置（粗实线表示）、道路广场、园灯、园椅、果皮箱等（中粗实线表示）放线坐标网，作出的工程序号、透视线等。

2）竖向设计图（高程图）

用以表明各设计因素间的高差关系，比如山峰、丘陵、盆地、缓坡、平地、河湖驳岸、池底等具体高程，各景区的排水坡向、雨水汇集以及建筑、广场的具体高程等。为满足排水坡度，一般绿地坡度不得小于5%，缓坡在8%～12%，陡坡在12%以上。图纸内容如下：

①竖向设计平面图。根据初步设计的竖向设计，在施工总平面图的基础上表示出现状等

高线、坡坎高程；设计等高线、坡坎、高程，在同一地点表示时通过实线和虚线来区分现状的还是设计的；设计溪流河湖岸线、河底线及高程；排水方向（以黑色箭头表示）；各景区园林建筑、休息广场的位置及高程；挖方、填方的范围等（注明填挖工程量）。

②竖向剖面图。主要部位山形、丘陵、谷地的坡势轮廓线（用黑粗实线表示）及高度、平面距（用黑细实线表示）等。剖面的起始点、剖切位置编号必须与竖向设计平面图上的符号一致。

3）道路广场设计图

道路广场设计图主要表明园内各种道路、广场的具体位置、宽度、高程、纵横坡度、排水方向、道路平曲线、纵曲线等设计要素；以及路面结构、做法、路牙的安排；道路广场的交接、交叉口组织、不同等级道路的连接、铺装大样；回车道、停车场等。图纸内容包括如下：

① 平面图。根据道路系统图，在施工总平面的基础上，用粗细不同的线条画出各种道路广场、台阶山路的位置；在转弯处，主要道路要注明平曲线半径，每段的高程、纵坡坡向（用黑细箭头表示）等。混凝土路面纵坡在 0.3% ~5% 之间，横坡在 1.5% ~2.5% 之间；圆石路纵坡在 0.5% ~9% 之间，横坡在 3% ~4% 之间；天然土路纵坡 0.5% ~8% 之间，横坡在 3% ~4% 之间。

② 剖面图。剖面图比例一般为 1：20。在画剖面图之前，先绘出一段路面（或广场）的平面大样图，表示路面的尺寸和材料铺设法。在其下面作剖面图，表示路面的宽度及具体材料的构造（面层、垫层、基层等厚度、做法）。每个剖面的编号应与平面对应。

另外，还应作路口交接示意图，用细黑实线画出坐标网，用粗黑实线画路边线，用中粗实线画出路面铺装材料及构造图案。

4）种植设计图（植物配植图）

种植设计图主要表现树木花草的种植位置、种类、种植方式和种植距离等。图纸的内容如下：

① 种植设计平面图根据树木种植设计，在施工总平面图基础上，用设计图例绘出常绿阔叶乔木，落叶阔叶乔木，落叶针叶乔木，常绿针叶乔木，落叶灌木，常绿灌木，整形绿篱，自然形绿篱，花卉、草地的具体位置和种类、数量、种植方式、株行距等如何搭配。同一幅图中树冠的表示不宜变化太多，花卉绿篱的图示也应简明统一，针叶树可重点突出，保留的现状树与新栽的树应加以区别。复层绿化时，用细线画大乔木树冠，用粗一些线画冠下的花卉、树丛、花台等。树冠的尺寸大小应以成年树为标准，如大乔木 5~6m，孤植树 7~8m，小乔木 3~5m，花灌木 1~2m，绿篱宽 0.5~1m，种名、数量可在树冠上注明，如果图纸比例小，不易注明，可用编号的形式，在图纸上标明编号树种的名称、数量对照表。成行树要注上每两株树的间距。

② 大样图对于重点树群、树丛、林缘、绿篱、花坛、花卉及专类园等，可附种植大样图，比例为 1：100。要将群植和丛植的各种树木位置画准，注明种类数量，用细实线画出坐标网，注明树木间距。作出立面图，以便施工参考。

5）水景设计图

水景设计图表明水体平面位置、形状、深浅及工程做法。它包括如下内容：

① 平面位置图。依据竖向设计和施工总平面图，画出泉、溪、河湖等水体及其附属物的平面位置。用细线画出坐标网，按水体形状画出各种水景的驳岸线、水底、山石、汀步、小桥等位置，并分段注明岸边及池底的设计标高。最后用粗线将岸边曲线画成近似折线，作为湖岸的施

31

工线,用粗实线加深山石等。

② 纵、横剖面图。水体平面及高程有变化的地方都要画出剖面图,通过这些图表示出水体的驳岸、池底、山石、汀步及岸边的关系处理。

某些水景工程,还有进水口、溢水口、泄水口大样图,池底、池岸、泵房等工程做法图,水池循环管道平面图。水池管道平面图是在水池平面位置图基础上,用粗线将循环管道走向、位置画出来,并注明管径、每段长度,以及潜水泵型号,并加简短说明,确定所选管材及防护措施。

6)园林建筑及小品设计图

园林建筑设计图表现各景区园林建筑的位置及建筑本身组合、选用的建材、尺寸、造型、高低、色彩、做法等。如一个单体建筑,必须画出建筑施工图(建筑平面位置图、建筑各层平面图、屋顶平面图、各个方向立面图、剖面图、建筑节点详图、建设说明等)、建筑结构施工图(基础平面图、楼层结构平面图、基础详图、构件详图等)、设备施工图以及庭院的活动设施工程、装饰设计。

7)管线设计图

在管线设计的基础上,表现出上水(生活、消防、绿化、市政用水)、下水(雨水、污水)、暖气、煤气、电力、电信等各种管网的位置、规格、埋深等。管线设计图内容包括:

①平面图。在建筑、道路竖向与种植设计图的基础上,表示管线及各种管井的具体位置、坐标,并注明每段管的长度、管径、高程以及如何接头等。原有干管用红实线或黑细实线表示,新设计的管线及检查井则用不同符号的黑色粗实线表示。

②剖面图。画出各号检查井,用黑粗实线表示井内管线及阀门等交接情况。

8)假山、雕塑等小品设计图

假山、雕塑等小品设计图必须先做出山、石等施工模型,以便施工时掌握设计意图;参照施工总平面图及竖向设计画出山石平面图、立面图、剖面图,注明高度及要求。

9)电气设计图

在电气初步设计基础上表明园林用电设备、灯具等的位置及电缆走向等。

(2)编制预算和施工设计说明书

在施工设计中要编制预算,它是实行工程总承包的依据,是控制造价、签订合同、拨付工程款项、购买材料的依据,同时也是检查工程进度、分析工程成本的依据。

预算包括直接费用和间接费用。直接费用包括人工、材料、机械、运输等费用,计算方法与概算相同。间接费用按直接费用的百分比计算,其中包括设计费用和管理费。

最后还应写一份施工设计说明书。说明书的内容是初步设计说明书的进一步深化。说明书应写明设计的依据、设计对象的地理位置及自然条件、园林绿地设计的基本情况、各种园林工程的论证叙述、园林绿地建成后的效果分析等。

第4章　园林组成要素的规划设计

4.1　园林地形设计

4.1.1　地形的形式

　　地形是指地面上各种高低起伏的状态,如山地、丘陵、平地、洼地等。在园林范围内,规则式园林中一般表现为不同标高的台地、地坪;自然式园林中可以形成平地、土丘、斜坡等不同地貌,这类地形统称为小地形。起伏最小的地形叫微地形,它包括沙丘上的微弱起伏或波纹,或是道路上石头和石块的不同变化。

　　从形态的角度来看,景观是虚体和实体的一种连续的组合体。所谓实体即是指地形本身;虚体就是开阔的空间,即各实体间所形成的空旷地域。在外部环境中,实体和虚体在很大程度上是由复杂多样的地形组成的,并且这些地表类型常常同时包括平地、丘陵、山坡、山谷等。现分别讲述各种地形。

　　1. 平坦地形

　　平坦地形理论上是指任何基面在视觉上与水平面相平行的土地。而实际外部环境中,并无这种绝对水平的地形,因为地面上总有不同程度的坡度。因此"平坦地形"是那些总的看来是"水平的地面",可以有微小的坡度或轻微起伏。

　　2. 凸地形

　　凸地形的形式有土丘、丘陵、山峦以及小山峰等,包括自然的山地和人工堆山叠石所成的假山[图4-1(a)]。凸地形最好的表示方式是以环形同心的等高线布置围绕所在地面的制高点。

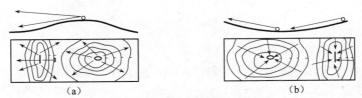

图 4-1　凸地形与凹地形的视线特点
(a)凸地形:视线开阔、发散;(b)凹地形:视线封闭、积聚

　　3. 凹面地形

　　凹面地形的形成有两种方式:一是地面某一区域的泥土被挖掘;二是两片凸地形并排在一起。凹面地形是景观中的基础空间,是户外空间的基础结构,人的大多数活动都在其间占有一席之地。在凹面地形中,空间制约的程度取决于周围坡度的陡峭程度、高度以及空间的宽度。同时凹面地形是一个具有内向性和不受外界干扰的空间,它可将处于该空间中的人的注意力集中在其中心或底层[图4-1(b)]。

4.1.2 地形的功能作用

1. 分隔空间

利用地形可以有效地、自然地划分空间,使之形成不同功能或景色特点的区域(图4-2),而且还能获得空间大小对比的艺术效果,也可以利用许多不同的方式创造和限制外部空间。平坦和起伏平缓的地形缺乏垂直限制的因素,视觉上缺乏空间限制,给人以美的享受和轻松感。而斜坡和地面较高点则能够限制和封闭空间,还能影响一个空间的气氛,因此陡峭、崎岖的地形容易使人产生兴奋感。

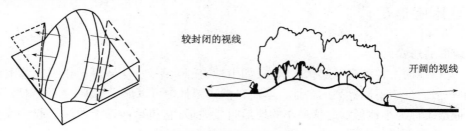

图 4-2　利用地形分隔空间

2. 控制视线

可以利用地形将视线导向某一特定点(图4-3),影响可视景物和可见范围,形成连续的景观序列。还可以完全封闭通向不雅景物的视线,影响观赏者与所视景物或空间之间的高度和距离关系。

图 4-3　地形控制视线于一焦点

3. 影响导游路线和速度

地形可以被用在外部环境中,影响行人和车辆运行的方向、速度和节奏。在平坦的地形上,人们的步伐稳健持续,不需花费太多力气。随着坡度的增加,或更多障碍物的出现,人们就必须花费更多的力气和时间,中途的停顿休息也就逐渐增多。

4. 改善小气候

地形可以影响园林绿地某一区域的光照、温度、湿度、风速等生态因子,可用于改善小气候。利用朝南的坡向,形成采光聚热的南向坡势,创造温暖宜人的环境;利用高差可阻挡冬季寒风或用来引导夏季风。

5. 美学功能

地形的起伏丰富了园林景观,还创造了不同的视线条件,形成了不同性格的空间。地形可以形成柔软、具有美感的形状,能轻易地捕捉视线,使其穿越于景观之间,还能在光照和气候的

34

影响下产生不同的视觉效应。建筑、植物、水体等景观常常都以地形作为依托。例如,依山而建的爬山廊,能使视线在水平和垂直方向上都有变化,使得整组建筑随山形高低错落,既能形成起伏跌宕的建筑立面又能丰富视线变化。地形是植物景观的依托,起伏的地形可产生或加强林冠线的变化,自然起伏的地形还有利于建造动态的水景,借助地形的高差,追求水瀑或跌水的自然气息(图4-4)。

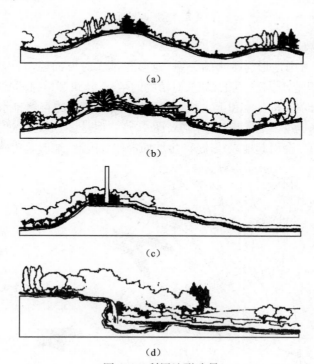

图 4-4　利用地形造景
(a)地形作为植物景观的依托,地形的起伏产生了管线的变化;
(b)地形作为园林建筑依托,能形成起伏跌宕的建筑立面和丰富的视线变化;
(c)地形作为纪念性内容气氛渲染手段;(d)地形作为瀑布山涧等园林水景的依托

4.1.3　地形的处理与设计

1. 地形改造

在地形设计中首先必须考虑的是对原有地形的利用。合理安排各种坡度要求的内容,使之与基地地形条件相吻合。利用原有地形稍加改造即成园景,如利用环抱的土山或人工土丘挡风,创造向阳盆地和局部的小气候,阻挡当地常年有害风雪的侵袭;利用起伏地形,适当加大高差至超过人的视线高度,设置"障景";以土代墙,利用地形"围而不障",以起伏连绵的土山代替景墙,形成"隔景"。

地形设计的另一个任务就是进行地形改造,使改造的基地地形条件满足造景的需要,满足各种活动和使用的需要,并形成良好的地表自然排水类型,避免过大的地表径流。

地形改造应与园林总体布局同时进行,对地形在整体环境中所起的作用、最终所达到的效果应做到心中有数。地形改造都是有的放矢的,并且地形的微小改造并不意味着没有大幅度改造重要。如建造平台园地或在坡地上修筑道路或建造房屋时,采用半挖半填式进行改造,可起到事半功倍的效果(图4-5)。

改造前　　　　　　　　　　　　　　　　　改造后

图4-5　地形改造示例

2. 地形、排水和坡面稳定

在地形设计中应考虑地形与排水的关系、地形和排水对坡面稳定性的影响。地形过于平坦不利于排水,容易积涝,破坏土壤的稳定,对植物的生长、建筑和道路的基础都不利。因此应创造一定的地形起伏,合理安排分水和汇水线,保证地形具有较好的自然排水条件,既可以及时排除雨水,又可以避免修筑过多的人工排水沟渠(图4-6)。但是,地形起伏过大或坡度不大而同一坡度的坡面延伸过长时,会引起地表径流,产生坡面滑坡。因此,地形起伏应适度,坡长应适中。

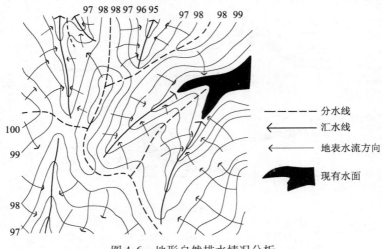

图4-6　地形自然排水情况分析

要确定需要处理和改造的坡面,需在分析和踏看原地形的基础上作出地形坡级、地形排水类型图,根据设计要求决定所采用的措施。当地形过陡、空间局促时可设挡土墙;较陡的地形可在坡顶设排水沟,在坡面上种植树木、覆盖地被物,布置一些有一定埋深的石块,若在地形谷线上,石块应交错排列等。在设计中能将地形改造与造景结合起来考虑效果更佳。如在有景可赏的地方可利用坡面设置坐憩、观望的台阶;将坡面平整后做成主题或图案的模纹花坛或树篱坛,以获得较佳的视角;也可利用挡墙做成落水或水墙等水景,挡墙的墙面应充分利用起来,精心设计成与主题有关的叙事浮雕、图案,或从视觉角度入手,利用墙面的质感、色彩和光影效果丰富景观。

3. 坡度

在地形设计中,地形坡度不仅关系到地表面的排水、坡面的稳定,还关系到人的活动、行走和车辆的行驶。一般而言,坡度小于1%的地形易积水,地表面不稳定,不太适合安排活动和使用的内容,但若稍加改造即可利用;坡度介于1%~5%的地形排水较理想,适合安排绝大多数的内容,特别是需要大面积平坦地的内容,如停车场、运动场等,不需要改造地形,但是,当同一坡面过长时显得较单调,易形成地表径流,而且当土壤渗透性强时排水仍存在问题;坡度介于5%～10%之间的地形仅适合于安排用地范围不大的内容,但这类地形的排水条件很好,而且具有起伏感;坡度大于10%的地形只能局部小范围地加以利用。

4. 地形造景

地形是构成园林景观的基本骨架。建筑、植物、落水等景观常常都以地形作为依托。整体建筑随山形高低错落,丰富了立面构图(图4-7)。如果借助地形的高差建造水瀑或跌水,则具有自然感。当地形比周围环境的地形高时,则视线开阔,具有延伸性,空间呈发散状。此类地形一方面可组织成为观景之地,另一方面因地形高处的景物往往突出、明显,又可设计为造景之地。此外,当高处的景物达到一定体量时还能产生一种控制感。当地形比周围环境的地形低时,则视线通常较封闭,且封闭程度决定于周围环境要素的高度,如树木的高度、建筑的高度等,空间呈积聚性。此类地形的低凹处能聚集视线,可精心布置景物,也可以利用地形本身造景。将地形做成各种几何形体或相对自然的曲面体,形成别具一格的视觉形象,与自然景观产生鲜明的对比效果,还具有一定的使用功能。

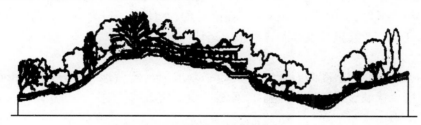

图4-7　以地形作为依托造景

4.2　园林水体设计

4.2.1　水的特性

水具有许多自然特性,这些特性用于风景园林设计中,影响着设计的目的和方法。归纳起来水有以下一些特性:

1. 可塑性

水的常态是液体,本身没有固定的形状,水形是由容器的形状所决定的。同体积的水有无穷的、不同的变化特征,取决于容器的大小、色彩、质地和位置。在此意义上,设计一定形状的水体实际上是设计容器的类型,这样才能得到所需要的水体形象。

由于水是高塑性的液体,其外貌形状也受到重力的影响。由于重力作用,高处的水会向低处流,形成动态的水;潺潺流动,逗人喜爱;波光晶莹,令人欢快;喷涌的水因混入空气而呈现白沫,如喷泉的水柱就富含泡沫,喷射变化的水花令人激动;瀑布轰鸣,使人兴奋和激昂。而静止的水也由于重力,能保持平衡稳定,一平如镜,宁静而安详,并能形象地反映周围的景物,给人以轻松、温和的享受。从这个意义上讲,水的设计是情绪和趣味的设计。

2. 透明性

水本身无色,但水流经水坡、水台阶或水墙的表面时,这些构筑物饰面材料的颜色会随着水层的厚度而变化。所以,水池的池底若用色彩鲜明的铺面材料做成图案,将会产生很好的视觉效果。

3. 成像性

平静的水面像一面镜子具有一定的倒影能力,水面会呈现出环境的形态和色彩。倒影的能力与水深、水底和壁岸的颜色深浅有关。因此,在设计水坡或水墙时,可用深色的饰面材料增加倒影的效果。当水面被微风吹拂,泛起涟漪时,便失去了清晰的倒影,景物的成像形状碎折,色彩斑驳,好似一幅优美的油画。

4. 发声性

运动着的水,无论是流动、跌落还是撞击,都会发出声响。依照水的流量和形式,可以创造出多种多样的音响效果,来完善和增加室外空间的观赏特性。而且水声也能直接影响人们的情绪,或使人平静温和,或使人激动兴奋。

总之,水对人有不可否认的吸引力。园林设计时,除把握住地点、时间与手法之外,如能巧于理水,将使设计更加引人入胜。

4.2.2 水在园林绿地中的作用

水体能使园林产生很多生动活泼的景观,形成开朗的空间和透景线,山得水而活,树木得水而茂,亭榭得水而媚,空间得水而开阔。在园林中,水体除了造景以外,还可以增大空气湿度、调节气温、吸尘等,甚至可以开展各种水上运动。

1. 提供消耗

水可供人和动物消耗,灌溉园林绿地。某些运动场地、野营地、公园等因素中都存在着消耗水的因素,所以水源、水的运输方法和手段成为设计决策的关键。

2. 调控气候

大面积的水域能影响周围环境的空气温度和湿度。在夏季,由水面吹来的微风具有凉爽作用;在冬天,水面的热风能保持附近地区的温度。这就使在同一地区有水面与无水面的地方有着不同的温差。例如在大面积的湖区,1 月份的平均温度提高大约 5℃;相反,7 月份可降低 3℃。较小水面有着同样的效果。水面上水的蒸发,使水面附近的空气温度降低,所以无论是池塘、河流或喷泉,附近空气的温度一定比无水的地方低,而空气湿度增加。

3. 控制噪声

水能使室外空间减弱噪声,特别是在城市中有较多的汽车、人群和工厂的嘈杂声,可经常用水来隔离噪声。利用瀑布或流水的声响来减少噪声干扰,造成一个相对宁静的气氛(图 4-8)。静坐在海边、湖畔、河流和溪旁,能使人心绪平静安详,不论是浪涛拍岸的节奏和小溪的潺潺流水声,都能安抚情绪,使人心平气和。

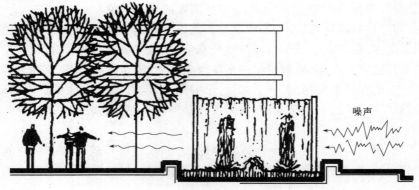

图 4-8　水可以降低噪声

4. 水的美学观赏功能

水除了以上使用功能外,还有许多美化环境的作用。大面积的水面,能以其宏伟的气势,影响人们的视线,并能将周围的景色进行统一协调,而小水面则以其优美的形态和美妙的声音,给人以视觉和听觉上的享受(图4-9)。

5. 提供娱乐条件

在景观中,水的另一作用是提供娱乐条件,可作为游泳、钓鱼、赛艇、滑水和溜冰的场所。

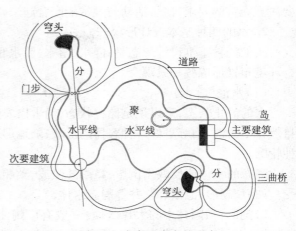

图4-9 小水面多变的形态

4.2.3 水体在造园中的设计运用

不论是在中国园林还是在西洋园林中,水体皆为造景的重要因素之一,特别是中国园林造景更有"造园必须有水"的说法。水体在自然中的姿态面貌给人以无穷的遐思和艺术的联想,使园林产生了生动活泼的美丽景观,并加强了园林景观的意境感受,是极富表现力的构思元素,在造园中是不可或缺的。

1. 水体的运用与组织

水体能使园林产生很多生动活泼的景观,形成开朗的空间和透景线,是造景的重要因素之一。较大的水面往往是城市河湖水系的一部分,可以用来开展水上活动;有利于蓄洪排涝;形成湿润的空气,调节气温;吸收灰尘,有助于环境卫生;供给灌溉和消防用水;还可以养鱼及种植水生植物。

水体的挖掘工程量较大,故园林的大水面要结合原有地形来考虑。利用原有河、湖、低洼沼泽地等挖成水面,并要考虑地质条件,水体下面要有不透水层,如黏土、砂质黏土或岩石层等。如遇透水性大的土质,水体将会渗漏而干涸。水源是构成水体的重要条件,因为水体的蒸发和流失经常需要补充,保持水体的清洁也要有水源调换。

(1)水源的种类

1)利用河湖的地表水。

2)利用天然涌出的泉水。

3)利用地下水。

4)人工水源。直接用城市自来水或设深井水泵取水,因费用较大,不宜多用。

(2)水体的类型

1)按水体的形式分类:有自然式和规则式。

自然式的水体为天然的或模仿天然形状的河、湖、溪、涧、泉、瀑等,水体在园林中多随地形而变化。规则式的水体为人工开凿成几何形状的水面,如运河、水渠、方潭、圆池、水井及几何形体的喷泉、瀑布等。常与雕塑、山石、花坛等共同组景。

2)按水体的使用功能分类:有观赏的水体和开展水上活动的水体。

观赏的水体可以较小,主要是为构景之用。水面有波光倒影又能成为风景的透视线。水中的岛、桥及岸线也能自成景色。水能丰富景色的内容,提高观赏的兴趣。

开展水上活动的水体,一般需要有较大的水面,适当的水深,清洁的水质,水岸及岸边最好

39

有一层砂土,岸坡要和缓。进行水上活动的水体,在园林里除了要符合这些活动的要求外,也要注意观赏的要求,使得活动与观赏能配合起来。

2. 水的四种基本设计形象

水的四种基本设计形态是:静水、落水、流水和喷水。园林中各种水体有不同的特点,要结合环境布置形成各种景观。

(1)水池(静水)

水的静止状态,可以说是储存状态,给人以安静、安定的感觉。作为一种水的储存方法,在自然界中的池、沼等更像一种容器的形状,随地形而存在,富有变化,由于地形的不同而形成各种轮廓。

静态的水体能反映出倒影、粼粼的微波、激滟的水光,给人以明快、清宁、开朗或幽深的感受。如海、湖泊、池沼、潭、井等静态水体。

1)湖海:为园林中的大片水面,一般有广阔曲折的岸线与充沛的水量。其大者可给人以"烟波浩渺,碧波万顷"的感觉,因采用比拟夸张的手法以引起人们的联想而称"海"。湖、海,在园林中常成为主要的景区。如四周有较高的山、塔等景物的倒影,将增加虚实与明暗对比的变化。广阔的水面,虽有"悠悠烟水"之感,但容易显得单调平淡,故在园林中常将大的水面空间加以分隔,形成几个趣味不同的水区,增加曲折深远的意境和景观的变化。分隔水面时,为联系水系,便于泛舟和方便游人通行,常在适当的位置设桥,使水面隔而不断。在分隔水面时,要使山体、水系、建筑、道路、植物等形成的空间,在景色的风格上相互联系,构成的景色要在变化中求统一,统一中有变化。

2)池沼:较小的水体。

3)潭:较深的水体。

4)井:在园林中有许多故事传说,或因水质甘冽等也可成为一景。还可在井上或井边建亭、台、廊等建筑以丰富景色。

(2)落水

自然地形中的瀑布,可以作为一种流动形态来考虑。垂直方向的急流是与流动不一样的,给人以强有力的印象。但同样的瀑布在日本庭园中有线瀑、叠瀑、布瀑等,组成各种不同形式。这种落水不仅在瀑布中,而且在自然的水滴、墙上落下也能看到相类似的变化。落水的模式,在造园设计中一直被使用,近年来在建筑中也被采用。与喷水一样,落水的立面设计中,面积太小是不行的(需要有较大面积)。如果没有变化的面,要有突然的变化才能达到组景的效果,不仅是一个面形的效果,而且有声的效果和其再生的效果(二次效果)。

瀑布和喷水都是强烈的动态水体,具有突出中心的作用,相对地小尺度易于掌握。

瀑布有挂瀑、帘瀑、叠瀑、飞瀑等,飞泻的动态给人以强烈的美感。园林中瀑布多小尺度,关键在仿自然意境(图4-10)。处理瀑布界面(如叠瀑可以形成空间斜界面),水口宽的成帘布状,水口狭者成线状、点状,还可分水为两股或多股。落法有直射而下的直落,亦可分成散叠,先直落再在空中散成云雾状或被山石分为许多细流散落。

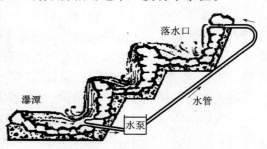

图4-10 循环供水的人工瀑布

（3）流水

地表流动可以水为代表，水流动的形式因幅度、落差、基面以及驳岸的构造等因素而形成不同的流态。潺潺的流水，根据流量的多少也会发生变化，流水表面的丰富表情作为造园的素材，要做到不停地流动。水流设计与水蓄存的设计一样是以平面为主，空间分隔为效果，由于不停流动就给人以生命感（活力）。在地形上的流水是向低处流，有空间的变化。

溪、涧：由山间至山麓，集山水而下，至平地时汇集了许多条溪、涧的水量而形成河流。一般溪浅而阔，涧狭而深。在园林中如有条件时，可设溪涧。溪涧应左右弯曲，萦回于岩石山林间，或环绕亭榭或穿岩入洞，应有分有合，有收有敛，构成大小不同的水面与宽窄各异的水流（图4-11）。溪涧垂直处理应随地形变化，形成跌水和瀑布，落水处则可以成深潭幽谷。

图4-11　溪、涧造型

利用动水形态变化造成特定的动态效果。流水在于隐现得当，有收有敛，有开有合，要构成有深度和情趣的水体空间，要注意藏源、引流、集散三个方面。藏源，就是把水的源头隐蔽起来，不让人看透水的源流处，或藏于石穴崖缝之中，或隐于花丛树林之内，用以造成循流溯源的意境联想；引流，就是引导水体在景域空间中逐步展开，引导水流曲折迂回，可得水景深远的情趣；集散，是指水面恰当的开合处理，既要展现水体的主景空间，又要引伸水体的高远深度，使水景有流有缓、有隐有露、有分有聚而生无穷之意。通过这些手法达到"笔断意连"的效果。同时，将流水作为构景空间序列的一条天然纽带，用流水组织空间流线，引导人流，以连续的点、线、面、水景，沟通不同的景域或建筑内外空间，使之景视空间相互渗透、景物相连。

（4）喷水

在空间中多作为空间视线的焦点。有从泉池四周向中心喷射或在泉池中心垂直向上成水柱，直立向上或自由下流，也有呈抛物线或水柱交织成网。有多层或单层重叠等变化，形成奇特的喷泉空间。总之，应利用动水的不同形态特点，造成不同的效果，以"动"传情，以"流"感人，增添园林的艺术性、活泼性。流动的水动感强烈，造园中应用十分广泛。

园林中可利用天然泉设景，也可造人工泉。人工泉有进水管、出水口、受水泉池和泻水溪流或泻水管。泉按其出水情况有涌泉、喷泉、壁泉等。涌泉多为天然泉水，常自成景点。喷泉多为人工整形泉池，常与雕塑、彩色灯光等相结合，用自来水或水泵供水。喷泉的形式多种多样，有单喷头、多喷头、动植物雕塑喷水等。其喷流有直立向上或自由下流，有从泉池四周向中心喷射或在泉池中心垂直向上成水柱，有呈抛物线或水柱交织成网，有单层或多层重叠等变化。可采用喷泉形成广场并有喷泉的景观，喷泉位置常设于建筑、广场、花坛、轴线交点和端点处。为使喷水线条清晰，常以深色景物为背景（图4-12）。

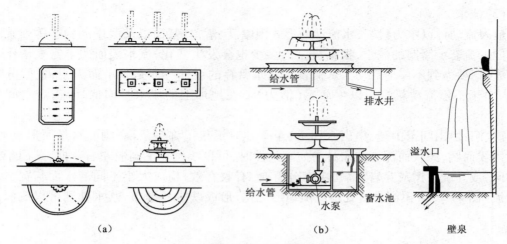

图 4-12　喷水池的几种形式
(a)喷水池的几种形式；(b)喷水池的供水

3. 水与其他因子的组合

(1)水岸

园林中水岸的处理直接影响水景的面貌。一般有自然形和人工形两种,应尽量采取自然形。水岸可有缓坡、陡坡甚至垂直出挑。当岸坡角度小于土壤安息角时,可用土壤的自然坡度;有时为防止水土的冲刷,可以种植植物,使植物根系保护岸坡,也可设人工砌筑的护坡。当岸坡角度大于土壤安息角度时,则需人工砌筑成驳岸。按驳岸的形式,可以有规则式的和自然式的两种。规则式的驳岸系以石料、砖或混凝土等砌筑的整形岸壁。自然式的驳岸则有自然的曲折、高低等变化或以假山石堆砌而成。为使山石驳岸稳定,石下应有坚实的基础,例如按土质的情况可用梅花桩,其上铺大块扁平石料或条石,基础部分应在水位以下,上面以姿态古拙的山石堆叠成假山石驳岸。在较小的水面中,一般水岸不宜有较长的直线,岸面不宜离水面太高。假山石岸常于凹凸处设石矶挑出水面,或留洞穴使水在石下望之深邃黝黑,似有泉源;或于石缝间植藤蔓低垂水面。建筑临水处往往凸出几块叠石或植灌木,以破岸线的平直单调,或使水面延伸于建筑之下,使水面幽深。水面广阔的水岸,可以在临近建筑和观景点的局部砌规则的驳岸,其余大部分为自然的土坡水岸,突出重点,混合运用(图 4-13)。

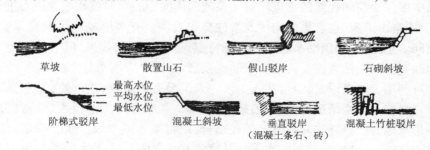

图 4-13　水岸处理

水岸常随水位的涨落而有高低的变化,一般以常年平均水位为准(图 4-14),并以最高水位时不致满溢、最低水位时不感枯竭为宜。水岸如为斜坡则较能适应水位高低的变化(图

42

4-15）。河流两岸植以枝条柔软的树木，如垂柳、榆树、乌桕、朴树、枫杨等；或植灌木，如迎春、连翘、六月雪、紫薇、珍珠梅等宜枝条披斜，低垂水面，缀以花草；亦可沿岸种植同一树种。

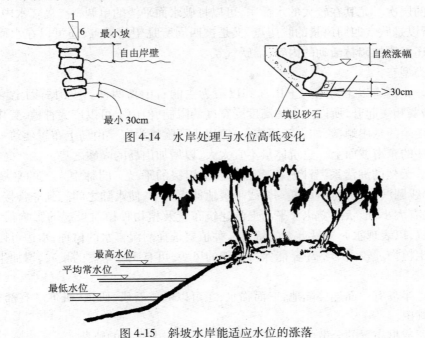

图 4-14　水岸处理与水位高低变化

图 4-15　斜坡水岸能适应水位的涨落

自然的水岸是稳定的，最好不加以破坏。

（2）堤

堤可将较大的水面分隔成不同景色的水区，又能作为通道。园林中多为直堤，曲堤较少。为避免单调平淡，堤不宜过长。为了便于水上交通和沟通水流，堤上常设桥。如堤长桥多，则桥的大小和形式应有变化。堤在水面的位置不宜居中，多在一侧，以便将水面划分成大小不同、主次分明、风景变化的水区。也可以使各水区的水位不同，以闸控制并利用水位的落差设跌水景观。用堤划分空间，需在堤上植树，以增加分隔的效果。长堤上植物花叶的色彩，水平与垂直的线条，能使景色产生连续的韵律。路旁可设置廊、亭、花、架、凳、椅等设施。堤岸有缓坡的，或者是石砌的驳岸，堤身不宜过高，以便使游人接近水面（图 4-16）。

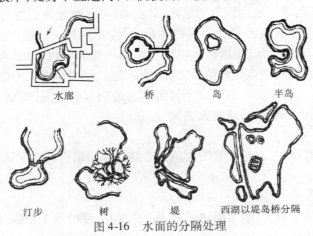

水廊　　桥　　岛　　半岛

汀步　　树　　堤　　西湖以堤岛桥分隔

图 4-16　水面的分隔处理

43

（3）岛

岛在园林中可以划分水面的空间，使水面形成多种情趣的水域，但水面仍有连续感，同样能增加风景的层次。尤其在较大的水面中，可以打破水面平淡的单调感。岛在水中，四周有开阔的环境，所以是欣赏四周风景的眺望点，又是被四周所眺望的景点，还可以在水面起障景的作用。岛屿还能增加园林活动的内容，活跃气氛。

岛屿的类型有：

1）山岛。山岛有以土为主的土山岛和以石为主的石山岛两种。土山岛因土壤的稳定坡度有限制，需要和缓起升，所以土山的高度受宽度的限制，但山上可以广为种植，美化环境。石山岛可以有陡峭的悬崖峭壁，如人工掇成，一般以小巧险峻为宜。山岛上布置建筑一般设在最高点稍下一些的东南坡面上。建筑体量不宜太大，以增加山岛的高峻之势。

2）平岛。天然的洲渚系泥沙淤积而形成坡度坦缓的平岛。园林中人工的平岛亦取法洲渚的规律，岸线圆润，曲折而不重复。岸线平缓地伸入水中，使水陆之间感到非常接近，随水位的涨落，使岛有大小、形状的变化。平岛上的建筑布置及植物种植对景观的影响很大，一般建筑常临水设置，以表现水面平易近人的特点。种植要选择耐湿喜水的树种，水边可以配一些芦苇之类的水生植物。较大的平岛要能保持野趣的风貌，可有飞鸟水禽的巢穴，增加生动自然的景色。

3）半岛。半岛有一面连接陆地，三面临水，还可以形成石矶，矶顶、矶下应有部分平地，以便游人停留眺望。

4）岛群。成群布置的分散的群岛或紧靠在一起的当中有水的池岛。

5）礁。水中散置的点石，或以玲珑奇巧的石作孤赏的小石岛，尤其在较小的整形水池中，常以小石岛来点缀或以山石作为水中障景。

岛的布置：水中设岛忌居中、整形，一般多在水面的一侧，以便使水面有大片完整的感觉。或按障景的要求，考虑岛的位置。岛的数量不宜过多，须视水面的大小及造景的要求而定。我国古典园林有"一池三山"之说。岛的形状切忌雷同。岛的大小与水面大小应成适当的比例，一般岛的面积宁小勿大，可使水面显得大些。岛小便于灵活安排，岛上可建亭立石和种植树木，取得小中见大的效果；岛大可安排建筑，叠山和开池引水，以丰富岛的景观。

（4）水与桥

小水面的分隔及两岸的联系常用桥。水浅距离近时也有用汀步的（图4-17）。这些都能使水面隔而不断，一般均建于水面狭窄的地方。但不宜将水面分为平均的两块，仍需保持大片水面的完整。为增加桥的变化和景观的对位关系，可应用曲桥。曲桥的转折处应有对景（图4-18）。通行船只的水道上，可应用拱桥。拱桥的桥洞一般为单数，并常考虑桥拱倒影在常水位时成圆形的景色。在景观视点较好的桥上，须便于游人停留观赏。考虑水面构景对组织空间的需要，常应用廊桥。有时为了要形成半封闭半通透的水面空间，需延长廊桥的长度，形成水廊。水廊常有高低转折的变化，使游人感到"浮廊可渡"。

（5）水与建筑

在水的周围常配有建筑，起到主景的作用。建筑与水的结合的情况如图4-19所示。

（6）水生植物

1）分类

按照园林的观赏性来分类，水生植物可分为沼生植物、浮叶水生植物、漂浮植物三类。

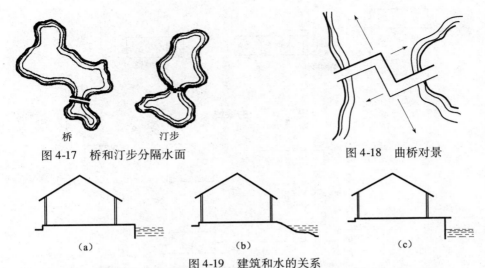

图4-17　桥和汀步分隔水面

桥　　　汀步

图4-18　曲桥对景

（a）　　　　　　　　　（b）　　　　　　　　　（c）

图4-19　建筑和水的关系

（a）建筑紧邻水面；（b）建筑和水面成自然亲和状态；（c）建筑与水面有较大高差

① 沼生植物。根浸在泥中，植株直立挺出水面，大部分生长在岸边沼泽地带，一般均生长在水深不超过1m的浅水中，在园林中宜把这类植物种植在不妨碍游人水上活动，能增进岸边风景的浅岸部分。

② 浮叶水生植物。根生在水底泥中，但茎并不挺出水面，叶漂浮在水面上，这类植物在沿岸浅水处到稍深的水域都能生长。

③ 漂浮植物。全植株漂浮在水面或水中，这类植物大多生长迅速，培养容易，繁殖快，能在深水中生长，大多具有一定的经济价值。这类植物在园林中宜做平静水面的点缀装饰，在大的水面上，可以增加曲折变化。

2）水生植物的设计要点

① 不宜种满一池，使水面看不到倒影，失去扩大空间作用和水面平静的感觉；也不要沿岸种满一圈。而应该有疏有密，有断有续，一般在小的水面种植水生植物，可以占1/3左右的水面，留出一定水中空间，产生倒影效果。

② 植物搭配要考虑生态要求，在美化效果上要考虑主次、高矮、姿态、叶形、叶色等方面的特点，以及花期和花色上能相互对比调和。

③ 为了控制水生植物的生长，可按照设计意图在水下安置一些设施组成水上花坛。

（7）水的再利用——中水道

水有天然水和人工水。自古有聚水成潭、汇流成河、挖洼成池，基本上是利用自然规律，以自然水为主，用泉水，用溪流改造。造园尽量用自然水。自然水主要来自降雨。但现在城市中大部分水成为径流而泄，还有的被污染，所以水源一方面来自降雨，另一方面又要蒸发，往往蒸发量大于降水量，并且还有渗透问题。特别是在我国北方地区蒸发量要大于降雨量，因此必须有更大的汇水来源才能保证水量（图4-20）。

因为在降雨季节有水，而在旱季往往无水，所以需要有其他的补给。补给的来源，有自来水、河水、生活废水。其中自来水价贵且浪费，河水要有条件，而生活废水则源源不断，平均200升/人·日，数量是可观的。因此，现在还有生活废水的再利用作为水源，这种方式称为"中水道"。大面积水循环系统，如图4-21所示。

45

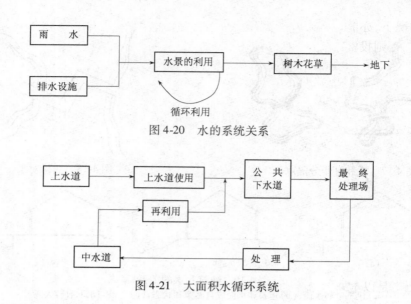

图 4-20　水的系统关系

图 4-21　大面积水循环系统

4.3　山石与假山设计

人们常把园林中人工创作的山体称为"假山"。假山具有构成风景、组织空间、丰富园林景观等功能，故平原城市常利用原有地形中挖湖的土堆山，形成新的地形形态特征，尤其在丰富景点视线方面起着重要作用。

在我国的传统造园中，假山形成了一门专门的技艺——叠山技艺。中国式的叠山是中国园林艺术民族形式和民族风格形成的重要因素。中国造园艺术的历史发展进程，可以人工造山的发展过程为主线，从秦汉时期形成的"一池三山"的山水格局，到现阶段的园林地形的改造，无不体现着我国的假山堆叠艺术。大自然中的真山有山形特征——山顶、山脊、鞍部、山谷、山麓等，而园林中可用山石堆叠构成山体的形态，有峰、峦、顶、岭、岗、岗、岩、崖、坞、谷、丘、壑、岫、洞、麓、台、栈道、磴道等。园林中的假山以原有地貌为依据，就低挖池得土可构岗阜，因势而堆掇可为独峰，可为群山。园林中堆叠的假山虽体量不大，然有石骨嶙峋、植被苍翠的特征，加之独立或散点的置石形式，使游人体会到自然山林之意趣。

（1）假山造型设计

假山造型是我国传统造园艺术中体现写意山水园的一个缩影，对假山的掇叠技巧和艺术要求可以归纳为六个方面：一是要有宾主；二是要有层次；三是要有起伏；四是要有来龙去脉；五是要有曲折回抱；六是要有疏密、虚实，达到"一峰则太华千寻"的境界。

假山用材可用土、石或土石相间，分为土山、石山和土石混合的山体等（图4-22）。

1）土山。土山可以利用园内挖出的土方堆置，投资比石山少，土山的坡度要在土壤的自然安息角（一般为30°）以内，否则要进行工程处理，防止崩坍等现象发生，保证安全。一般由平缓的坡度逐渐变陡，故山体较高时，占地面积较大。

2）石山。以石料掇山，又可分为天然石山（以北方为主）和人工塑山（以南方为主）两种。

石山可形成峥嵘、明秀、玲珑、顽拙等丰富多变的山景，并且不受坡度的限制，所以山体在占地不大的情况下,亦能达到较大的高度。石山上不能多植树木,但可穴植或预留种植坑。石料可就地取材,否则投资太大。

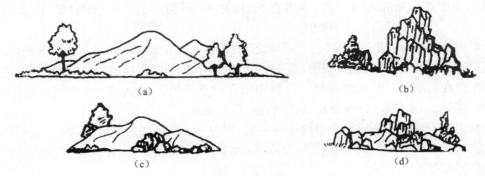

图 4-22 假山的类型
(a)土山;(b)石山;(c)以土为主的石山;(d)以石为主的石山

3)土石山。是以土石构成的山体,一般有土山掇石、石山包土及土石相间三种做法。土山掇石的山体,因基本上还是以土堆置的,所以占地也比较大,若在部分陡峭山坡使用石块挡土,使占地局部减少,更便于种植构景,故在造园中常常应用。

园林堆山所用材料应因地制宜,就近取材,节省成本。常用的石类有湖石类、黄石类、青石类、卵石类、剑石类、砂片石类等(图 4-23)。近些年,多采用人工制作的假山塑石,既节约成本,又克服了石类资源紧缺的问题,应用比较普遍。

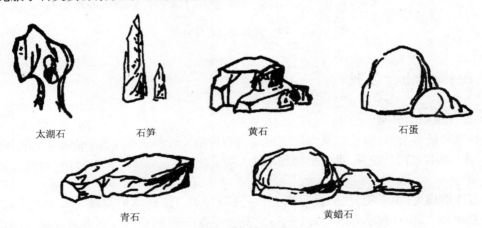

太湖石   石笋   黄石   石蛋

青石   黄蜡石

图 4-23 园林假山石种类

假山在堆叠时,山石的选用要符合总体规划的要求,要与整个地形、地貌协调;在同一地域不要多种类的山石混用,要尽量做到质、色、纹、面、体、姿协调一致。整个山形要符合自然规律,要体现山石的气势,堆叠之前要设计好假山的平面图、立面图和剖面图。

(2)置石

置石是以山石为材料做独立或附属性的造景布置,主要表现山石的个体美或局部组合美。石在园林中,特别是庭园中是重要的造景要素。"园可无山,不可无石";"石配树而华,树配石而坚"。置石用料不多,体量小而分散,布置随意,且结构简单,不需完整的山形,但要求造景的目的性强,起到画龙点睛的作用,做到"片山多致,寸石生情"。

置石的形式主要有以下几种:

1)特置山石。是指由或玲珑或奇巧或古拙的单块山石独立设置的形式。常安置于园林中做局部小景或局部构图中心,多用在入口、路旁、园路尽头等处,作对景、障景、点景之用。

2)散置山石。即"攒三聚五"、"散漫理之"的布置形式。布局要求将大小不等的山石零星布置,有散有聚、有立有卧、主次分明、顾盼呼应,主要山石应注意显露立面观赏效果。放置山石通常布置在墙前、山脚、水畔等处。也可用山石散点护坡,代替桌凳,还可用山石作建筑基础、抱角、镶隅、如意踏跺、路旁蹲配、装饰墙面、花台地缘。

3)群置山石。指几块山石成组地摆在一起,作为一个群体来表现(图4-24)。群置山石要有主有从、主从分明,搭配时体现三不等原则:大小不等、高低不等、距离不等,配置方式有墩配、剑配、卧配等。

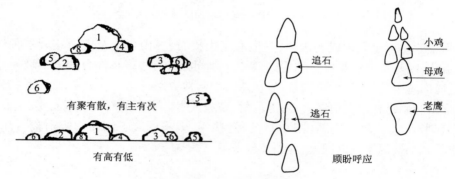

图4-24 置石组合群体效果

4.4 园林植物种植设计

4.4.1 园林植物的分类

园林植物的分类方法很多,从方便园林规划和种植设计的角度出发,常依其外部形态分为乔木、灌木、藤本、竹类、花卉、水生植物和草地七类。

1. 乔木

具有体形高大、主干明显、分枝点高、寿命长等特点。依其体形高矮常有大乔木(20m以上)、中乔木(8~20m)和小乔木(8m以下)之分。根据一年四季叶片脱落状况又可分为常绿乔木和落叶乔木两类:一类为叶形宽大者,称为阔叶常绿乔木或阔叶落叶乔木;另一类叶片纤细如针状者则称为针叶常绿乔木或针叶落叶乔木。

乔木是园林中的骨干植物,对园林布局影响很大,不论是在功能上或是艺术处理上,都能起到主导作用,其中常绿乔木作用更大。

2. 灌木

没有明显主干,多呈丛生状态或自基部分枝。一般体高2m以上者为大灌木,1~2m为中灌木,高度不足1m者为小灌木。

灌木也有常绿灌木与落叶灌木之分,主要作下木、植篱或基础种植,开花灌木用途最广,常用在重点美化地区。

3. 攀藤植物

凡植物不能自立,必须依靠其特殊器管(吸盘或卷须),或靠蔓延作用而依附于其他植物体上的,称为攀藤植物,亦称为攀缘植物,如地锦、葡萄、紫藤、凌霄等。

藤本有常绿藤本与落叶藤本之分。常用于垂直绿化,如花架、篱栅、岩石和墙壁上面的攀附物。

4. 竹类

属于禾本科的常绿乔木或灌木,干木质浑圆,中空而有节,皮翠绿色;但也有呈方形、实心及其他颜色和形状(例如,紫竹、金竹、方竹、罗汉竹等)的,不过为数极少。

竹类形体优美,叶片潇洒,在人们生活中用途较广,是一种观赏价值和经济价值都较高的植物。

5. 花卉

指姿态优美,花色艳丽,花香郁馥,具有观赏价值的草本和木本植物,其姿态、色彩和芳香对人的精神有积极的影响,通常多指草本植物而言。

根据花卉生长期的长短及根部形态和对生态条件的要求可分为以下四类:

1)一年生花卉。指春天播种,当年开花的种类,如鸡冠花、凤仙花、波斯菊、万寿菊等。

2)两年生花卉。指秋季播种,次年春天开花的种类,如金盏花、七里黄、花叶羽衣甘蓝等。

以上两者一生之中都是只开一次花,然后结实,最后枯死。这一类花卉多半具有花色艳丽、花香郁馥、花期整齐等特点,但其寿命太短,管理工作量大,因此多在重点地区配置,以充分发挥其色、形、香三方面的特点。

3)多年生花卉。即草本花卉一次栽植能多年继续生存,年年开花,或称宿根花卉,如芍药、玉簪、萱草等。

多年生花卉比一二年生花卉寿命长,其中包括有很多耐旱、耐湿、耐阴及耐瘠薄土壤等种类,适应范围比较广,可以用于花境、花坛或成丛成片布置在草坪边缘、林缘、林下或散植于溪涧山石之间。

4)球根花卉。系指多年生草本花卉的地下部分,不论是茎或根肥大成球状、块状或鳞片状的一类花卉均属之。如大丽花、唐菖蒲、晚香玉等。这类花卉多数花形较大、花色艳丽、除可布置花境或与一二年生花卉搭配种植外,还可供切花用。

6. 水生植物

水生植物是指生活在水域,除了浮游植物外所有植物的总称,本节仅涉及部分适于淡水或水边湿地生长的水生植物。

水生植物在水生态系统中扮演生产者的角色,吸收二氧化碳并释放出氧气供水中的鱼类呼吸,枝叶可作为鱼类的庇护,植物体可以减少水面反光并增添水中景色。水生植物根据其需水的状况及根部附着土壤之需要分为浮叶植物、挺水植物、沉水植物和漂移植物四类。

1)浮叶植物生长在浅水中,叶片及花朵浮在水面,例如睡莲、田字草等。

2)挺水植物生长在水深0.5～1m余的浅水中,根部着生在水底土壤中,此类植物包括荷花、茭白荨、苇草等。

3)沉水植物其茎叶大部分沉在水里,根部则固着于土壤中,根部不发达,仅有少许吸收能力,例如金鱼藻等。

4)漂移植物其根部不固定,全株生长于水中或水面,随波逐流,如满江红、槐叶萍等。

7. 草皮植物

指园林中种植低矮草本植物用以覆盖地面,并作为供观赏及体育活动用的规则式草皮,和为游人露天活动休息而提供的面积较大而略带起伏地形的自然草皮而言,俗称草地或草坪。

草地可以覆盖裸露地面,有利于防止水土流失,保护环境和改善小气候,也是游人露天活动和休息的理想场地。柔软如茵的大面积草地不仅给人以开阔愉快的美感,同时也给园中的花草树木以及山石建筑以美的衬托,所以在中外园林中应用比较广泛。

4.4.2 园林植物的作用

1. 园林植物的生态作用

(1)改善空气质量

1)吸收 CO_2,放出 O_2。园林植物通过光合作用,吸收空气中的 CO_2,在合成自身需要的有机营养的同时释放 O_2,维持城市空气的碳氧平衡。

2)分泌杀菌素。许多园林植物可以释放杀菌素,如丁香酚、松脂、核桃醌等。绿地空气中的细菌含量明显低于非绿地,对于维持洁净卫生的城市空气具有积极的意义。

3)吸收有害气体。园林植物可以吸收空气中的 SO_2、Cl_2、HF 等有毒气体,并且可以将这些物质吸收降解或富集于体内,从而减少空气中有害物质的含量,对于维持洁净的生存环境具有重要作用。

4)阻滞尘埃。园林植物具有粗糙的叶面和小枝,许多植物的表面还有绒毛或黏液,能吸附和滞留大量的粉尘颗粒。降雨可以冲刷掉吸附在叶片上的粉尘,使植物恢复滞尘能力。另一方面,园林植物绿地充分覆盖地面,可以有效地防止扬尘。

(2)调节空气温度与湿度

园林植物的树冠可以反射部分太阳辐射热,而且通过蒸腾作用吸收空气中的大量热能,降低环境的温度,同时释放大量的水分,增加空气湿度。园林植物的树冠在冬季反射部分地面辐射,减少绿地内部热量的散失,又可降低风速,使冬季绿地的温度比没有绿化地面的温度高。

(3)其他作用

园林植物保护环境的其他作用还有:

①涵养水源,保持水土。

②防风固沙。

③其他防护作用:如防火、防震、防雪等。

2. 园林植物美化环境的作用

园林植物种类繁多,姿态各异,有独特的形态美、色彩美,并随时间和生长阶段的变化而变化,产生极好的季相变化,表现出园林植物特有的景观艺术效果。

园林植物的花是最重要的观赏部位,不同的花型、花色、花香,是园林植物最吸引人的观赏特性。各类园林植物的叶型、叶色也千变万化。许多园林植物的果实也极富观赏价值,或者形态奇特,或者果型巨大,或者色彩鲜艳,或者丰硕繁盛。此外有些植物的芽、树皮或其他的附属物也具有很高的观赏价值。

园林植物还具有丰富的象征美、意境美。如松之坚贞,竹之虚心,梅之坚韧,牡丹之富丽等,都给人以极高的艺术享受。

3. 园林植物经济生产的作用

园林植物在发挥美化环境和保护环境作用的前提下,还可再通过合理的配植和利用,积极地发挥经济价值。园林植物的经济作用主要有生产植物产品、花木生产、旅游开发等。

4.4.3 园林植物种植设计的基本原则

1. 与总体布局相一致,与环境相协调

在规则式园林绿地中,多用对植、行列植景观;在自然式的园林绿地中,则多运用植物的自然姿态进行自然式造景。如在大门、主干道、整形广场、大型建筑物附近,多用规则式植物造景;在自然山水园的草坪、水池边缘,多采用自然式的造景。在平面上应注意配置的疏密和轮廓线;在竖向上要注意树冠轮廓线;在树林中要注意透视线,总之,要有植物景观的总体大小、远近、高低层次效果。优美的园林植物景观之间是相辅相成的。园林艺术构图要有乔木、灌木、草本植物缓慢过渡,相互间又要形成对比,以利观赏。

2. 根据植物生态环境,适地适树

如街道绿化要选择易活、适应城市交通环境、耐修剪、抗烟尘、干高、枝叶茂密、生长快的植物;山地绿化要选择耐旱植物,并有利于山景的衬托;水边绿化要选择耐水湿的植物,要与水景协调;纪念性公园绿化要选择具有万古长青意境的植物,具有纪念意义。

3. 符合自然植物群落形态特征

自然植物群落的发生、发展以及所呈现出的形态特征和其所处的地域环境是密不可分的。当地域环境条件发生变化时,群落的组成成分、结构形式、形态特征以及群落的演变和发展过程也会发生相应的变化。自然植物群落是植物与植物、植物与动物、植物与环境之间长期相互作用和相互影响的结果,并以其特有的组成成分、结构形式和形态特征体现出植物群落的地带性特征。因此,在植物群落塑造过程中,一定要确保塑造的植物群落在组成成分、结构形式和形态特征上符合本地区同一类型自然植物群落特征,并且强调突出植物群落的地带性特征。为了确保这一目标的实现,必须完成这样两个环节,一是调查分析同一地区自然植物群落的物种成分和结构特征;二是分析描述自然植物群落的外貌特征和群落所处的发展阶段。

4. 近期与远期相结合,有合理密度

植物的密度大小直接影响绿化景观和绿地功能的发挥。树木造景设计应以成年树冠大小作为株行距的最佳设计,但也要注意近期效果和远期效果相结合。采用速生树与慢生树、常绿树与落叶树、乔木与灌木、观叶树与观花树相互搭配,在满足植物生态条件下创造复层绿化。

5. 注意植物季相变化和色香形的统一对比

植物造景要综合考虑时间、环境、植物种类及其生态条件的不同,使丰富的植物色彩随着季节的变化交替出现,并使园林绿地的各个分区地段突出一个季节的植物景观。在游人集中的地段应四季有景可赏。植物景观组合的色彩、芳香、个体、叶、花的形态变化也是多种多样的,但要主次分明,从功能出发,突出某一个方面,以免产生杂乱感。

4.4.4 园林植物种植设计的形式

园林种植设计的基本形式有三种,即规则式种植、自然式种植和混合式种植。

1. 规则式种植

规则式种植用于规则式园林以及构图比较规整的空间中。选取的植物材料及种植形式比

较规整,有图案感,常常用于表现单纯、整齐、宏大、严肃等的景观效果。常见的规则式种植有以下几种形式:

(1)对植

两株或者两丛树按一定的轴线关系相互对称或均衡的种植方式。对植可以是一种树也可是不同的树种,但两种树形态应相似。对植多用于规则式园林中比较严肃的地方,也可在入口、桥头等重要地段起强调作用。

(2)行列式栽植

乔灌木按一定株行距成行成排种植或在行内采用株距有变化的栽植形式。行列式形成的景观比较整齐单纯,气势大,规则园林中应用较多。行列式栽植树种宜选用树冠体形整齐、枝干挺拔直立的树种。行列式栽植的株行距一般乔木在 3 ~ 8m,甚至更大,灌木为 1 ~ 5m,过密就成绿篱。

(3)树阵式栽植

现代园林中,在总体规划时建立网格体系,将植物种植在网格的格点上,形成规则的树阵式排列的种植形式。如美国的得克萨斯州达拉斯市喷泉水景园,设计时建立边长为 5m 的网格体系,将圆形或半圆形的树坛设置在网格的格点上,在严格的几何关系和秩序中创造优美景观。

(4)绿篱

园林中的绿篱具有规则的几何形式或笔直的线形,通常由藤本植物、灌木或小乔木以近距离的株距密植,栽成单行或双行的紧密结构。绿篱就像园林景观中的墙体一样,具有多种形式,高大的、短小的、宽的、窄的、有棱角的、蜿蜒曲折的……

根据高度不同,绿篱可分为高度在 160cm 以上的绿墙,高度在 120 ~ 160cm 的高绿篱,高度在 50 ~ 120cm 的最常见类型绿篱,高度在 50cm 以下的矮绿篱。绿墙可遮挡视线,能创造出完全封闭的私密空间;高绿篱能分离造园要素,但不会阻挡人的视线;膝盖高度以下的矮绿篱给人以方向感,既可使游人视线开阔,又能形成花带、绿地或小径的构架。

根据功能与观赏要求不同,绿篱有常绿篱、花篱、彩叶篱、观果篱、刺篱、蔓篱、编篱等几种。各种绿篱精心设计,可创造出精美的图案、丰富的层次、缤纷的色彩。

(5)植物迷宫

利用树墙或树篱形成错综复杂、容易令人产生困惑的网络系统的种植方法。迷宫是西方园林中一种古老的形式,它具有很多种形状及变化尺度,其迂回曲折的形态能够引发人们深层次的思考。

(6)花坛

花坛是在具有一定几何形轮廓的植床内种植各种观赏植物,构成一幅具有华丽纹样或鲜艳色彩的图案画的种植形式。

作为主要的观赏景致,花坛布置的形式和环境要协调,花坛的设计强调平面图案,要注意俯视效果。花丛式花坛植物的选择以色彩构图为主,故宜用 1 ~ 2 年生草本花卉或球根花卉,很少运用木本植物和观叶植物;模纹花坛以表现图案为主,最好用生长缓慢的多年生草本观叶植物,也可少量运用生长缓慢的木本观叶植物。

(7)花境

花境是以多年生花卉为主组成的带状地段,布置采取自然式块状混交,表现花卉群体的自然景观。它是园林中从规则式构图到自然式构图的一种过渡的半自然式种植形式,花境所选用的植物材料,以能越冬的观花灌木和多年生花卉为主,要求四季美观又有季相交替,一般栽植后 3~5 年不更换。花境表现的主题是表现观赏植物本身所特有的自然美,以及观赏植物自然组合的群落美,所以构图不是平面的几何图案,而是植物群落的自然景观。

花境分为单面观赏和双面观赏两种。单面观赏的花境多布置在道路两侧或草坪四周,一般把矮的花卉种植在前面,高的种在后面。双面观赏的花境多布置在道路中央,一般高的花卉种中间,两侧种矮些的花卉。

（8）草坪

规则式园林和自然式园林中都有草坪的应用,但规则式园林中常常以开阔的大片草坪为主景;而自然式园林中草坪多与疏林、花卉等组合形成疏林草地、林下草地、缀花草地等。

根据草地植物组合的不同,规则式园林中草坪形式有:

1）单纯草地。由一种草本植物组成的草地。

2）混合草地。由几种禾本科多年生草本植物混合播种形成,或禾本科植物中混有其他草本植物的草地,称为混合草地。

3）缀花草地。在以禾本科植物为主体的草地上,混有少量开花华丽的多年生草本植物。

2. 自然式种植

（1）孤植

指单株栽植或几株紧密栽植组成一个单元的形式,几株栽植时必须为同一树种,株距不超过 1.5m。孤植树主要为欣赏单株植物姿态美,植株要挺拔、繁茂、雄伟、壮观,以充分反映自然界个体植株生长发育的景观。

孤植树要注意选择植株形体美而大,枝叶茂密,树冠开阔,树干挺拔,或具有特殊观赏价值的树木。生长要健壮,寿命长,能经受重大自然灾害,宜多选取当地乡土树种中久经考验的高大树种,并且不含毒素,不带污染,花果不易脱落及病虫害少。

孤植树布置的地点要比较开阔,要保证树冠有足够生长空间,要有比较合适的观赏视距和观赏点,使人有足够的活动地和适宜的欣赏位置。最好有天空、水面、草地等色彩单纯的景物作背景,以衬托、突出树木的形体美、姿态美。常布置在大草地一端、河边、湖畔或布局在可透视辽阔远景的高地上和山岗上。孤植树还可布置在自然式园路或河道转折处、假山蹬道口、园林局部入口处,引导游人进入另一景区。孤植树还可配置在建筑组成的院落中,小型广场上等。

（2）丛植

自然式园林中树木造景很常见的一种形式。通过几株大小不等树木的配置,反映自然界树木大小规模的群体形象美,这种群体形象又是通过树木个体之间的有机组合与搭配来体现的,彼此之间既有统一的联系,又有各自的变化。丛植可以是一个种群,也可由多种树组成。不同株数的组合设计要求遵行一定的构图法则。

1）两株丛植

两株组合设计一般采用同一种树木,或者形态和生态习性相似的不同树种。两株树的姿态大小不要完全相同,俯仰曲直、大小高矮上都应有所变化,动势上要相互呼应。种植的间距一般不大于小树的冠径。

2）三株丛植

三株组合设计亦采用同种树或两种树。若为两种树,应同为常绿或落叶,同为乔木或灌木等,不同树木大小和姿态有所变化。最大和最小靠近成一组,中等树木稍远离成另一组,两组之间相互呼应,呈不对称均衡。平面布局呈不等边三角形,忌三株同在一条直线上,也忌等边三角形栽植(图4-25)。

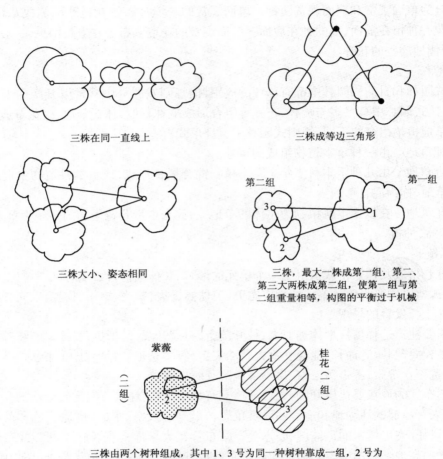

三株在同一直线上

三株成等边三角形

三株大小、姿态相同

三株,最大一株成第一组,第二、第三大两株成第二组,使第一组与第二组重量相等,构图的平衡过于机械

三株由两个树种组成,其中1、3号为同一种树种靠成一组,2号为另一树种分开成另一小组,因一组与二组树种不同,使构图分割为不统一的两个部分,整个树丛有分割为两个局部的感觉,第一组与第二组没有共同因素,只有差异性

图4-25　三株丛植不妥当的组合

3）四株丛植

四株组合设计亦采用同种树或两种树。若为两种树,应同为乔木或灌木等,树木在大小、姿态、动势、间距上要有所变化。布局时分两组,成3∶1的组合,即三株树按三株丛植进行,单株的一组体量通常为第二大树。选用两种树时,数量比为3∶1,仅一株的树种,其体量不要是最大的也不要是最小的,还不能单独一组布局。平面布局为不等边的三角形或不等角不等边的四边形。忌两两分组,忌平面呈规则的形状,忌三大一小或三小一大地分组,任意的三株不要在一条直线上(图4-26和图4-27)。

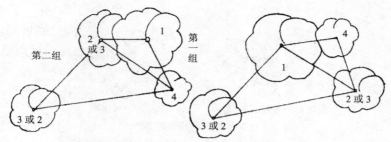

不等边四边形基本类型之一，其中三株靠近（1、2、4），
为第一组，第 2 号和第 3 号远离一些，构成第二组

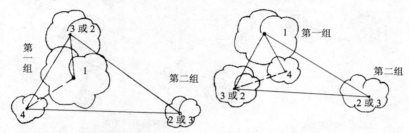

不等边三角形基本类型之一　　　　不等边三角形基本类型之二

同种树种组合的基本类型

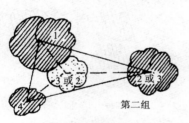

外形为不等边三角形　　　　　　　外形为不等边四角形

两个树种配合：一种为三株，另一种为一株，单株的一种最好为 3 号或 2 号，居于
3 株的第一组中，在整个构图中又属于另一种的中央，但必须考虑是否庇荫的问题

两个树种组合的基本类型

图 4-26　四株丛植的平面形式

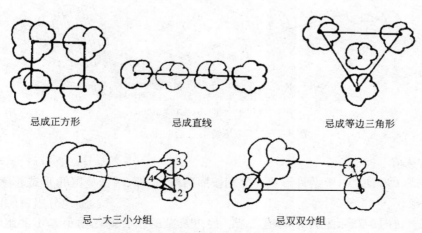

忌成正方形　　　　　　　忌成直线　　　　　　　忌成等边三角形

忌一大三小分组　　　　　　　　　忌双双分组

图 4-27　四株丛植不妥当的组合（一）

55

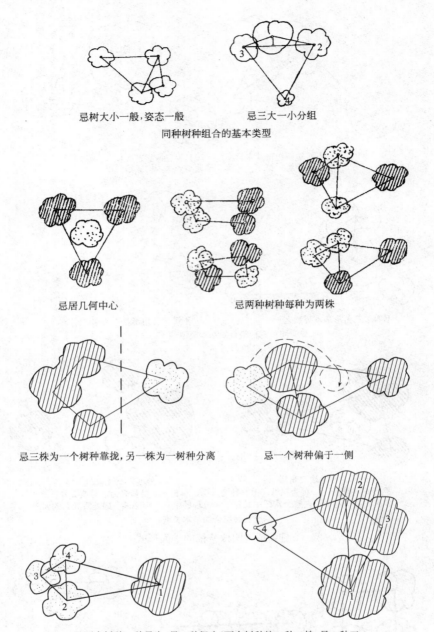

忌树大小一般,姿态一般　　　　忌三大一小分组

同种树种组合的基本类型

忌居几何中心　　　　　　忌两种树种每种为两株

忌三株为一个树种靠拢,另一株为一树种分离　　　忌一个树种偏于一侧

忌两个树种一种最大,另一种很小(两个树种按一种一株,另一种三
株配合,但单株的一种不宜最大,也不宜最小,不要两种树种分为两组)

不同的两个树种组合的基本类型

图4-27　四株丛植不妥当的组合(二)

4)五株丛植

可分拆成3:2或4:1两种形式。分别按照两株、三株、四株丛植的形式进行构图和组合(图4-28)。

树丛配置,株数越多,组合布局越复杂。但再复杂的组合都是由最基本的组合方式所构成。树丛设计仍要在统一中求变化,差异中求调和。

56

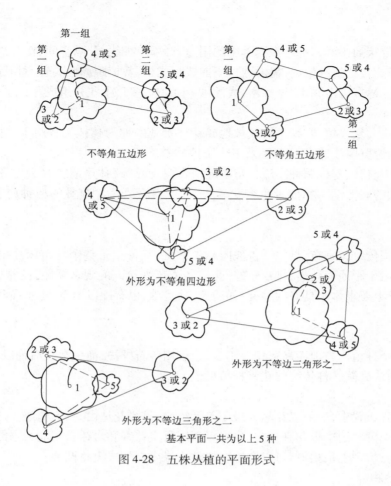

不等角五边形　　　　　　　　不等角五边形

外形为不等角四边形

外形为不等边三角形之一

外形为不等边三角形之二

基本平面一共为以上5种

图 4-28　五株丛植的平面形式

（3）群植

组成树群的单株树木数量在 20～30 株以上，主要表现群体美，是构图上的主景之一。应布置在有足够观赏距离的开阔场地上，如靠近林缘的大草坪上、宽广的林中空地上、水中的小岛上、广而宽的水滨、小山坡上、土丘上等。在树群主要立面的前方，至少在树群高度的四倍或宽度的两倍半距离上，要留出空地，以便游人欣赏。

树群可分为单纯树群和混交树群两种。单纯树群由一种树组成，可以应用宿根花卉作地被植物；混交树群由多种树种组成。

一个完整的混交树群分五个部分：乔木层、亚乔木层、大灌木层、小灌木层及多年生草本植被层。乔木层选用的树种，姿态要丰富，使整个树群的天际轮廓线富于变化；亚乔木层最好开花繁茂，或具有美丽的叶色；灌木应以花灌木为主，最下层用草坪或多年生花卉植物。

树群的组合形式，一般乔木层分布在中央，亚乔木层在外缘，大灌木、小灌木在更外缘，这样可以不致互相遮挡。但是其任何方向的断面，不能像金字塔那样机械，应起伏有致，同时在树群的某些外缘可以配置一两个树丛及几株孤立树。

树群内树木的组合要结合生态条件进行考虑，树群的外貌要高低起伏有变化，要注意四季的季相变化和美观。

（4）林带

林带就是带状的树群。林带在园林中的用途有：屏障视线、分隔空间、作背景、庇荫、防风、防尘、防噪声等。自然式林带内，树木栽植不能成行成排，栽植距离也要各不相等，天际线和林缘线要有变化。林带可由乔木、亚乔木、大灌木、小灌木、多年生花卉组成。

（5）林植

凡成片成块大量栽植乔、灌木构成林地或森林景观的称为林植。多用于大面积的公园安静休息区、风景游览区或休（疗）养院及卫生防护林带。

林植可分为疏林、密林两种。疏林与草地结合构成的"疏林草地"，夏天可庇荫，冬天有阳光，草坪空地供游戏活动。林内景色变化多姿，深受群众喜爱。疏林的树种应有较高观赏价值。

（6）花台

花台是我国传统花卉布置形式，古典园林中常见，其特点是整个种植床高出地面很多，而且层层叠置。由于距地面较高，排水较好，又提高了花卉与人的观赏视距，故常选用适于近距离观赏的、栽培上要求排水良好的种类，如芍药、牡丹等，也有配以山石、小水面和树木，做成盆景形式的花台。

（7）花池

花池是整个种植床与地面高程相差不多，边缘用砖石维护，池中常灵活种以花木或配置山石，这也是中国式庭院一种传统的花卉种植形式。

（8）花丛

自然式花卉布置中，一般以花丛为最小单元组合，每个花丛由 3~5 株或十几株组成，以选用多年生且生长健壮的宿根花卉为主，也可以选用野生花卉和自播繁衍能力强的 1~2 年生花卉。花丛在经营管理上很粗放，可以布置在树林边缘或自然式道路两旁。

（9）攀缘植物

攀缘植物是优美的垂直绿化植物，具有经济利用土地和空间、快速绿化、降低墙面温度、减少噪声等作用。攀缘植物的种植形式有以下几种：

1）附壁式

攀缘植物种植于建筑物墙壁或墙垣基部附近，沿墙壁攀附生长，创造垂直立面绿化景观。根据攀缘植物的习性不同，又可分为直接贴墙式和墙面支架式。直接贴墙式是指将具有吸盘或气生根的攀缘植物种植于近墙基地面或种植台内，植物直接贴附于墙面向上生长。如爬墙虎、五叶地锦、凌霄、薜荔、络石、扶芳藤等。对于没有吸盘或气生根、不具备直接吸附攀缘能力、或攀缘能力较弱的植物，可采用墙面支架式，借助支架或用绳牵引，使植物顺着支架和绳索向上缠绕攀附生长。如金银花、牵牛花、茑萝、藤本月季、叶子花等。

2）独立布置式

利用置石、棚架、花架、亭等设施作攀缘植物的支撑，或者在屋顶边沿上、阳台上种植攀缘植物，使其向上攀缘或向下悬挂，形成以攀缘植物为主要观赏对象的绿柱、绿门、绿廊、绿帘、绿瀑等形式。

3）地被式

在土坡假山旁以及各类绿地中种植攀缘植物，达到固土护坡、遮挡不雅景观、覆盖绿地等目的的种植方法。

4.4.5　城市绿化树种规划

树种规划是城市园林绿地规划的一个重要组成部分,因为园林绿化的主体是园林植物,其中又以园林树木所占比重最大,它是城市和园林景观的骨架。树种选择恰当,树木生长健壮,符合绿化功能的要求,就能早日形成绿化面貌。如果选择不当,树木生长不良,就需要多次变更树种,造成时间和经济损失。

1. 我国城市(园林)植物区划及其主要特征

近年来,城市园林绿化发展迅速,城市环境建设受到多方面的重视。但是,在植物运用上并不尽如人意,植物种类贫乏、景观单调、生态结构单一、群落的稳定性差、后期人工维护保育消耗大量的人力和物力。植物景观设计上,强调视觉效果强于生态要求,掩盖了设计内涵的基本生态要求,影响城市绿地系统的健康和服务功能。

植被区划或称植被分区,是根据植被空间分布及其组合,结合它们的形成因素而划分的不同地域,它着重于植被空间分布的规律性,强调地域分异性原则。植被区划可以显示植被类型的形成与一定环境条件互为因果的规律。

我国的植被区划可划分为:8 大植被区域(包括 16 个植被亚区域)、18 个植被地带(8 个植被亚地带)和 85 个植被区。我国 8 大植被区域的植被特点简单归纳如下。

1)寒温带针叶林区域

属于东西伯利亚的南部落叶针叶林沿山地向南的延续部分。由于气候条件,本区植物种类贫乏,以东西伯利亚植物为主,如兴安落叶松、樟子松、白桦、越橘、岩高兰和狭叶杜香等,但有部分长白植物区系生长,如紫椴、水曲柳及黄檗等。

2)温带针阔叶混交林区域

包括东北东部山地,华北山地,山东、辽东丘陵山地,黄土高原东南部,华北平原和关中平原等地。本区域地带性植被为温性针阔叶混交林,最主要特征是以红松为主构成的针阔叶混交林,还有沙冷杉、紫杉、朝鲜崖柏、落叶松、冷杉、云杉;同时生长一些大型阔叶乔木,如紫椴、风桦、水曲柳、花曲柳、黄檗、糠椴、千金榆、核桃楸、春榆及多种槭树等;林下层生长有毛榛、刺五加、暴马丁香;藤本植物有软枣猕猴桃、狗枣猕猴桃、葛枣猕猴桃、山葡萄、北五味子、刺苞南蛇藤、木通马兜铃及红藤子等。本区域植被随海拔高度的变化有较明显的垂直分布带。

3)暖温带落叶阔叶林区域

地处北半球的中纬度及东亚海洋季风边缘,包括淮河、秦岭到南岭之间的广大亚热带地区,向西直到青藏高原边缘的山地。冬季严寒而晴燥,夏季酷热而多雨,自然植被发育为落叶阔叶林。在整个区系中,以菊科、禾本科、豆科和蔷薇科种类最多;其次是百合科、莎草科、伞形科、毛茛科、十字花科及石竹科。组成本区域植被的建群种颇为丰富,森林植被以松科的松属和壳斗科的栎属为主;此外,还有桦木科、杨柳科、榆科、槭树科等落叶阔叶林。该区引进植物很多,如刺槐、加拿大杨、钻天杨、紫穗槐、日本落叶松、黑松、悬铃木属、马尾松、杉木、水杉、毛竹、茶、棕榈、石楠、珊瑚树、女贞、木犀、构骨、正木、黄杨、金鸡菊、矢车菊、肥皂草等。因该区生物气候的过渡性,使之为一个多种植物区系的交汇场所。

4)亚热带常绿落叶林区域

以淮河—秦岭为北界,南至北回归线,东至东南海岸和台湾岛以及沿海诸岛屿,西界青藏高原东坡。本区域的植物区系成分特别丰富,构成本区域丰富多样的植被类型,植被演替包括向上发展和向下发展两种情况。本区域的植被区域级别较多,其中:

① 东部(湿润)常绿阔叶林亚区域。地带性植被以亚热带常绿阔叶林为主,北部为常绿、落叶阔叶混交林,南部为季风常绿阔叶林。其中,常绿阔叶林乔木层以栲属、青冈属、石栎属、润楠属、木荷属为优势种或建群种,次为樟树、山茶科、金缕梅科、木兰科、杜英科、冬青科、山矾科等,灌木层以柃木属、红淡属、冬青属、杜鹃属、乌饭树属、紫金牛属、黄楠、乌药、黄栀子、粗叶木、箭竹、箬竹、小檗科、蔷薇科为主,草本层以蕨类、莎草科、姜科、禾本科为主;常绿、落叶阔叶混交林的乔木层主要由青冈属、润楠属的常绿种和栎属、水青冈属的落叶种为优势种,灌木层主要有柃木属、山矾属、杜鹃属组成,草本层常见有苔草属、淡竹叶、沿阶草和狗脊等;季风常绿阔叶林乔木层以栲属、青冈属、厚壳桂属、琼楠属、润楠属、樟属、石栎属为优势种,次为桃金娘科、桑科、山茶科、木兰科、大戟科、金缕梅科、梧桐科、杜英科、蝶形花科、苏木科、紫金牛科、棕榈科,灌木层以茜草科、紫金牛科、野牡丹科、番荔枝科、棕榈科、箬竹、蕨类为主,灌木层有树蕨,层外植物较为发达,附生植物较丰富。

② 西部(半湿润)常绿阔叶林亚区域。该亚区域属季风高原气候类型,地带性植被以壳斗科的常绿树种为主组成常绿阔叶林。此外,向南部低海拔地区延伸,青冈属逐渐消失,代以栲属中一些喜暖的树种;向北分布还是青冈属的树种占优势,与石栎属共同组成森林上层。

5)热带季雨林、雨林区域

北回归线以南,南端为我国南沙群岛的曾母暗沙,东南到西北呈斜长带状,包括广东、广西、云南和西藏等省区的南部。复杂的自然条件导致植被类型上的多样性,各类型的植物种成分均很丰富。本区以热带植被类型为主,山地具有垂直植被类型,随海拔的升高而逐渐向亚热带性质和温带性质的类型过渡。本区域地带性典型植被为热带半常绿季雨林,主要组成种类有重阳木、肥牛树、核果木、黄桐、蚬木、海南橄、细子龙、山楝、割舌树、米杨噎、白颜树、朴、酸枣、南酸枣、岭南酸枣、油楠、铁力木、厚壳桂、琼楠、苹婆、紫荆木,下层主要有茜草科、芸香科、紫金牛科、柿树科、苏木科、番荔枝科、樟科、大戟科、核金娘科等,落叶类的主要有木棉、厚皮科、槟榔青、合欢、火把花、猫尾木、千张纸、菜豆树、榄仁树、楝、麻楝、割舌树、五桠果、白头树、鹧鸪麻、火绳树、紫薇、八角枫等。此外,棕榈科和丛生型竹类、仙人掌科植物在植被的各种群落类型中占有重要地位,是其特点之一。

6)温带草原区域

主要连续分布在松辽平原、内蒙古高原、黄土高原等地,一小部分坐落在新疆北部的阿尔泰山区,是欧亚草原区域的重要组成部分。本区域植物区系比较年青,由于寒冷、干旱的生存条件,本区域植物种类相当贫乏,单属科、单种属及少种属所占比例高,这也是生存条件严峻的干旱、寒冷地区的特色。在草原区植物中,菊科、禾本科、蔷薇科、豆科种数最多,再次为毛茛科、莎草科、百合科、藜科、十字花科、唇形科、玄参科、石竹科、伞形科、龙胆科、杨柳科、忍冬科等均有分布。本区一些重要的属大部分是北温带分布的,如针茅属、冰草属、蒿属、葱属、鸢尾属、拂子茅属、松属、栎属、桦属、杨属等。

7)温带荒漠区域

包括新疆维吾尔自治区的准噶尔盆地与塔里木盆地、青海省的柴达木盆地、甘肃省与宁夏回族自治区北部的阿拉善高原及内蒙古自治区鄂尔多斯台地的西端。本区域植物区系与植被向着强度旱生的荒漠类型发展,种类组成趋于贫乏,多单属科、单种属与寡种属。本区域重要的科有菊科、禾本科、蝶形花科、十字花科、藜科、蔷薇科、毛茛科、唇形科、莎草科、玄参科、百合科、石竹科、伞形科、蓼科、紫草科等,木本植物和裸子植物较少,但半木本(半灌木)种类占较大比例,是荒漠地区特有的现象。

8)青藏高原高寒植被区域

南侧为潮湿多雨和森林繁茂的北热带高山——喜马拉雅山南坡,北面为荒漠性最强的高山——昆仑山,东面直到东海之滨,西面绵延到中亚西部的荒漠山原。因而,本植物区系较为复杂,差异极端悬殊,对比十分强烈,特别是东部和东南部是我国植被区系较为丰富的地区之一。青藏高原由东南往西北,随地势逐渐升高,地貌显著不同,其后由冷到暖、湿到干,依次分布常绿阔叶林、寒温针叶林—高寒灌丛、高寒草甸—高寒草原—高寒荒漠,植被区系成分有显著的地区差异。

城市植物的选择应根据当地的植被区系特点,结合城市所在地的特殊气候、土壤、绿化建设情况、经济基础和地域文化特征,通过一定的实验、管理和观测总结,逐步建立起有地方特色的城市人工生态系统。

2. 树种规划原则

(1)因地制宜,符合自然规律

我国幅员辽阔,各地气候条件、土壤条件等各不相同,而树木种类繁多,生态特性差异较大,因此树种规划必须考虑该市或地区的各种自然因素如气候、土壤、地理位置、自然和人工植被等。在分析自然因素与树种的关系时,应注意最适条件和极限条件,根据树种特性和不同的生态环境特点,因地制宜地进行规划。并参照郊区野生植被的发展趋势,不仅重视当地分布树种,而且应积极发掘引用有把握的新树种,丰富园林绿化建设的形式和内容,展示本地区的树种资源。

(2)以乡土树种为主

树种规划应充分考虑植物的地域性分布规律及特点。乡土树种对土壤、气候的适应性强,具有地方特色,应作为城市园林绿化的主要树种。同时,为了丰富城市绿化景观,还应有计划地引种一些本地缺少而又能适应当地环境条件、经济价值高的树种,但必须经过引种驯化试验。对当地生态条件比较适应,实践证明适宜,树种才能推广应用。

(3)符合城市性质,表现地方特色

在城市建设规划中,首先应明确城市的性质,绿化树种的选择应体现不同性质城市的特点和要求。同时,应根据调查结果确定几种在当地生长良好而又为广大市民所喜爱的树种。地方特色的表现通常有两种方式,一是以当地著名、为人们所喜爱的几种树种来表现,另一种是以某些树种的运用手法和方式来表现。

(4)选择抗性强的树种

抗性强的树种是指对城市中工业排出的"三废"适应性以及对土壤、气候、病虫害等不利因素适应性强的树种,这些树种能更好地按照设计的要求美化市容、改善环境。

(5)根据植物群落的特点选择

根据植物群落的特点和观赏要求,从乔、灌结合来说,以乔木为主,乔木、灌木、草本相结合形成多层次绿化;从速生与慢生来说,以慢生树为主,用速生树合理配合,既可以尽早取得绿化效果,又能保证绿化的长期稳定;从常绿树和落叶树来说,以常绿树为主,使园林绿地四季常青。

(6)考虑经济效益

在提高绿地质量和充分发挥各种功能的基础上,注意选择经济价值较高的树种,以增加收益,减少城市在园林绿化中的投入。

3. 树种规划的程序

(1)调查研究

调查研究是树种规划的基础工作。主要调查当地原有树种和外地引种驯化的树种,包括其生态习性、对环境条件的适应性、对环境污染物和病虫害的抗性以及在园林绿化中的作用等。除此以外,还要调查相邻地区、不同小气候条件下树种的生长情况,以作为进一步大树种应用研究的可行性方案的基础资料。具体内容有城市乡土树种调查,古树名木调查,外来树种调查,特色树种调查,抗性树种调查,边缘树种调查,邻近的"自然保护区"森林植被调查,附近郊区、农村野生树种调查,当地人民群众及国内外专家们的意见和要求等。

(2)确定骨干树种

在广泛调查研究及查阅历史资料的基础上,针对本地自然条件合理选择1~4种基调树种、5~12种骨干树种作为重点树种。另外,根据本市不同区域的实际情况分别选择各区域的重点树种和骨干树种。同时还要做好草坪、地被和攀缘植物的选用,便于裸露地表的绿化和建筑物的垂直绿化。骨干树种名录要经过多方面的慎重研究才能制定出来。

(3)确定主要树种的比例

合理地制定主要树种的比例,有利于苗木生产,使苗木的种类及数量符合各类绿地的需要。此外,由于各城市所处的自然气候带不同,土壤水文条件有差异,各城市树种选择的数量比例也应各具特色。

1)乔木与灌木的比例。以乔木为主,一般占70%左右。

2)落叶树与常绿树的比例。落叶树一般生长较快,对"三废"的抗性及适应城市环境能力较强。常绿树能使城市四季都有良好的绿化效果及防护作用,生长速度较慢,投资也较大。因此一般城市绿化初期落叶树比重较大,随着城市的发展,再逐步提高常绿树的比例。

(4)树种规划的文件编制

1)前言。

2)城市自然地理条件概述。

3)城市绿化现状。

4)城市园林绿化树种调查及分析。

5)城市园林绿化树种规划。

6)附表。主要包括古树名木调查表、树种调查统计表、草坪地被、攀缘植物调查统计表。

4. 树种的选择

园林树种的选择与应用,直接关系到园林绿化系统景观审美价值的高低和综合功能的发挥。充分考虑树种的生态位特征,合理规划树种间的选配,避免种间直接竞争,形成结构合理、功能健全、种群稳定的复层群体结构,以利种间功能补充,既可充分利用环境资源,又能形成优美的景观。

各个城市在进行城市园林绿化树种选择时要注意以下三方面的问题。首先,要根据当地的气候环境条件选择适于栽培的树种,特别是在经济和技术条件比较薄弱的发展新区,尤显重要。以我国大部分温带地区为例,新近推荐使用的优良落叶树种,乔木类有无球悬铃木、马褂木、香槐、垂枝榆、金丝垂柳等,灌木类有花叶锦带、水麻、园艺八仙、海滨木槿、红花大叶醉鱼草等。耐寒常绿树种,乔木类有天竺桂、山杜英、深山含笑、乐昌含笑、阿丁枫、日香桂、沉水樟、猴樟等,灌木类有浓香茉莉、金边卵叶女贞、火焰南天竺、茂树、紫金木、孔雀柏等。其次,要根据当地的土壤环境条件选择适于生产栽培的树种,例如,杜鹃、茶花、红花木等喜酸性土树种,适于 pH 值 5.5～6.5 含铁铝成分较多的土质;而黄杨、棕榈、合欢、紫薇、银杏、槐树等喜碱性土树种,适于 pH 值 7.5～8.5 含钙质较多的土质。第三,要根据树种对太阳光照的需求强度,合理安排生产栽培用地及绿化使用场所。如生长在我国南部低纬度、多雨地区的热带、亚热带树种,对光照强度的要求就低于原产北部高纬度地区的落叶树种。原生于森林边缘或空旷地带的树种,绝大多数为喜光性树种,如落叶树种中的桃、梅、李、杏、杨树、刺槐等;具针状叶的喜光常绿树种,有马尾松、雪松、五针松、花柏、侧柏、龙柏等。常绿阔叶树种中的海枣、白玉兰、银杏、榆树等也属喜光性树种。常绿阔叶树种中的南天竺、黄杨、山茶、珊瑚树等,及多数具扁平、鳞状叶的针叶树种,如香榧、云杉、红豆杉、罗汉松、罗汉柏等,大多为耐阴树种,其枝叶一般较茂密,生长速度较慢。

(1)园林树种选择的原则

1)以乡土树种为主,实行适地适树和引入外来树种相结合。

由于城市所处地域决定了园林树木品种只能是适应于该气候条件下的树木品种。为了扩大种源,积极引入一些适应本地气候条件的外来树木品种,是增加树木品种的重要途径。因此在树木品种的选择中,在以乡土树种为主的前提下,大量引入外地树木品种,才能更好地筛选出优良的园林树木品种。

2)以主要树种为主,主要树种和一般树种相结合。

在长期的应用实践中,经过人工筛选,出现了一批适应性强、优良性状明显、抗逆性好的主要树种,这些树种是本地区园林绿化的骨干和基础,是经过长期选择的宝贵财富。在生产中,除了大量应用这些树种外,还要经过选择应用一般树种,只有这样的结合,才能丰富品种。稳定树木结构,可以增强城市的地域特色和园林特色。

3)以抗逆性强的树种为主,树木的功能性和观赏性相结合。

抗逆性强是指抗病虫害、耐瘠薄、适应性强的树种,选用这种树木作为城市的主体树种,无疑会增强城市的绿化效益。

4)以落叶乔木为主,实行落叶乔木与常绿乔木相结合,乔木和灌木相结合。

城市绿化的主体应该是落叶乔木,只有这样才能起到防护功能、美化城市和形成特色的作用。

5)以速生树种为主,实行速生树种和长寿树种相结合。

城市所处的地域不同,植物生长期也不同,选择速生树种会在短期内形成绿化效果,尤其是街道绿化。长寿树种树龄长,但生长缓慢,短期内不能形成绿化效果。所以,在不同的园林绿地中,因地制宜地选择不同类型的树种是必要的。

总之,园林树种选择是一项长期的、艰巨的任务。随着园林事业的发展,园林树种选择就必然会不间断地进行下去。在选择中应保留好的树种,淘汰差的树种,只有遵循这样一条取优去劣的生物发展规律,才能使优良树种保持优势,并使园林事业出现质的飞跃。也只有确保生物的多样性和可持续发展不断地进行下去,人们才能用优良的园林树木创造出多彩的景观环境,为人类自己创建出更加舒适宜人的生活空间。

(2)园林绿化树种的分类

依据主要栽培用途,园林树种通常可分为行道树、庭荫树、园景树、绿篱树、盆栽树和湿地树六大类。

1）行道树

行道树的选择应用,在完善道路服务体系、提高道路服务质量方面,有着积极、主动的环境生态作用。行道树的主要栽培场所为人行道绿带、分车线绿带、市民广场游径、滨河林荫道及城乡公路两侧等。其栽植土壤立地条件差,受烟尘及有害气体污染重,受行人碰撞损坏大,受地下管路或架空线路障碍多,受建筑物庇荫、水泥路面辐射强。理想的行道树种选择标准:从养护管理要求出发,应该是耐瘠抗逆、防污耐损、虫少病轻、强健长寿、易于整形、疏于管理;从景观效果要求出发,应该是春华秋色、冬姿夏荫、干挺枝秀、花艳果美、冠整形优、景观持久。

目前使用较多的一级行道树种有:二球悬铃木、榆树、七叶树、三角枫、喜树、银杏、鹅掌楸、樟树、广玉兰、乐昌含笑。二级行道树种有:女贞、毛白杨、垂柳、刺槐、池杉、水杉。

2）庭荫树

庭荫树在园林绿化中的作用,是为人们提供一个阴凉、清新的室外休憩场所。庭荫树种的选择标准:因其功能目的所在,主要为枝繁叶茂、绿荫如盖的落叶树种,其中又以阔叶树种的应用为佳。如能兼备观叶、赏花或品果效能,则更为理想。部分枝疏叶朗、树影婆娑的常绿树种,也可作庭荫树应用。

庭荫效果优良的常用乔木类树种有:梧桐、泡桐、榉树、香椿、枫杨、合欢、柿树、枇杷、紫楠、榧树、竹柏、圆柏等。

3）园景树

园景树是园林树种选择与应用中种类最为繁多、形态最为丰富、景观作用最为显著的骨干树种。树种类型,既有观形、赏叶型,又有观花、赏果型。树体选择,既有参天伴云的高大乔木,也有高不盈尺的矮小灌木。常绿、落叶相宜,孤植、丛植可意;不受时空影响,不拘地形限制。在园景树的选择应用中,树种特征仍然是不变的原则。松柏类树种,青翠常绿、雄伟庄穆、孤植清秀、列植划一。常绿阔叶树种雍容华贵,绿荫如盖,独立丰满,群落浩瀚。现就若干主要园景树种的特性选择和应用,分类简述如下:

① 观形赏叶树种。雪松、金钱松、日本金松、巨杉、南洋杉、白皮松、水松、丝棉木、重阳木、枫香、黄栌、青榨槭、红叶李、南天竺。

② 观花赏果树种。玉兰、珙桐、黄山栾树、梅花、樱花、桃、紫薇、紫丁香、桂花、山茶花、腊梅、绣球荚迷、枸骨、火棘、夹竹桃。

③ 竹类。"日出有清萌,月照有清影,风来有清声,雨来有清韵,露凝有清光,雪停有情趣。"自古以来一直受到国人的青睐。其虚怀若谷、淡泊宁静、刚劲挺拔、洁身自好的品格,更备受世人推崇,与松、梅一起被誉为"岁寒三友",和梅、兰、菊一道被赞称为"花中四君子"。

④ 棕榈科植物。在丰富多彩的园林树种中,棕榈科植物以其独特的风格、鲜明的个性、突出的体征,成为营造园林绿化景观的热门树种。常见选择的种类有假槟榔、大王椰子、三角椰子、国王椰子、蒲葵、油棕、黄棕榈、海枣、董棕、短穗鱼尾葵、丝葵、青棕等。

4）绿篱树

绿篱在园林绿化中的应用占有相当比重,就数量而言远远超过其他树种的份额。无论是在中国式古典园林设计中,还是在现代派园景规划中,绿篱的应用种类和形式,都极能反映绿地建设的质量和水平。特别是现代高速公路的快速延伸,花园住宅小区的迅猛开发,以及大量河滨公园、市民广场的落成,都极注重绿篱的应用。

绿篱树种的选择应具备的基本性状要求为：萌芽率强、性耐修剪，枝叶稠密、基部不空，生长迅速、适应性强，病虫害少、易于管理，抗烟尘污染、对人畜无害。

　　常用绿篱树种有：侧柏、北美崖柏、日本花柏、日本扁柏、海桐、珊瑚树、冬青、月桂、卫矛、大叶黄杨、石楠、雀舌黄杨、小叶女贞、小蜡、小檗、狭叶十大功劳、栀子花、云锦杜鹃、满山红、刺梨、野蔷薇、丰花月季、麻叶绣线菊、日本绣线菊、云实。

　　5）盆栽树

　　盆栽树在园林绿化中的作用主要是一种调剂和补充，特别是在因受环境条件制约而难以实施园林树木栽植的条件下，盆栽树可以发挥积极、有效的作用，营造一方绿洲。盆栽树的选择，依其主要应用范围，可分为室外、室内两大类型。室外盆栽树多为大型的常绿类树种，如五针松、南洋杉、花柏、鹅掌柴、苏铁、橡皮树、棕竹等。室内盆栽树多以耐阴的南方观叶树种为主，如小叶椿、花叶椿、鱼尾葵、散尾葵、袖珍椰子、变叶木、花叶木薯等。

　　著名的盆栽树有：苏铁、南山茶、罗浮、佛手、澳洲鸭脚木、斑叶橡皮树、花叶垂榕、帝王葵、鱼尾葵、散尾葵、棕竹、袖珍椰子、斑叶辟荔、变叶木、金边胡颓子、花叶木薯、孔雀木。

　　盆景树是盆栽树微型应用的一朵奇葩。常见优良盆景树种有：华山松、日本五针松、刺柏、罗汉松、微型紫杉、榔榆、瓜子黄杨、鸡爪槭、六月雪、海棠花、石榴。

　　6）湿地树

　　对现存自然湿地进行保护以及对被破坏的自然湿地的恢复和对人工湿地的建设，是当今一项非常重要的研究工作，其中通过湿地植物来恢复和建立自然结构湿地是湿地保护和恢复的重要生物技术之一。

　　湿地树种分为旱生树种、两栖树种、湿生树种、水生树种。常见的湿地树种有木贼、华扁穗草、芦苇、海菜花、池杉、水松、水杉、黄连木、滇合欢、大花野茉莉、凤尾蕨、水柏枝、马桑、清香木、水葫芦、芦苇、狸藻、莎草、荷花、西南鸢尾等。

4.5　园林建筑与小品设计

4.5.1　园林建筑与小品的作用和类型

　1. 园林建筑与小品的作用

　　园林建筑与小品是供游人休息、观赏，方便游览活动或为了方便园林管理而设置的园林设施。园林建筑与小品既要满足使用功能要求，又要满足景观的造景要求，要与园林环境密切结合，融为一体。

　　园林建筑的体量相对较大，可形成内部活动的空间，在园林中往往成为视线的焦点，甚至成为控制全园的主景，因此在造型上也要满足一定的欣赏功能。而园林小品造型轻巧，一般不能形成供人活动的内部空间，在园林中起着点缀环境、丰富景观、烘托气氛、加深意境等作用。同时，园林小品本身具有一定的使用功能，可满足一些游憩活动的需要。

　2. 园林建筑与小品的类型

　（1）园林建筑的类型

　　园林建筑是指建造在各类园林绿地内的供人们休息、游览、观赏用的建筑物，是建筑的一种类型。园林建筑本身也具备观赏性，往往成为景观的构图中心。常见的园林建筑类型有亭、廊、榭、花架、园桥及服务性建筑等。

1）亭。供游人休息、观景或构成景观的开敞或半开敞的小型园林建筑。

2）廊。园林中屋檐下的过道以及独立有顶的过道。

3）榭。供游人休息、观赏风景的临水园林建筑。

4）花架。可攀爬植物，并提供游人遮荫、休憩和观景之用的棚架或格子架。

5）园桥。园林中用来联系水陆交通、建筑物、风景点、高差地段的人工构筑物。

6）服务性建筑。园林中为游人提供某种服务或者为方便公园内务管理并构成景观的建筑物或构筑物，如公园大门、茶室、小卖部、游船码头等。

（2）园林小品的类型

园林小品是指园林中供休息、装饰、景观照明、展示和为方便园林管理及游人使用的小型设施。园林小品体量小巧，数量多，造型别致，装饰性强。

园林小品按功能不同一般可分为以下类型：

1）休息用园林小品。如园椅、园凳、园桌等。

2）展示性园林小品。如展览栏、阅报栏、园林导游图、说明牌等。

3）服务性园林小品。如园灯、饮水器、废物箱等。

4）管理类园林小品。如鸟舍、鸟浴池、各种门洞、栏杆等。

5）装饰性园林小品。如景墙、景窗、花格、花钵、瓶饰、日晷、园林雕塑等。

6）儿童游乐设施。如滑梯、攀爬架、跷跷板、弹簧蹦台、小城堡等。

应该说明，园林小品的分类不是绝对的，如花格栏杆常被用做绿地的护栏，而低矮的镶边栏杆则主要起装饰作用。在江南园林中也把篆刻、碑碣、书条石都称为小品。

4.5.2 园林建筑与小品的设计原则

1. 巧于立意，造型独特

园林建筑与小品对人们的感染力不仅在形式的美，更在于其深刻的含义，要表达的意境和情趣。作为局部主体景物，园林建筑与小品具有相对独立的意境，更应具有一定的思想内涵，才能成为耐人寻味的作品。因此，设计时应巧于构思。我国传统园林中常在庭院的白粉墙前置玲珑山石、几竿修竹，粉墙花影恰似一幅花鸟画的再现，很有感染力。园林建筑与小品，应根据园林环境特色使之具有独特的格调，切忌生搬硬套，切忌雷同。

2. 精于体宜，合理布局

精于体宜是园林空间与景物之间最基本的体量构图原则。园林建筑与小品作为园林的陪衬或是作为主景时，与周边环境要协调，如空间大小体量的协调。在不同大小的园林空间之中，应具有相应的体量要求与尺度要求，确定其相应的体量。园林建筑与小品同时也具备一定的实用功能，因此在组织交通、平面布局、建筑空间序列组合等方面，都应以方便游人活动为出发点，因地制宜地加以安排，使得游人的游憩活动得以正常、舒适的开展。如亭、廊、榭等园林建筑，宜布置在环境优美、有景可观的地点，以供游人休息、赏景之用；儿童游戏场应选择在公园的出入口附近，应有明显的标志，以便于儿童识别；餐厅、小卖部等建筑一般布置在交通方便，易于发现的地方，但不应占据园林中的主要景观位置等。

3. 符合使用功能及技术要求

园林建筑与小品绝大多数均有实用意义，因此除艺术造型美观上的要求外，还符合实用功能及技术要求。如园林栏杆具有各种不同的使用目的，因此对各种园林栏杆的高度，就有不同的要求;园林坐凳,就要符合游人就座休息的尺度要求。

园林建筑与小品设计考虑的问题是多方面的,而且具有更大的灵活性,因此不能局限于几条原则,应举一反三,融会贯通。设计要考虑其艺术特性的同时还应考虑施工、制作的技术要求,确保园林建筑与小品实用而美观。

4.5.3 亭的设计

1. 亭的功能及形式

(1)亭的功能

亭具有休息、赏景、点景、专用等功能。亭的设置可防日晒、避雨淋、消暑纳凉,是园林中游人休息之处。亭还是园林中凭眺、畅览园林景色的赏景点之一,其位置体量、色彩等应因地制宜,表达出各种园林情趣,成为园林景观构图中心。为某种特定目的,园林中也经常使用亭,如纪念亭、碑亭、井亭、鼓乐亭以及现代园林中的售票亭、小卖亭、摄影亭等。

(2)亭的形式

亭子的体量不大,但造型上的变化却是非常多样灵活的。按照亭顶的类型来分,亭有攒尖、歇山、卷棚、庑殿、盔顶、十字顶、悬山顶、平顶等;按照平面形式来分,亭有正多边形、长方形、半亭、仿生形(如:睡莲形、扇形、十字形、圆形、梅花形等)形式;按照立面形式来分有单檐、重檐、三重檐等;按照平面组合形式来分有单亭、组合亭、与廊墙相结合的形式三类;如果从材料上来分又有木亭、石亭、竹亭、茅草亭、铜亭等,近代还有采用钢筋混凝土、玻璃钢、索膜、环保技术材料等建造的亭子。

2. 亭的位置选择

在园林建筑设计中,亭的设计要考虑两方面的问题:第一,供游人休息,能遮阳避雨,要有好的观赏条件,因此要造在能观赏风景之地。第二,亭本身是园林风景的组成部分,因此其设计要能与周围环境相协调,要能够锦上添花。亭的立基选地并无成法,所谓"安亭有式,立地无凭",只要与环境协调随处可设亭。亭布局的地形环境有:

(1)山地设亭

在山地设亭,不仅便于远眺,而且由于山顶、山脊很容易形成构图中心,此处设亭,能抓住人的视线,吸引游人往山上爬。

在高大的山上建亭,一般宜在山腰台地或次要山脊建亭,一方面便于休息,另一方面山腰亭子背靠山体,面临幽谷,可俯可仰,景色丰富。亦可将亭建在山道旁,以显示局部山形地势之美,并有引导游人的作用。

中等高度山体上建亭一般宜在山脊、山顶、山腰建亭,建亭应有足够的体量或成组设置,以取得和山形体量协调的效果。

在高度 5~7m 的小山上建亭,亭常建于山顶,以增加山形的高度与体量,更能丰富山形的轮廓。但为了避免构图上的呆板,一般不宜建在山形的几何中心线之顶,而是构建在偏于山顶一侧的位置。

(2)临水建亭

水面是构成丰富多变的风景画面的重要因素。水边设亭,一方面为了观赏水面景色,另一方面,也可丰富水景效果。在小水面上临水建亭,亭应小巧,一般应尽量贴近水面,宜低不宜高,可一边临水或者突出水中多边临水甚至完全伸入水中。若水面大,可在桥上建亭,划分空间,丰富湖岸景色。也可将亭建在临水高台或较高的石矶上,以观远山近水,舒展胸怀。

（3）平地建亭

平地建亭眺览的意义不大，更多的是供休息、纳凉、游览之用，应尽量结合各种园林要素（如山石、树木、水池等）构成各具特色的景致，葱郁的密林、绚丽灿烂的花间石畔、幽雅宁静的疏梅竹影都是平地建亭的佳地。更可在道路的交叉点结合游览路线建亭，引导游人游览及休息；在绿地、草坪、小广场中可结合小水池、喷泉、山石修建小型亭子，以供游人休憩。此外，园墙之中、廊间重点或尽端转角等处，也可用亭来点缀。结合园林中的巨石、山泉、洞穴、丘壑等各种特殊地貌建亭，也可取得更为奇特的景观效果。

3. 亭的设计要求

亭的设计必须因地制宜、综合考虑。造型体量应与园林性质和它所处的环境位置相适应，宜大则大，宜小则小。但一般亭以小巧为宜，体型小，使人感到亲切。单亭直径最小一般不小于3m，最大不大于5m，高不低于2.3m。每亭应有其特点，不要千篇一律。如果体量需要很大，可以采用组合亭形式，否则易粗笨。

4.5.4 廊的设计

1. 廊的功能和形式

（1）廊的功能

廊是一条有盖顶的通道，能防雨遮阳，是联系风景的纽带；它是长形的赏景和休息的建筑物，可随山就势，曲折迂回，逶迤蜿蜒，引导视角多变的导游交通路线；廊是中国园林建筑群体中的重要组成部分，经常和亭台楼阁组成建筑群的一部分，使单体的一个个建筑构成一个整体，并自成游息空间；分隔或围合不同形状和情趣的园林空间，使空间互相渗透，丰富空间层次增加景深；作为山麓、水岸的边际联系纽带，增强和勾勒山体的脊线走向和轮廓。

（2）廊的形式

从平面划分有曲尺回廊、抄手廊、之字曲廊、弧形月牙廊等；从立面划分有平廊、叠落廊、坡廊等；从剖面划分有双面空廊、半壁廊、单面空廊、暖廊、复廊、楼廊等；按总体造型及其与环境结合的关系分有曲廊、直廊、波形廊、复廊、沿墙走廊、爬山走廊、水廊、桥廊等（表4-1）。

表4-1　廊的基本类型

	双面空廊	暖廊	复廊	单支柱廊
按廊的横剖面形式划分				
	单面空廊		双层廊	
按廊的整体造型划分	直廊	曲廊	抄手廊	回廊

按廊的整体造型划分	爬山廊	叠落廊	桥廊	水廊

2. 廊的位置（图4-29）

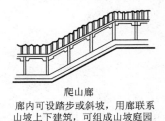
爬山廊
廊内可设踏步或斜坡，用廊联系山坡上下建筑，可组成山坡庭园

水走廊
在水边或水上建廊，供游人观赏水景

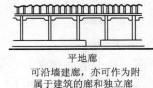
平地廊
可沿墙建廊，亦可作为附属于建筑的廊和独立廊

图4-29　廊的位置选择

（1）山地建廊

山地建廊供游山观景和联系上下不同标高的建筑物之用，也可借以丰富山地建筑的空间构图。山地建廊有斜坡式、叠落式两种。

斜坡式（坡廊）屋顶和基座依自然的山势，蜿蜒曲折，廊与自然融合，具有协调的美感。但地形坡度较大时，不宜用斜坡式，而应当采用叠落式。叠落式廊随地形的变化逐级跌落，屋顶有长有短，有高有低，自由活泼，富有节奏感。

（2）水廊

水廊供欣赏水景及联系水上建筑之用，形成水景为主的空间。有水边设廊和完全凌驾于水上的两种形式。

水边设廊，应注意廊底板和水面尽可能贴近，若廊体较长，廊体不应自始至终笔直没有变化而应曲曲折折，丰富水岸的构图效果。

凌驾于水上的水廊，廊基也是宜低不宜高，应尽量使廊的底板贴近水面，并使两边的水面能互相贯通，使建筑有飘忽水上之感。

凌驾于水上的水廊常与亭或桥组合，形成亭桥或廊桥。亭桥或廊桥除供休息观赏外，对丰富园林景观和划分空间层次也起着很突出的作用。

（3）平地建廊

平地建廊多为了处理死角和边界、划分空间、丰富层次，使景色互相渗透。

廊是一种不同于自然的"虚"，又别于建筑的"实"的半虚半实的建筑，在任何地形条件下都能发挥独到作用。与环境极易协调，因而在园林中广泛使用。

3. 廊的设计

（1）廊的选址及布置应随环境地势和功能需要而定，使之曲折有度、上下相宜，一般最忌平直单调。造型以玲珑轻巧为上，尺度不宜过大，立面多选用开敞式。

（2）廊的开间宜在3m左右。一般横向净宽在1.2～1.5m。现在一些廊宽常在2.5～3m之间，以适应游人客流量增长后的需要。檐口底皮高度一般2.4～2.8m。廊顶设计为平顶、坡顶、卷棚均可。

4.5.5 园桥的设计

1. 桥的形式

按建筑形式分:平桥、拱桥、曲桥、汀步、亭桥、廊桥。

1)平桥。桥下不通船时采用,有凌波而渡的快感,可通车。

2)拱桥。桥下通船,桥上不通或通车时采用。造型优美,线型流畅。

3)曲桥。水面景观丰富,宜左右前后变换角度,桥上要求不通车。

4)汀步。设于浅溪和沙滩等处,游人飞步掠水而过,惊险回味,是一种比较有趣味的桥的形式。

5)亭桥。桥上设亭。

6)廊桥。桥上设廊。

2. 桥的选址

桥的设置要满足功能上和景观上的需要。在小水面设桥要注意:

1)小水宜聚不宜分,为使水面不致被划破,可选平贴水面的平桥,并偏居一侧。桥偏一侧,一大一小,可维持水面完整,产生开阔幽静对比。

2)为使水面有源源不尽之意、增加层次、延长游览路线,可采用平曲桥。采用平曲桥不仅延长游览时间,而且变换了观赏角度。

3)小拱桥在小水面中也时有应用,但要注意到桥体的比例与拱的幅度。大水面上设桥可将桥面抬高,增加桥的立面效果,划分辽阔的水面,打破水面平淡单调,同时便于游船的通过。大水面设桥,桥应设在水面较窄的地方,节约造价。

除了水上建桥外,为了服从园路的需要,无水处也可架桥,如在两峰间设惊险刺激的吊桥。高低两条园路相交时可设旱桥等。

3. 桥的设计

园桥的形式很多。造型须因地制宜,设计才能恰当。在水面空间较小的地方建桥。一般来说,宜小不宜大,宜低不宜高,宜窄不宜宽,宜曲不宜直。大水面上宜造大桥、长桥。通常体量大的桥,宜采用拱式;体量小的桥,宜采用平式。林野、沼泽与溪河地带,可用板桥、曲板桥、小木桥、小石桥、土面桥、步石以及土桥与步石连接的桥。跨山越谷,飞渡险流,则宜用绳桥、铁索桥。园林中造桥,其大小、长短,宜与水面的面积相适应。设计要以保证安全为前提,要有惊无险,如汀步的设计选址于水窄而浅的地段,要注意石墩不宜过小,距离不宜过远。

4.5.6 水榭和舫的设计

1. 榭与舫的功能

1)提供观赏景物的最佳观赏位置和角度。

2)供游人休息、品茗、饮馔。

3)以建筑本身形体点缀景物或构成景区组景。

2. 榭与舫的设计

1)要使建筑与水面和池岸很好地结合。水榭应尽可能突出于池岸,造成三面临水或四面临水的形式。如果建筑物不宜突出池岸,也可以设计伸入水面的平台,作为水面与建筑的过渡。

2)榭的造型应平缓舒展,强调水平线,使建筑平扁扁地贴近水面,有时配合着水廊、白墙、漏窗,再加上几株竖向的树木和翠竹,常常会取得很好的对比效果。

3）舫是临水的"船厅"，又称"不系舟"。一般分为船首、船身、船尾三部分。前半部分多三面临水,船首一侧常设有平桥与岸相连,仿跳板之意。

4.5.7 园路的设计

1. 园路的分类

（1）按材料分类

1）整体铺装路面。如现浇混凝土面、沥青路面等。

2）块状路面。如预制混凝土块、块石、片石、卵石等镶嵌铺设的路面。

3）简易路面。用砂石、煤屑等铺设的道路。

（2）按道路的宽窄和级别分类

1）主要园路。通入全园各景区中心、各主要广场、主要建筑、主要景点、管理区等,游人主要的行进路线,一般应可通车,宽 4 ～ 8m。

2）次要园路。主路的辅助道路,分散在各景区内,宽 2 ～ 4m。

3）游憩小路。供散步休息,引导游人更深入到达各角落。宽 1.2 ～ 2m,不应少于1m。游憩小路可结合健康步道而设,健康步道有助于足底按摩健身。通过在卵石路上行走达到按摩足底穴位、健身的目的,但又不失为园林一景。

2. 园路的设计要点

（1）交通性与游览性结合

设计时要分清园路使用的目的,不同使用目的下园路宽度不同。主园路要保证通人通车。路上不应设台阶,路桥结合时桥拱不能太大,道路转弯时要加宽,其转弯半径应大于6m。

应该注意园路两侧空间的变化,要疏密相间,留有透视线,注意加强路边绿化,利用夹景、点景、对景等手法丰富路边景色。路面铺装要根据意境来设计,幽静的林间小道上铺以小鸟瑟瑟的图案,可反映出"鸟鸣山更幽"的意境。北京故宫御花园的雕砖卵石嵌花甬路,是用精雕的砖、细磨的瓦和经过严格挑选的各色卵石拼成的。路面上铺有以寓言故事、民间剪纸、文房四宝、吉祥用语、花鸟虫鱼等为题材的图案,以及《古城会》、《战长沙》、《三顾茅庐》、《凤仪亭》等戏剧场面的图案。

（2）主次分明,疏密有致

道路是无声的导游,主要道路贯穿景区便是主要的游览线,主次道路明确,方向性强,就不致使游人辨别困难。园路的尺度、分布密度应该是人流密度客观、合理的反映。人多的地方,如文化活动区、展览区、游乐场、入口大门处等,尺度和密度应该大一些;休闲散步区域,相反要小一些。道路布置不能过密,否则不仅加大投资,也使绿地分割过碎。

（3）因地制宜,曲折迂回

道路布置要根据不同地形布置不同道路系统。坡度小于 6% ,可根据需要布局道路;坡度6% ～ 10% ,主干道应顺着等高线作盘山布局;坡度大于 10% 时,应该设台阶。当然,有时为延长路线,对山体产生高大的错觉,道路布置可上上下下、曲曲折折。

（4）交叉口处理

道路布局要避免交叉口过多,主干道交叉口距离应大于 20m。为避免拥挤,交叉口应扩成小广场,并可在广场上布置景观小品。

（5）与建筑的关系

道路旁安排有建筑时,道路应加宽或分出支路与建筑相连。游人量多的建筑,道路和建筑间应设置集散广场,便于人流聚散通行。

（6）沿水道路

道路不应完全平行水面布局,而应若即若离、有远有近、时而贴水而行、时而穿过,这样可使道路两旁景色有所变化。

（7）自然式园路主路都应成环

园路的线型有自由、曲线的方式,也有规则、直线的方式,不管采取什么式样,园路都应成环,避免回头路。

4.5.8 花架的设计

1）花架的设计宜轻巧。花纹宜简单,高度不要太高,从花架顶到地面一般2.5～2.8m,开间3～4m,花架四周应开敞、通透,局部可设计一些景墙。

2）要根据攀缘植物的特点、环境来构思花架的形体,根据攀缘植物的生物学特性来设计花架的构造、材料等。如:紫藤花架,紫藤枝粗叶茂,老态龙钟,尤宜观赏。设计紫藤花架,要采用能负荷的永久性材料,显古朴、简练的造型。葡萄架,葡萄有许多耐人深思的寓言、童话,可作为构思参考。种植葡萄,应有良好的通风、光照条件,还要翻藤修剪,因此要考虑合理的种植间距。猕猴桃棚架,猕猴桃属植物有30余种,为野生藤本果树,广泛生长于长江以南的林中、灌丛、路边,枝叶左旋攀缘而上。设计此棚架之花架板,最好为双向,或者在单向花架板上放置临时的"石竹",以适应猕猴桃只旋而无吸盘的特点,其整体造型以粗犷为宜。对于茎干为草质的攀缘植物,如葫芦、茑萝、牵牛等,往往要借助于牵绳而上。因此,种植池应距离花架较近,在花架柱梁板之间也要有支撑、固定,方可使其爬满棚架。

4.5.9 雕塑的设计

雕塑一般分为主题性雕塑、纪念性雕塑和装饰性雕塑三类。布置雕塑时,通常必须与园林绿地的主题互相一致,依赖艺术联想,从而创造意境。装饰性雕塑则常与树、石、喷泉、水池、建筑物等结合,借以丰富游览内容。

设置雕塑的地点,一般在园林主轴线上或风景视线的范围内;但亦有与墙壁结合或安放在壁龛之内或砌嵌于墙壁之中与壁泉结合作为庭园局部的小品设施的。有时,由于历史或神话的传说关系,会将雕塑小品建立于广场、草坪、桥头、堤坝旁和历史故事发源地。雕塑既可以孤立设置,也可与水池、喷泉等搭配。雕塑后方如再密植常绿树丛作为衬托,则更可使形象特别鲜明突出。

4.5.10 服务性园林小品的设计

小型售货亭、饮水泉、洗手池、废物箱、电话亭等可以归入服务性园林小品。

规模较大的公园绿地虽然一般都设有餐厅、茶室、小卖部等服务性建筑,但因园地广大,在不少地方还需设置小型售货亭,以方便游人购买食品。一些小型绿地可能不适宜设置具有一定规模的服务性建筑,就更有设置售货亭的必要。售货亭的体量一般较小,内部能有容纳1～2位售货员及适量货品的空间即可。其造型需要新颖、别致,并能与周围的景物相协调。过去的售货亭有用木构或砖石结构的,随着铝合金、塑钢等型材的普及,人们也逐渐以此来构筑此类服务性园林小品。

电话在今天人们的生活中已经必不可少,尽管各类电话都已十分普及,但作为公共场所的公园绿地还需要设置公用电话。对于有防寒、遮避雨雪要求的电话亭可采用能够关闭的,与售货亭相类似的材料和结构,而公园绿地因风雨天游人不会太多,所以可更注意其造型变化,甚至色彩的要求。

饮水泉和洗手池因管线的原因通常被设置于室内,但如果在一些游人较集中的地方安排经过精心设计、造型优美的作品,不仅可以方便利用,还能够获得雕塑般的装饰效果。

为了清洁和卫生,园林中须设置一定数量的废物箱。废物箱一般应放置在游人较多的显眼位置,因此其造型就显得非常重要。当然废物箱的主要功能还是收集垃圾,这就需要考虑收集口的大小、高度应方便丢放,在存满后又须便于清理、回收,废物箱的制作材料要容易清洗,以时时保持美观、清洁。随着环保意识的增强,垃圾分类已为越来越多的人所理解,公园之中也应考虑实施。因摄影的需要公园中电池的消耗量较大,所以专门设置收集废电池的废物箱十分必要。此外对纸质垃圾、塑料垃圾、玻璃瓶等进行分类收集也具有积极的意义。

4.5.11　健身游戏类小品的设计

城市公园绿地使用频率最高的当属老人和儿童,所以在公园绿地中通常都设有游戏、健身器材和设施,而且如今还有数量和种类逐渐增多的趋势。

传统的儿童游戏类设施主要是秋千、滑梯、沙坑及跷跷板之类,结构和造型都较为简洁单一,其材料一般以木材为主,具有良好的接触感,但耐久性较差。也有用钢材、水泥代替木料的,虽然可使设施的维护要求降低,但也会使触感变差。在有些园林中,人们利用城市建设和日常生活中的余料,如水泥排水管、水泥砌块、砖瓦、钢管、铁链、绳索、废旧轮胎等予以组合设计,形成了供儿童爬、滑、钻、荡、摇等活动要求的组合式游戏设施。若能精心设计,不仅可提高游戏的趣味性,而且也易形成优美的造型。近年来电动游艺机的广泛使用,在儿童活动内容进一步丰富的基础上,其造型也发生了极大的变化。儿童游戏类设施应根据儿童年龄段的活动特点,结合儿童心理进行设计,其形象应生动活泼,具有一定的象征性,色彩鲜明,易于识别,从而产生更强的吸引力。

过去的公园绿地对老年人的功用通常只是考虑他们的散步、休息需要,至多辟出一定面积的场地供他们用于做操、打拳。随着近年来各种运动器具生产的增多,公园绿地中也陆续出现了健身器材的身影。目前公园绿地中所使用的健身器材大多由钢件构成,结构以满足健身运动的要求设计,而造型方面考虑不多。其实在我们的生活工作中任何东西除了应考虑使用方便之外,都可以在美观上予以必要的设计,即使是机械设备也有工业造型设计,因此像这类健身器材的外形经过设计也完全可以做得更为美观。即使是为了保养而涂制的油漆,如果采用鲜艳、明快的涂饰材料,也能成为园景绿色主调中的点缀,若在造型方面再做更多的考虑,则可以进一步增进其装点园林的效果。

第5章 公园规划设计

5.1 公园规划设计的基本知识

5.1.1 公园绿地的发展概述

《中国大百科全书·建筑、园林、城市规划》中公园的定义为：城市公共绿地的一种类型，由政府或公共团体建设经营，供公众游憩、观赏、娱乐等的园林。《城市绿地分类标准》（CJJ/T 85—2002）指出：公园绿地是城市中向公众开放的，以游憩为主要功能，有一定的游憩设施和服务设施，同时兼有健全生态、美化景观、防灾减灾等综合作用的绿化用地。

城市公园是城市建设用地、城市绿地系统和城市市政公用设施的重要组成部分，是表示城市整体环境水平和居民生活质量的一项重要指标，在城市园林绿地中居首要地位，是城市园林绿化水平的体现。城市公园是必不可少的、不可替代的公益性的城市基础设施，是改善区域性生态环境的公共绿地，是供城市居民日常游憩、休闲、观赏的场所。

在园林文化发展的历史长河中，园林的雏形为"伊甸园"（the Garden of Eden）。18世纪英国资产阶级革命以后，一些原来的皇家园林开放为公园。19世纪，市民公园在城市快速发展时期成长起来。美国的城市公园运动促进了开放式城市休闲娱乐公园和城市绿地系统的发展。真正按近代公园构想及建设的首例是在19世纪后半叶，美国纽约规划建设的中央公园（Central Park）。公园中设有儿童游戏场、骑马道，以及其他一些休憩活动设施，公园与居民住区道路通达，入口标志明显，其规划建设实质为：新的社会概念，新的自然理念。市民公园运动之后，迄今为止，公园规划建设指导思想无根本性变化和更新，只是近二十年来，以美国迪斯尼乐园为代表的主题公园形成一种独特的休闲娱乐和特殊体验的园林形式（表5-1）。

表5-1   20世纪的公园建设倾向

年　　　代	倾　　　向	内　容　形　式
20世纪30年代	城市园林发展	扩建原有园林设施，设置游行广场
20世纪50年代	废墟公园	瓦砾处理和植物种植
20世纪50年代以后	园林博览会	极高的观赏性和地方园林艺术代表性，成为美化城市、展示园林艺术和城市形象的窗口
20世纪60年代	社区休闲公园	丰富的休闲活动设施，如游泳池、小高尔夫球场、青年活动设施
20世纪70年代	住区绿色空间	卫星城镇普遍绿化，包括楼宇间、广场和停车场，草地和灌木丛较多
20世纪80年代以后	宅旁绿地和自然公园	由市民团体和自然保护组织发起，利用野生植被，形成自然体验的环境
20世纪80年代以后	娱乐及体验公园	私人公园继续发展
20世纪80年代末至90年代初	后现代公园设施	具有历史性和几何性要素（如水盆、豪华的铺装以及方形植物种植）

1949 年新中国的成立,是我国城市公园发展史上近代和现代的分界点,然而中国现代公园的发展是非常曲折的,先是在发展国民经济、营造大众乐园的思想指导下跃进了 10 年,又在"文革"动荡中沉沦了 10 年。在这 20 年中,全国各城市以恢复、改造旧园为主,仅于 20 世纪 50 年代中期,新建了部分公园。总体来讲,这一阶段由于各种历史和政治原因,加上自然灾害等因素,全国城市公园的建设速度很慢,工作重心是强调普遍绿化和园林结合生产。在造园理论上主要学习前苏联的园林绿地规划模式,在功能上主要是重视文化休息和文化教育。

1977～1984 年,全国城市公园数量有所增加,全国城市公园面积达到 19626hm²,公园数量增加到 904 个,造园手法丰富多彩,新的公园形式开始出现。

1985～2001 年是我国公园建设大发展阶段。城市公园被纳入城市绿地系统规划,作为城市生态和景观的有机组成部分。城市公园的类型不断丰富,除建设了多功能、综合性公园外,还加强了主题公园、专类公园等的建设,一些富有特色的文化主题公园,有些地区结合城市改造,"见缝插绿",建立了环城公园、滨河公园等带状绿地,对改善城区生态环境、平衡城市公共绿地的分布起到了重要作用。近年来,我国公园在数量和面积上的发展,见表 5-2。

表 5-2 近年来我国公园的发展情况

年 份	1984	1998	1999
公园数量/个	978	3990	4219
公园总面积/hm²	20956	73197	77136

我国景观市场的巨大潜力,正吸引着越来越多的国际景观建筑大师的目光。国外景观公司的介入,对我国公园的规划设计是一个极大的促进,为城市公园的大发展注入了新的力量。1992 年,我国相继出台了《城市绿化条例》和《公园设计规范》,对公园的功能、设施、规模、总体设计、地形设计、道路系统布局、种植设计、建筑布置及其他设施等的设计提出了相应的要求。同时推出了园林城市、花园式单位或园林式单位等的评比活动,大大促进了我国园林绿化建设的发展。由于我国城市化进程加快,城市人口激增,由此带来的许多环境恶化、景观不佳等问题更加突出。因而这一时期我国城市公园的功能除了提供优美的游览、休息环境外,更是注重了其生态功能。1999 年,第 20 届 UIA 大会在北京举行,吴良镛先生在《北京宪章》中提出了"建筑—景观—规划"三位一体的观点和"大地景观"的宏伟构想,这进一步促进了城市公园的发展,具有现代景观意识和时代气息的城市公园不断出现。随着中西方景观设计行业的频繁交流与不断融合,西方现代景观设计的一些理论正逐渐影响着我国的景观设计师,他们将一些新思想和方法与我国的国情相结合,逐渐应用到景观实践中。系统论、可持续发展理论、人本主义、后现代主义、极简主义及解构主义等设计理念的应用,为我国城市公园的规划设计提供了很好的理论依据和指导思想,必将大大加快我国现代城市公园的发展。

随着时代的发展,我国城市公园面临着一些新的问题。首先,公园数量不足,分布不合理。质量偏低,且种类不够丰富,公园内活动内容贫乏,不能满足现代居民、游客的需求和形势的发展。其次,城市公园的建设、维护资金不足。再次,行业管理跟不上公园的发展,法制不够健全。1994 年 12 月,中国公园协会(CAP)的成立,对我国城市公园的管理有重要意义。但是这个群众性的行业组织,还不能解决公园建设与发展过程中面临的许多问题。

5.1.2 公园绿地的分类

由于国情不同,世界各国对城市公园绿地没有形成统一的分类系统,其中比较主要的有:

1. 美国

美国城市公园系统主要包括:

1)儿童游戏场(Children's Playground)。

2)街坊运动公园(Neighborhood Playground Parks,or Neighborhood Recreation Parks)。

3)教育娱乐公园(Educational-Recreational Areas)。

4)风景眺望公园(Scenic Outlook Parks)。

5)水滨公园(Waterfront Landscaped Rest,Scenic Parks)。

6)综合公园(Large Landscaped Recreation Parks)。

7)近邻公园(Neighborhood Parks)。

8)市区小公园(Downtown Squares)。

9)广场(Ovals,Triangles and Other Odds and Ends Properties)。

10)林荫路与花园路(Boule Roads and Park Ways)。

11)运动公园(Sports Parks)。

12)保留地(Reservations)。

2. 德国

德国城市公园系统主要包括:

1)郊外森林公园。

2)国民公园。

3)运动场及游戏场。

4)各种广场。

5)分区园。

6)花园路。

7)郊外绿地。

8)运动公园。

3. 前苏联

前苏联城市公园系统主要包括:

1)全市性和区域性的文化休息公园。

2)儿童公园。

3)体育公园。

4)城市花园。

5)动物园和植物园。

6)森林公园。

7)郊区公园。

4. 日本

日本城市公园系统主要包括:居住区基干公园、城市基干公园、广城公园、特殊公园,见表5-3。

表 5-3　日本城市公园系统

都市公园	居住区基干公园	儿童公园
		近邻公园
		地区公园
	城市基干公园	综合公园
		运动公园
	广城公园	
	特殊公园	风景公园
		植物园
		动物园
		历史名园

5. 中国

我国的城市公园绿地按主要功能和内容,将其分为综合公园(全市性公园、区域性公园)、社区公园(居住区公园、小区游园)、专类公园(儿童公园、动物园、植物园、历史名园、风景名胜公园、游乐公园、其他专类公园)、带状公园和街旁绿地等,分类系统的目的是针对不同类型的公园绿地提出不同的规划设计要求。

5.1.3　公园绿地规划设计原则

公园规划设计的原则,见表 5-4。

表 5-4　公园规划设计原则

原　　则	集体表现内容
整体性原则: 整体性形体环境的一切结合都应该支持人的想象,合乎人的行为	(1) 易于识别,具有一定的特殊的"场所特征" (2) 具有适度的感觉刺激,太多(过于突兀的对比)、太少(完全的融合)的刺激都不能成立 (3) 具有美感,符合时代和民族的审美特性及其发展趋势 (4) 提供某种社会化行为和个人行为模式发生的场地空间 (5) 具有明确的功能指示性,符合人们的想象 (6) 时空的连续性 (7) 表达象征,引起人们对过去和未来的美好联想
地方性原则: 地方性不但包括自然地域性的因素,还包括地方的人文特征	(1) 运用当地的地方性材料、能源和建造技术,特别是注重地方性植物的运用 (2) 顺应并尊重地方的地理景观特征,如地形地貌特征、气候特征等 (3) 尊重地方特有的民俗、民情,并在公园规划中加以体现 (4) 景观建筑、小品和构筑物的设计考虑到地方的审美习惯和使用习惯 (5) 注重园区内古迹和纪念性景观的保护和再利用以及具有场所感的景观的开发 (6) 在尊重地方传统性的同时,不能忽视群众对时尚游乐方式的需求
生态可持续原则	(1) 反映生物的区域性 (2) 顺应基址的自然条件,合理利用土壤、植被和其他自然资源 (3) 依靠可再生能源,充分利用日光、自然通风和降水,选用当地的材料,特别是注重乡土植物的运用 (4) 注重生态系统的保护、生物多样性的保护与建立 (5) 体现自然元素和自然过程,减少人工的痕迹

5.1.4　公园绿地规划设计的程序和内容

1. 规划设计的程序

1)了解公园规划设计的任务情况,包括建园的审批文件,征收用地及投资额,公园用地范围以及建设施工的条件。

2)拟定工作计划。

3)收集现状资料。

① 基础资料。

② 公园的历史、现状及与其他用地的关系。

③ 自然条件、人文资源、市政管线、植被树种。

④ 图纸资料。

⑤ 社会调查与公众意见。

⑥ 现场勘察。

4)研究分析公园现状,结合甲方设计任务的要求,考虑各种影响因素,拟定公园内应设置的项目内容与设施,并确定其规模大小;编制总体设计任务文件。

5)进行公园规划,确定全园的总体布局,计算工程量,造价概算,分期建设的安排。

6)经审批同意后,可进行各项内容和各个局部地段的详细设计,包括建筑、道路、地形、水体、植物配置设计。

7)绘制局部详图:造园工程技术设计、建筑结构设计、施工图。

8)编制预算及文字说明。

规划设计的步骤根据公园面积的大小,工程复杂的程度,可按具体情况增减。如公园面积很大,则需先有分区的规划;如公园规模不大,则公园规划与详细设计可结合进行。公园规划设计后,进行施工阶段还需制定施工组织设计。在施工放样时,对规划设计结合地形的实际情况需要校核、修正和补充。在施工后需进行地形测量,以便复核整形。有些造园工程内容如叠石、大树的种植等,在施工过程中还需在现场根据实际的情况,对原设计方案进行调整。城市公园绿地规划设计的步骤流程如图5-1所示。

2. 现状资料收集

(1)基础资料

基础资料包括:公园所在城市及区域的历史沿革,城市的总体规划与各个专项规划,城市经济发展计划,社会发展计划,产业发展计划,城市环境质量,城市交通条件等。

(2)公园外部条件

1)地理位置。公园在城市中与周边其他用地的关系。

2)人口状况。公园服务范围内的居民类型,人口组成结构、分布、密度、发展及老龄化程度。

3)交通条件。公园周边的景观及城市道路的等级,公园周围公共交通的类型与数量,停车场分布,人流集散方向。

4)城市景观条件。公园周边建筑的形式、体量、色彩。

(3)公园基地条件

1)气象状况。历年最高、最低及平均气温,历年最高、最低及平均降水量,湿度,风向与风速,晴雨天数,冰冻线深度,大气污染等。

2)水文状况。现有水面与水系的范围,水底标高,河床情况,常水位,最高与最低水位,历史上最高洪水位的标高,水流的方向、水质、水温与岸线情况,地下水的常水位与最高、最低水位的标高,地下水的水质情况。

3)地形、地质、土壤状况。地质构造、地基承载力、表层地质、冰冻系数、自然稳定角度,地形类型、倾斜度、起伏度、地貌特点,土壤种类、排水、肥沃度、土壤侵蚀等。

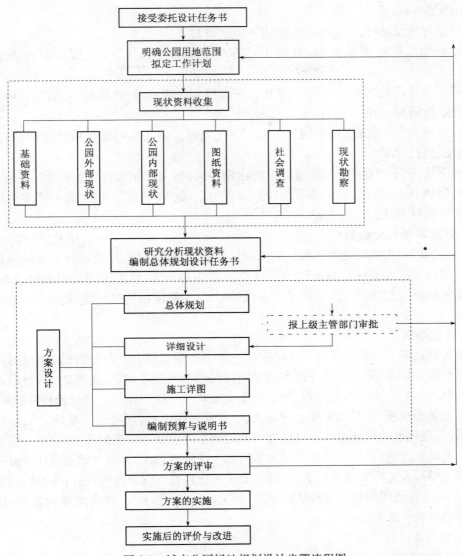

图 5-1　城市公园绿地规划设计步骤流程图

4）山体土丘状况。位置、坡度、面积、土方量、形状等。

5）植被状况。现有园林植物、生态、群落组成,古树、大树的品种、数量、分布、覆盖范围、地面标高、质量、生长情况、姿态及观赏价值。

6）建筑状况。现有建筑的位置、面积、高度、建筑风格、立面形式、平面形状、基地标高、用途及使用情况等。

7）历史状况。公园用地的历史沿革,现有文化古迹的数量、类型、分布、保护情况等。

8）市政管线。公园内及公园外围供电、给水、排水、排污、通讯情况,现有地上地下管线的种类、走向、管径、埋设深度、标高和柱杆的位置高度。

9）造园材料。公园所在地区优良植被品种、特色植被品种及植被生态群落生长情况,造园施工材料的来源、种类、价格等。

（4）图纸资料

在总体规划设计时,应由甲方提供以下图纸资料:

1）地形图。根据面积大小,提供1：2000,1：1000或1：500园址范围内总平面地形图。

2）要保留使用的建筑物的平、立面图。平面位置注明室内、外标高,立面图标明建筑物的尺寸、颜色、材质等内容。

3）现状植物分布位置图(比例尺在1：500左右)。主要标明要保留林木的位置,并注明品种、胸径、生长状况。

4）地下管线图。比例尺一般与施工图比例相同,图内包括要保留的给水、雨水、污水、电信、电力、散热器沟、煤气、热力等管线位置以及井位等,提供相应剖面图,并需要注明管径大小、管底、管顶标高、压力、坡度等。

（5）社会调查与公众参与

综合公园的最根本目的是为城市居民提供休憩娱乐的场所,规划设计应该满足居民的实际需求。可以通过发放社会调查表、举行小型座谈会的形式,收集附近居民的要求与建议,使设计者了解居民的想法、期望,在将来方案设计时,从实际使用情况出发,创造出符合市民需要的作品。

（6）实地勘察

实地勘察也是资料收集阶段不可缺少的一步。一般来说,由于地形图的测量时间与公园规划设计时间不同步,基地现状与地形图之间存在或多或少的差别,这就要求设计者必须到现场认真勘察,核对、补充手头的资料,纠正图纸与现状不一致的地方。设计者到基地现场踏勘,通过仔细观察现状环境,有助于建立直观认识,激发创作灵感,同时对园址周边的景物也有了更深的认识,在将来的规划设计中可以有的放矢地采用借景或屏蔽的手法,确定公园景观的主要取向。在勘察过程中,最好请当地有关部门的人员陪同解说,有助于增加设计者对公园场地植物、地形地貌、人文历史的全面了解,把握公园所在地的文脉与特色,创造有个性的公园。在勘察过程中,综合使用照相机、摄像机,拍摄一些基地环境的素材,供将来规划设计时参考,以及后期制作多媒体成果时使用。

3. 编制总体设计任务书

设计者根据所收集的文件,结合甲方设计任务书的要求,经过分析研究,定出总体设计原则和目标,编制出进行公园设计的要求和说明,即总体设计任务文件。主要内容包括:公园在城市绿地系统中的关系,公园所处地段的特征和四周环境,公园面积和游人容量,公园总体设计的艺术特色和风格要求,公园地形设计、建筑设计、道路设计、水体设计、种植设计的要求,拟定出公园内应该设置的项目内容与设施各部分规模大小,公园建设的投资概算,设计工作进度安排。

4. 总体规划

确定公园的总体布局,对公园各部分作全面的安排。常用的图纸比例为1：500,1：1000或1：2000。包括的内容有:

1）公园的范围,公园用地内外分隔的设计处理与四周环境的关系,园外借景或障景的分析和设计处理。

2）计算用地面积和游人量、确定公园活动内容、需设置的项目和设施的规模、建筑面积和设备要求。

3）确定出入口位置，并进行园门布置和机动车停车场、自行车停车棚的位置安排。

4）公园的功能分区，活动项目和设施的布局，确定公园建筑的位置和组织活动空间。

5）景色分区。按各种景色构成不同景观的艺术境界来进行分区。

6）公园河湖水系的规划、水底标高、水面标高的控制、水中构筑物的设置。

7）公园道路系统、广场的布局及组织游线。

8）规划设计公园的艺术布局、安排平面的及立面的构图中心和景点、组织风景视线和景观空间。

9）地形处理、竖向规划，估计填挖土方的数量、运土方向和距离、进行土方平衡。

10）造园工程设计。护坡、驳岸、挡土墙、围墙、水塔、水中构筑物、变电间、厕所、化粪池、消防用水、灌溉和生活给水、雨水排水、污水排水、电力线、照明线、广播通讯线等管网的布置。

11）植物群落的分布、树木种植规划、制定苗木计划、估算树种规格与数量。

12）公园规划设计意图的说明、土地使用平衡表、工程量计算、造价概算、分期建园计划。

5. 详细设计

在全园规划的基础上，对公园的各个局部地段及各项工程设施进行详细的设计。常用的图纸比例为 1∶500 或 1∶200。

1）主要出入口、次要出入口和专用出入口的设计。包括园门建筑、内外广场、服务设施、景观小品、绿化种植、市政管线、室外照明、汽车停车场和自行车停车棚等的设计。

2）各功能区的设计。各区的建筑物、室外场地、活动设施、绿地、道路广场、园林小品、植物种植、山石水体、园林工程、构筑物、管线、照明等的设计。

3）园内各种道路的走向、纵横断面、宽度、路面材料及做法、道路中心线坐标及标高、道路长度及坡度、曲线及转弯半径、行道树的配置、道路透景视线。

4）各种公园建筑初步设计方案。平面、立面、剖面、主要尺寸、标高、坐标、结构形式、建筑材料、主要设备。

5）各种管线的规格，管径尺寸、埋置深度、标高、坐标、长度、坡度或电杆灯柱的位置、形式、高度，水、电表位置，变电或配电间，广播调度室位置，音箱位置，室外照明方式和照明点位置，消防栓位置。

6）地面排水的设计。分水线、汇水线、汇水面积、明沟或暗管的大小、线路走向、进水口、出水口和窨井位置。

7）土山、石山设计。平面范围、面积、坐标、等高线、标高、立面、立体轮廓、叠石的艺术造型。

8）水体设计。河湖的范围、形状，水底的土质处理、标高，水面控制标高，岸线处理。

9）各种建筑小品的位置、平面形状、立面形式。

10）园林植物的品种、位置和配植形式；确定乔木和灌木的群植、丛植、孤植及与绿篱的位置，花卉的布置，草地的范围。

6. 植物种植设计

依据树木种植规划，对公园各局部地段进行植物配置。常用的图纸比例为 1∶500 或 1∶200。包括以下内容：

1）树木种植的位置、标高、品种、规格、数量。

2）树木配植形式,平面、立面形式及景观。乔木与灌木,落叶与常绿,针叶与阔叶等的树种组合。

3）蔓生植物的种植位置、标高、品种、规格、数量、攀缘与棚架情况。

4）水生植物的种植位置、范围,水底与水面的标高,品种、规格、数量。

5）花卉的布置,花坛、花境、花架等的位置,标高、品种、规格、数量。

6）花卉种植排列的形式。图案排列的式样,自然排列的范围与疏密程度,不同的花期、色彩、高低、草本与木本花卉的组合。

7）草地的位置范围、标高、地形坡度、品种。

8）园林植物的修剪要求,自然的与整形的形式。

9）园林植物的生长期,速生与慢生品种的组合,在近期与远期需要保留、疏伐与调整的方案。

10）植物材料表。品种、规格、数量、种植日期。

7. 施工详图

按详细设计的意图,对部分内容和复杂工程进行结构设计,制定施工的图纸与说明,常用的图纸比例为1：100,1：50或1：20。包括的内容:

1）给水工程。水池、水闸、泵房、水塔、水表、消防栓、灌溉用水的水龙头等的施工详图。

2）排水工程。雨水进水口、明沟、窨井及出水口的铺设,厕所化粪池的施工图。

3）供电及照明。电表、配电间或变电间、电杆、灯柱、照明灯等施工详图。

4）广播通讯。广播室施工图,广播喇叭的装饰设计。

5）煤气管线,煤气表具。

6）废物收集处、废物箱的施工图。

7）护坡、驳岸、挡土墙、围墙、台阶等园林工程的施工图。

8）叠石、雕塑、栏杆、踏步、说明牌、指路牌等小品的施工图。

9）道路广场硬地的铺设及回车道、停车场的施工图。

10）公园建筑、庭院、活动设施及场地的施工图。

8. 编制预算及说明书

对各阶段布置内容的设计意图、经济技术指标、工程的安排等用图表及文字形式说明。

1）公园建设的工程项目、工程量、建筑材料、价格预算表。

2）公园建筑物、活动设施及场地的项目、面积、容量表。

3）公园分期建设计划,要求在每期建设后,在建设地段能形成公园的面貌,以便分期投入使用。

4）建园的人力配备。工种、技术要求、工作日数量、工作日期。

5）公园概况,在城市绿地系统中的地位,公园四周情况等的说明。

6）公园规划设计的原则、特点及设计意图的说明。

7）公园各个功能分区及景色分区的设计说明。

8）公园的经济技术指标。游人量、游人分布、每人用地面积及土地使用平衡表。

9）公园施工建设程序。

10）公园规划设计中要说明的其他问题。

为了表现公园规划设计的意图,除绘制平面图、立面图、剖面图外,还可采用绘制轴测投影图、鸟瞰图、透视图和制作模型,使用电脑制作多媒体等多种形式,以便形象地表现公园的设计构思。

5.1.5 公园绿地规划的区位条件和环境条件

公园规划以创造优美的绿色自然环境为基本任务,并根据公园的不同类型,确定其特有的内容。进行公园规划的意义在于:为建设方(政府、社区、出资人)和享受方(一定范围内的居民)提供未来公园的概貌方案和造价匡算,以供其选择;解决与城市规划和城市绿地系统规划相衔接的问题;为下一步单项工程的初步设计提供编写设计任务书的基础。

公园规划在整个城市建设的程序中属于实施性详细规划阶段。

(1)区位条件分析

公园的区域位置选择一般在批准的城市总体规划和绿地系统规划的基础上进行。以批准的城市总体规划和绿地系统规划作为依据,结合公园地址的自然条件和与城市远景发展的关系,决定公园建设的范围、内容、性质和规模。

在进行区位条件分析时,重点考虑公园规划内容、规模和服务半径的关系。作为市级综合性公园,其服务半径覆盖整个城市,服务对象为全体城市市民,因此,在公园规划内容上应当丰富多彩,能够满足城市居民不同的休闲娱乐需求,可以开展富有城市特色的大型的游园活动。居住区公园,服务半径仅为居住区范围,规划内容和规模可以适度减小,满足居住区内居民的休闲活动需要即可。

公园标高需要与路面标高相适应,使主要出入口与城市道路平顺衔接,以提高公园大门入口的识别性和游人出入的便捷性。

在公园规划和建设的过程中,公园景观和城市景观要融为一体,公园内外景观通透,形成街道景色和公园互借的艺术效果,即"借景",进而改善城市的街道景观和城市景观。

(2)公园现状条件分析

公园现状条件的分析主要进行以下内容的分析:地形、地势、植被、文物与名胜古迹、当地风物传说、现有的构筑物、供电、给排水、地下管网等自然、人文条件和资源。这些条件都是公园规划设计的依据。

根据上述条件分析,结合公园的区位条件,可以制定出公园规划布局和表现形式的具体原则,通过相应的设计手段,创造出风格独特的园林艺术作品。在公园建设之初,不仅要利用现状自然条件,而且要充分利用现有的人文景观资源,结合当地的风物传说,创造出动人的风景。

许多大型公园的水体设计大多根据现有的低洼地势,因低就高,挖湖堆山,创造出形式迥异的水面效果。

5.2 综合性公园规划设计

5.2.1 公园概述

1. 综合公园的定义与分类

综合公园是在市、区范围内为城市居民提供良好游憩及文化娱乐活动的综合性、多功能、自然化的大型绿地,其用地规模一般较大,园内设施活动丰富完备,适合各阶层的城市居民进行一日之内的游赏活动。综合公园作为城市主要的公共开放空间,是城市绿地系统的重要组成部分,对于城市景观环境塑造、城市生态环境调节、居民社会生活起着极为重要的作用。

按照服务对象和管理体系的不同,综合公园分为全市性公园和区域性公园两类。

（1）全市性公园

为全市居民服务,用地面积一般为10～100公顷或更大,其服务半径约3～5km,居民步行约30～50分钟可达,乘坐公共交通工具约10～20分钟可达。它是全市公园绿地中,用地面积最大、活动内容和设施最完善的绿地。大城市根据实际情况可以设置数个市级公园,中、小城市可设1～2处。

（2）区域性公园

服务对象是市区一定区域的城市居民。用地面积按该区域居民的人数而定,一般为10公顷左右,服务半径约1～2km,步行15～25分钟可达,乘坐公共交通工具约5～10分钟可达。园内有较丰富的内容和设施。市区各区域内可设置1～2处。

2. 综合公园的功能

综合公园除具有绿地的一般作用外,在丰富城市居民的文化娱乐生活方面担负着更为重要的任务:

（1）游乐休憩方面

为增强人民的身心健康,设置游览、娱乐、休息的设施,要全面地考虑各种年龄、性别、职业、爱好、习惯等的不同要求,尽可能使来到综合公园的游人能各得其所。

（2）文化节庆方面

举办节日游园活动,国际友好活动,为少年儿童的组织活动提供场所。

（3）科普教育方面

宣传政策法令,介绍时事新闻,展示科学技术的新成就,普及自然人文知识。

3. 综合公园的面积与位置

1）面积。综合公园一般包括较多的活动内容和设施,故用地需要有较大的面积,一般不少于10公顷。在假日和节日里,游人的容纳量约为服务范围居民人数的15%～20%,每个游人在公园中的活动面积约为10～50m^2。在50万以上人口的城市中,全市性公园至少应能容纳全市居民中10%的人同时游园。综合公园的面积还应与城市规模、性质、用地条件、气候、绿化状况及公园在城市中的位置与作用等因素全面考虑来确定。

2）位置。综合公园在城市中的位置,应在城市绿地系统规划中确定。在城市规划设计时,应结合河湖系统、道路系统及生活居住用地的规划综合考虑。在选址时应考虑:

① 综合公园的服务半径应使生活居住用地内的居民能方便地使用,并与城市主要道路有密切的联系。

② 利用不宜于工程建设及农业生产的复杂破碎的地形及起伏变化较大的坡地。充分利用地形,避免大动土方,既节约城市用地和建园的投资,又有利于丰富园景。

③ 可选择在具有水面及河湖沿岸景色优美的地段,充分发挥水面的作用,有利于改善城市小气候,增加公园的景色,开展各项水上活动,还有利于地面排水。

④ 可选择在现有树木较多和有古树的地段。在森林、丛林、花圃等原有种植的基础上加以改造,建设公园,投资省,见效快。

⑤ 可选择在原有绿地的地方。将现有的公园建筑、名胜古迹、革命遗址、纪念人物事迹和历史传说的地方,加以扩充和改建,补充活动内容和设施。在这类地段建园,可丰富公园的内容,有利于保存文化遗产,起到爱国及民族传统教育的作用。

⑥ 公园用地应考虑将来有发展的余地。随着国民经济的发展和人民生活水平不断提高，对综合公园的要求会增加，故应保留适当发展的备用地。

4. 综合公园设置的内容

(1)综合公园可设置下列各种内容：

1)观赏游览。观赏风景、山石、水体、名胜古迹、文物、花草树木、温室、盆景、建筑、小品、雕塑和小动物，如鱼、鸟等。

2)安静活动。品茗、垂钓、棋艺、划船、散步、锻炼及读书等。

3)儿童活动。学龄前儿童及学龄儿童的游戏娱乐、障碍游戏、迷宫、体育运动、集会及科普文化活动、阅览室、少年气象站、少年自然科学园地、小型动物园、植物园、园艺场等。

4)文娱活动。露天剧场、游艺室、俱乐部、娱乐、游戏、戏水、音乐、舞蹈、戏剧、技艺节目的表演及居民自娱活动等。

5)科普文化。展览、陈列、阅览、科技活动、演说、座谈、动物园、植物园等。

6)服务设施。餐厅、茶室、休息亭、小卖部、摄影、灯具、公用电话、问询处、物品寄存处、指路牌、园椅、厕所、垃圾箱等。

7)园务管理。办公、治安、苗圃、生产温室、花棚、花圃、变电室或配电间、广播室、工具间、仓库、车库、修理工场、堆场、杂院等。

综合公园内，可以设置上列各种内容或部分内容。如果只以某一项内容为主，则成为专业公园。例如，以儿童活动内容为主，则为儿童公园；以展览动物为主，则为动物园；以展览植物为主，则为植物园；以纪念某一事件或人物为主，则为纪念性公园；以观赏文物古迹为主，则为风景名胜公园；以观赏某一特定主题为主，亦可成为雕塑园、盆景园等。此外，也有体育运动设施场地与公园连成一片的，则为体育公园。

(2)综合公园应设置的具体项目内容，其影响因素如下：

1)居民的习惯爱好。公园内可考虑按当地居民所喜爱的活动、风俗、生活习惯等地方特点来设置项目内容。

2)公园在城市中的地位。在整个城市的规划布局中，城市绿地系统对该公园的要求。位置处于城市中心地区的公园，一般游人较多，人流量大，要考虑他们的多样活动要求；在城市边缘地区的公园则更多考虑安静观赏的要求。

3)公园附近的城市文化娱乐设置情况。公园附近已有的大型文娱设施，公园内就不一定重复设置。例如附近有剧场、音乐厅则公园内就可不再设置这些项目。

4)公园面积的大小。大面积的公园设置的项目多、规模大，游人在园内的时间一般较长，对服务设施有更多的要求。

5)公园的自然条件情况。例如，有风景、山石、岩洞、水体、古树、树林、竹林、较好的大片花草、起伏的地形等，可因地制宜地设置活动项目。

(3)综合公园规划的原则

公园是城市绿地系统的重要组成部分，综合公园规划要综合体现实用性、生态性、艺术性、经济性。

1)满足功能，合理分区。综合公园的规划布局首先要满足功能要求。公园有多种功能，除调节温度、净化空气、美化景观、供人观赏外，还可使城市居民通过游憩活动接近大自然，达到消除疲劳、调节精神、增添活力、陶冶情操的目的。不同类型的公园有不同的功能和不同的内容,所以分区也随之不同。功能分区还要善于结合用地条件和周围环境,把建筑、道路、水体、植物等综合起来组成空间。

2)园以景胜,巧于组景。公园以景取胜,由景点和景区构成。景观特色和组景是公园规划布局之本,即所谓"园以景胜"。就综合公园规划设计而言,组景应注重意境的创造,处理好自然与人工的关系,充分利用山石、水体、植物、动物、天象之美,塑造自然景色,并把人工设施和雕琢痕迹融于自然景色之中。将公园划分为具有不同特色的景区,即景色分区,这是规划布局的重要内容。景色分区一般是随着功能分区不同而不同,然而景色分区往往比功能分区更加细致深入,即同一功能分区中,往往规划多种小景区,既有统一基调的景色,又有各具特色的景观,使动观静观均相适宜。

3)因地制宜,注重选址。公园规划布局应该因地制宜,充分发挥原有地形和植被优势,结合自然,塑造自然。为了使公园的造景具备地形、植被和古迹等优越条件,公园选址则具有战略意义,务必在城市绿地系统规划中予以重视。因公园处在人工环境的城市里,但其造景是以自然为特征的,故选址时宜选有山有水、低地畦地、植被良好、交通方便、利于管理之处。有些公园在城市中心,对于平衡城市生态环境有重要作用,宜完善、充实。

4)组织导游,路成系统。园路的功能主要是作为导游观赏之用,其次才是供管理运输和人流集散。因此绝大多数的园路都是联系公园各景区、景点的导游线、观赏线、动观线,所以必须注意景观设计,如园路的对景、框景、左右视觉空间变化,以及园路线型、竖向高低给人的心理感受等。

5)突出主题,创造特色。综合公园规划布局应注意突出主题,使其各具特色。主题和特色除与公园类型有关外,还与园址的自然环境与人文环境(如名胜古迹)有密切联系。要巧于利用自然和善于结合古迹。一般综合公园的主题因园而异。为了突出公园主题,创造特色,必须要有相适应的规划结构形式。

5.2.2　公园的功能分区与规划

根据公园的活动和景色内容,应进行功能分区布置,一般可分为:出入口、文化娱乐区、观赏游览区、体育运动区、儿童游戏区、安静休息区、经营管理区等。公园的分区只是根据公园的主要任务来划分,一定要因地制宜,全面考虑,根据公园的面积、性质、自然环境、功能要求和现状特点进行,必要时亦可穿插安排,切不可绝对化,也不可生搬硬套、机械地划分。

1.　出入口

公园的出入口一方面要满足人流进出公园的需求,另一方面要求具有良好的外观和独特的个性,以美化城市环境。出入口的位置确定主要取决于公园与城市环境的关系、园内功能分区的要求,以及地形特点等全面综合考虑。

公园出入口一般分为主要出入口、次要出入口和专门出入口三种。主要出入口的位置应设在城市主要道路和有公共交通的地方,但要避免受到外界交通的影响。次要出入口是辅助性的,为附近局部地区市民服务,位置设于人流来往的次要方向,还可设在公园内有大量集中人流集散的设施附近,如园内的表演厅、露天剧场等附近。专用出入口是根据公园管理工作的需要而设置的,由园务服务管理区、动物区、花圃、苗圃、餐厅等直接通向街道,专为杂务管理的需要而使用的出入口,不供游人使用。

出入口的设计内容主要考虑的是公园内、外集散广场,大门的形式,停车场面积大小及位置,公园售票处,同时也可考虑设置商业零售、导游广告牌、园林小品等内容。集散广场要有足够的人流集散用地,与园内道路联系方便,符合游览路线。出入口也是公园游览开始的部分,给人以观赏的第一印象,在造景方面也应重点考虑。

2. 文化娱乐区

文化娱乐区一般为园内最热闹的区域,由于人量大,为了节省投资、便于管理,以及游人的集散,常设置在主要入口的附近。

本区建筑设施较多,如音乐厅、展览馆、露天剧场、各类游戏场等。在设计时比较容易造成在这一区堆积过多的建筑设施,而忽略一定绿地的比例。公园建筑除外观要求比较美观外,周围也应有条件较好的绿地,以区别于城市一般的剧场、展览馆等。应该尽量利用自然条件,使建筑设施融合在自然风景中。一般采用露天活动的形式为宜,为了遮蔽风雨,可以有辅助游廊、亭榭、花架等建筑形式。

本区的建筑在艺术风格上与城市面貌也比较接近,可以成为规则的城市面貌与自然的安静休息区的过渡。因此这一区结合入口的处理多采用规则式,展览馆或剧院等可作整个公园或局部的构图中心,附近分布各类活动场地,游戏场、杂技场等也应该相对集中,但也不宜过分集中,以至失去公园的感觉。

3. 体育活动区

根据公园的自然条件和规模大小,可以考虑布置不同内容的体育活动场地。比较完整的体育活动区可以设体育场、体育馆、游泳池、划船活动、球类活动和生活服务设施等。但由于有些有噪声的干扰性以及破坏性强(如球类易损坏树木)的体育项目,只适宜在大型公园布置,一般公园只在局部设置简易的体育器械或场地,如羽毛球、乒乓球场地等;有的可利用水面开展划船、游泳等体育活动。

为了便于管理和集散方便,应将体育活动区安置在次要出入口附近,也可以单设一专用出入口。

4. 安静休息区

安静休息区在公园中占地面积最大,游人密度较小,供人们安静地休息、散步和欣赏自然风景,与喧闹的城市干道和文化娱乐区、体育活动区及儿童活动区等隔离。区内公共建筑和服务设施较少,可设置在距主要入口较远处,但必须与其他各区联系方便,使游人易于到达。

安静休息区绿地面积大,植物种类和配置类型最丰富,是风景最优美的地方。应选择原有树木较多、绿地基础较好的地方,以具有起伏的地形、天然或人工的水面如湖泊、水池、河流甚至泉水、瀑布等为最佳,充分利用地形和植物形成不同的风景效果。也可结合自然风景布置少量的建筑、服务设施,如亭、榭、茶室、阅览室、垂钓活动场地等,布置园椅、座凳。面积较大的安静区中还可配置简单的文娱体育设施,如棋室等,或利用水面开展水上运动,一般以静态活动为主,宜少不宜多。

5. 儿童活动区

儿童约占全园游人总数的 15% ~ 30%。公园应为儿童提供充分的活动条件。儿童活动设施应与园内自然风景密切结合,使其有利于儿童身心健康。活动区规模大小按公园用地面积的大小、公园位置、儿童游人量、公园地形条件与现状来确定。内容设置可按用地面积的多少来确定,主要有少年之家、阅览室、儿童游戏场、运动场、游泳池、涉水池、划船码头、自然科学园地及各种游戏机等。

儿童活动区在布置手法上应适应儿童的心理和活动特点。根据儿童的不同年龄段划分不同的活动区域;建筑与小品的形式要能引起儿童的兴趣,符合儿童的比例尺度;道路的布置要简洁、明确,容易辨认;植物选择要丰富多彩,颜色鲜艳,引起儿童对大自然的兴趣,不种容易对儿童产生伤害的植物种类;不宜用铁丝网作隔离,地面不宜用凹凸不平或尖锐的材料,多铺草地或海绵软性铺装;区内需设置饮水器、厕所、小卖部等服务设施。儿童区一般设在出入口附近,应用绿篱或栏杆与其他各区隔离,有规定的出入口,防止游人随便穿行,使之便于管理并保证安全。低龄儿童的活动要受到成年人的保护和监视,因此也要为成年人设置休息区。

6. 园务管理区

园务管理区是为公园经营管理需要而设置的内部专用地区,区内可分为管理办公部分、仓库工场部分、花圃苗木部分、生活服务部分等。这些内容根据用地情况及管理使用的方便,可以集中布置,也可分成数处。园务管理区要设置在既便于执行管理工作,又便于与城市联系的地方。本区四周与游人要有隔离,对园内园外均有专用出入口,便于运输和消防。

7. 老人活动区

除上述分区外,有的公园还布置有老人活动区,方便附近老人们开展各种活动,如赏鸟、门球、唱戏、棋艺、谈心等。老人活动区一般布置在公园内比较清静的地方,有的布置在安静休息区内。区内还应多设置一些桌、椅等休息设施,便于老年人休息。

老人活动区是近年来才开始出现在公园中的一种新的功能分区形式。目前,在大多数的城市综合性公园中,设有老人活动区。由于老人有着其独特的心理特征及娱乐要求,因此老人活动区的规划设计就应根据老人的特点,进行相应的环境及娱乐设施的设计。

规划要点:第一,选址宜在背风向阳处,自然环境较好,地形较为平坦,交通比较方便。第二,根据活动内容的不同可建立活动区、聊天区、棋艺区、园艺区等几大区域,各区域根据功能的不同设立一些活动场地或景观建筑。活动区主要是为老人提供体育锻炼,多以广场为主,配置简单的体育锻炼设施和器材。棋艺区可设长廊、亭子等建筑设施供爱好棋艺的老人使用,也可在树林底下设置石凳、石桌凳以便进行象棋、跳棋、围棋等活动。聊天区可设置茶室、亭子和露天太阳伞等设施,为老人提供谈天说地、思想交流的场所。在园艺区设置遛鸟区、果园、垂钓区等,可为爱好花鸟的老人提供一显身手的机会。第三,本区内的建筑要讲究造型别致,取名要有深度。第四,在植物配置上应选择一些姿态优美、色彩鲜明的植物,尽量多使用常绿树。

5.2.3 公园容量的确定

公园设计必须确定公园的游人容量,作为计算各种设施的数量、用地面积以及进行公园管理的依据,防止在节假日和举行游园活动时游人过多造成园内过分拥挤,有必要时应对游人入园的数量加以限制。

公园游人容量一般按下式计算:

$$C = A/A_\mathrm{m}$$

式中 C——公园游人容量(人);

A——公园总面积(m^2);

A_m——公园游人人均占有面积($\mathrm{m}^2/$人)。

市、区级公园游人人均占有公园面积以 $60\mathrm{m}^2$ 为宜,居住区公园、带状公园和居住小区游园以 $30\mathrm{m}^2$ 为宜。近期公园绿地人均指标低的城市,游人人均占有公园面积可酌情降低,但最低游人人均占有公园的陆地面积不得低于 $20\mathrm{m}^2$。风景名胜公园游人人均占有公园面积宜大于 $100\mathrm{m}^2$。水面和坡度大于 50% 的陡坡山地面积之和超过总面积的 50% 的公园,游人人均占有公园面积应适当增加(表5-5)。

表5-5 水面和陡坡面积较大的公园游人人均占有面积指标

水面和陡坡面积占总面积比例(%)	0～50	60	70	80
近期游人占有公园面积/(m²/人)	≥30	≥40	≥50	≥75
远期游人占有公园面积/(m²/人)	≥60	≥75	≥100	≥150

5.2.4 公园用地比例

公园用地比例应根据公园类型和陆地面积确定(表5-6)。制定公园用地比例,目的在于确定公园的绿地性质,以免公园内建筑及构筑物面积过大,破坏环境、破坏景观,从而造成城市绿地的减少或损坏。

表5-6 公园用地比例

公园陆地面积(x)/hm²	用地类型	比例(%)
5≤x<10	I	8～18
	II	<1.5
	III	<5.5
	IV	>70
10≤x<20	I	5～15
	II	<1.5
	III	<4.5
	IV	>75
20≤x<50	I	5～15
	II	<1.0
	III	<4.0
	IV	>75
x≥50	I	5～10
	II	<1.0
	III	<3.0
	IV	>80

注:I——园路及铺装场地;II——管理建筑;III——游览、休憩、服务、公用建筑;IV——绿化园地。

5.2.5 公园的地形设计

无论规则式、自然式或混合式园林,都存在着地形设计问题。地形设计牵涉到公园的艺术形象、山水骨架、种植设计的合理性、土方工程等问题。从公园的总体规划角度来说,地形设计最主要的是要解决公园为造景需要所要进行的地形处理(图5-2)。

植物与土丘结合可以
隐藏停车场及服务设施

种植与地形改造结合可创造景观趣味

图5-2 利用地形创造不同的空间

1. 不同的设计风格应采用不同的手法

规则式园林的地形设计,主要是应用直线和折线,创造不同高程平面的布局。园林中的水体,主要是以长方形、正方形、圆形或椭圆形为主要造型的水渠、水池。一般情况下渠底、池底也为平面,在满足排水的要求下,标高基本相等。

自然式园林的地形设计,首先要根据公园用地的地形特点,一般有以下几种情况:原有水面或低洼沼泽地;城市中的河网地;地形多变、起伏不平的山林地;平坦的农田、菜地等。无论上述哪种地形,基本的手法都是要因地制宜,巧妙利用原有地形,利用为主,改造为辅。

2. 应结合各分区规划的要求

安静休息区、老人活动区等要求一定山林地、溪流蜿蜒的小水面或利用山水组合空间造成局部幽静环境。而文娱活动区域,地形变化不宜过于强烈,以便开展大量游人短期集散的活动。儿童活动区不宜选择过于陡峭、险峻地形,以保证儿童活动的安全。

3. 应与全园的植物种植规划紧密结合

公园中的块状绿地、密林和草坪,应在地形设计中结合山地、缓坡考虑;水面应考虑水生植物、湿生、沼生植物等不同的生物学特性改造地形。山林地坡度应小于33%;草坪坡度不应大于25%。

4. 竖向控制的内容

竖向控制的内容有:山顶标高,最高水位、常水位、最低水位标高,水底标高,驳岸顶部标高,园路主要转折点、交叉点、变坡点,主要建筑的底层、室外地坪,各出入口内、外地面,地下工程管线及地下构筑物的埋深等。

为保证公园内游园安全,水体深度一般控制在 1.5 ~ 1.8m 之间。硬底人工水体近岸 2m 范围内的水深不得大于 0.7m,超过者应设护栏。无护栏的园桥、汀步附近 2m 范围以内,水深不得大于 0.5m。

5.2.6　公园园路及建筑布局

1. 公园道路

公园中的园路常分为三种:主要道路、次要道路和游步道。

(1)主要道路

主要道路是通过主次入口把入园后的游人引导到公园各区,因此是园中最宽的道路,常处理成道路系统中的主环,联系公园各区景点,游人可以避免走回头路。在以水面为中心的公园,主干道环绕水面联系各区,是较理想的处理方法。当主路临水布置时,应根据地形起伏和周围景色及功能上的要求,使主路与水面若即若离,有远有近,使园景增加变化。

主要道路的宽度,大型公园一般在 4 ~ 6m,小型公园一般在 3 ~ 4m。道路不宜有过大的地形起伏,如起伏超过 10% 的坡度,则应改变道路纵坡,主要道路不宜设置台阶,保证车辆通行。

(2)次要道路

次要道路一般是各区内的道路,既联系全园的主要道路,往往又形成一些局部的小环境,使游人能深入公园的各部分。次要道路的布置可以比较朴素,而沿路风景的变化应该比较丰富。宽度一般在 2 ~ 3m,可以多利用地形的起伏展开丰富的风景画面。

(3)游步道

游步道应该分布全园各处,是供游人漫步游赏的路,它引导游人深入到园内各个偏僻宁静的角落,以提高公园面积的使用效率,也是卫生条件最好、最接近大自然的地方。游步道旁可布置小型轻巧的园林建筑,开辟较小的闭锁空间,配置乔灌木,使得风景的变化丰富细腻。游步道宽度一般为 1.2~2m。

还有一种专为公园运输杂物用的道路,这种道路往往由专用入口通向仓库、杂物院、管理处等地,并与园中主干道相通,但不应破坏公园风景效果。

无论是主要、次要或游步道,都应有各自的系统而又相互联系。主要、次要道路应着重考虑游人的方便,不应设置过分弯曲的道路。而安静休息区内或通向一些装饰性强的休息用的亭榭等,可以较多地运用中国古典园林中常用的抑景、隔景等手法,以曲折迂回的道路增加空间感,造成曲径通幽的气氛,加强风景艺术效果。

道路的设计还包括路面的铺装设计。路的铺装设计应根据不同性质的道路而异。在公园中主、次道路除用宽度来区分以外,还可用不同材料来表示,这样可以引导游人沿着一定方向前进。一般主、次道采取比较平整、耐压力较强的铺装面,如混凝土、沥青等。小路则可采用较美观、自然的路面,如冰纹石块镶草皮、水泥砖镶草皮等。

2. 建筑布局

公园中的建筑形式要与其性质、功能相协调,全园的风格应保持一致。公园中建筑是为开展文化娱乐活动、创造景观、防风避雨而设的;也有一些建筑可构成公园中的主景,虽然占地面积小,仅占全园陆地面积的 1%~3%,但却可成为公园的中心、重心。

公园中的建筑类型很多,因其使用功能与游赏要求的不同,可分为几种类型:

① 服务类建筑,如茶馆、饭店、厕所、小卖部、摄影服务部、冷饮室等。

② 休息游赏类建筑,包括亭、台、楼、阁、观、榭、廊、轩等。

③ 专用建筑,通常包括办公楼、仓库等。

公园的建筑设计可根据自然环境、功能要求选择建筑的类型和基址的位置。不同类型的建筑在规划设计上有不同的要求。如专用建筑、管理附属服务建筑在体量上要尽量小,位置要隐蔽,且保证环境的卫生。在设计时,应全面考虑建筑的体量、空间组织关系以及建筑的细部装饰等,作整体性的设计。同时还需注意与周围环境的协调,并满足景观功能的各项要求。建筑布局要相对集中,组成群体,尽量做到一房多用,有利管理。如遇功能较为复杂、体量较大的建筑物时,可按照不同功能分为厅、室等,再配以廊相连、院墙分隔,组成庭院式的建筑群,可取得功能、景观两相宜的效果。

公园中的建筑既要有浓郁的地方特色,又要与公园的性质、规模、功能相适宜。古典园林的修复、改建应以古为主,尽可能地表现出原来的风貌。而新建公园要尽可能选用现代建筑风格,多用新材料、新工艺,创造新形式,营造具有现代景观特征及时代特色的新景观。

5.2.7 公园的供电及给排水设计

1. 公园的供电规划

公园内照明设计宜分线路、分区域控制。电力线路及主园路的照明线路宜埋地敷设,架空线必须采用绝缘线,线路敷设应符合相应的规定。供电规划应提出电源接入点、电压和功率的要求。公共场所的配电箱放置在隐蔽的场所,外罩考虑设置防护措施。园林建筑、配电设施的防雷装置应按有关标准执行。园内游乐设备、制高点的护栏等应装置防雷设备并提出相应的管理措施。

2. 公园给排水及管线规划

公园用水一般采用城市供水系统的自来水。面积特大的公园,可采用独立的供水系统或公园内部分区供水。

根据公园内植物灌溉、喷泉水景、人畜饮用、卫生和消防等需要进行供水管网布置和配套工程设计。使用城市供水系统以外的水源作为人畜饮用水和天然游泳场用水,水质应符合国家相应的卫生标准。瀑布、喷泉的水一般循环利用。

公园的雨水可有组织地排入城市河湖体系,公园排放的污水应接入城市污水系统,或自行做污水处理。

公园内水、电、燃气等线路布置,不得破坏景观,同时要符合安全、卫生、节约和便于维修的要求。电气、上下水工程的配套设施、垃圾存放场及处理设施应设在隐蔽地带。

5.2.8 公园种植设计

植物是构成公园绿地的基础材料,占地比例最大,可达到公园陆地面积的70%,是影响公园环境和面貌的主要因素之一。全园的植物组群类型及分布,应根据当地的气候状况、园外的环境特征、园内的立地条件,结合景观构思、防护功能等要求来决定。

1. 植物种植设计的原则

1)植物的种植设计首先要满足功能要求,并与山水、建筑、园路等自然环境和人工环境相协调。

2)公园植物规划设计要以乡土树种作为基调树种。同一城市的不同公园可根据公园性质选择不同的乡土树种,以乡土树种为主,以外来珍贵的驯化后生长稳定的树种为辅。另外,植物配置要充分利用现状树木,特别是古树名木。规划时,充分利用和保护这些古树名木,可使其成为公园中独特的林木景观。

3)植物配置应注意全园的整体效果,应做到主体突出,层次清楚,具有特色。在各景区中布置有特色的主调树种,如金鱼园中以海棠为主调,牡丹园中以牡丹为主调,大草坪区则以樱花为主调等。

4)植物配置应充分利用植物的造景特色。植物具有明显的季相特点,是有生命力的园林素材,会随着季节变化产生不同的风景艺术效果。利用植物的季相特点,可配合不同的景区、景点形成四季分明的景观。如南京雨花台烈士陵园以红枫、雪松树群作为主题群雕的背景,寓意明确且富有景观变化,起到了很好的烘托主题的作用。

5)植物配置还应对各种植物类型和种植比例作出适当的安排。一般公园中,对不同植物种类的用量和比重有一个大致的规定。通常,密林占40%;疏林和树丛占25%~30%;草地为20%~25%;花卉占3%~5%。常绿树和落叶树比例则应不同地区而有所不同,华北地区常绿树占30%~50%,落叶树占50%~70%;长江流域常绿树和落叶树比例约为1:1;而华南地区的常绿树占到70%~90%。由于公园的大小、性质及环境不同,上述比例会有所不同,视具体情况而定。

2. 公园绿化种植布局

公园绿化种植是根据当地气候条件、城市特点、游人喜好、风俗习惯,进行植物种类的选择。应做到乔、灌、草的合理配合,以创造优美的植物景观。同时还要考虑公园内功能分区、景点、活动场地的类型等具体环境进行合理的植物配置设计。

首先,选用2~3种树种作为基调树种,以形成公园内的统一与协调的景观效果。但在出入口、建筑周边、儿童活动区、园中园,可进行适当地变化。

另外,在人流量较大的文化娱乐区、儿童活动区,为了创造热烈的气氛,可选择色彩鲜艳的暖色调树种,以观花类乔、灌木为主,并配以大量的草花。尤其在节假日或一些庆典活动时,可选用大量的一、二年生或宿根、球根类花卉,进行林下地被、林下花地的营造,起到渲染气氛的作用。而在一些安静休息区或纪念活动区,为了营造安静、肃穆的气氛,常采用一些冷色调树种或草花。

总的来讲,公园内的植物配置,应形成一年四季季相不同的动态景观,尽量做到春有繁花似锦,夏有绿树浓荫,秋有果实累累,冬有丛林雪景。

3. 公园分区绿化

在公园中,不同功能区、不同景点或环境,其绿化的侧重点不同。根据不同的自然条件,结合功能分区,将公园出入口、园路、广场、建筑小品等设施环境与绿化植物相结合形成景点。

(1)科普及文化娱乐区

本区人流量大,节日活动多,四季人流不断,要求绿化能达到遮荫、美化、季相明显等效果。在建筑室外广场,采用种植槽或种植穴等形式,栽种大乔木。除了配置庭荫树外,还可考虑在建筑前广场配以大量的花坛、花台,以方便游人集散。在建筑附属绿地中,充分利用花境、草坪,配置适量的开花类灌木来进行绿化,尽可能提高公园的绿化率。在提供参观或活动的建筑室内,根据环境需要布置一些室内绿化装饰植物。

(2)儿童活动区

本区植物要求奇特,色彩鲜艳,无毒无刺;在活动场地中,以种植槽种植高大乔木,以提供遮荫。在本区四周,可用浓密的乔灌木种植成树丛或高篱等形式,与周边环境相隔离。在儿童活动区的出入口可设立具象植物雕塑,如做成一些可爱的动物形象等,配以体形优美、色彩鲜艳的灌木和花卉,以增加儿童的活动兴趣。

(3)安静休息区

本区的植物种植要求季相变化多种多样,有不同的景观。通常以生长健壮的几种树种为骨干,根据地形的高低起伏和天际线的变化,合理配置植物。在林间空地可设草坪、花地、亭、廊、花架、座凳等休息设施,也可根据需要在本区内设立园中园,主要是以植物配置为主,如设立月季园、牡丹园、竹园、杜鹃园等。

(4)体育活动区

本区宜选择生长快、高大挺拔、冠大荫浓的树种,忌用落花落果严重、有飞毛的植物种类。球场四周的绿化应离场地 5~6m,选择的树种可相对一致,能形成统一协调的背景即可。树木叶片不能太光太亮,以防反光影响运动员的正常运动。在游泳池附近可设置廊架、花架等休息设施。日光浴场周围应铺设柔软、耐践踏的草坪。

(5)园路的绿化

公园中的道路绿化可形成公园内优美的线状景观。在具体设计中,可合理划分路段,做到空间开合与周围环境相协调。植物配置以乔木为骨干树种,结合部分灌木疏密相间,以体现生态性和生物多样性。行道树采用统一的形式和树种,体现道路的连续景观,强调道路的整体效果。主干道的行道树采用高大、荫浓的大乔木,在配置上注意不能影响交通和视线。小路深入到景区内部,其绿化更加丰富多彩,达到步移景异的效果。

(6)建筑及园林小品与绿化

在建筑和园林小品附近可设置花坛、花台、花境等。在主要建筑门前可种植高大乔木或布置花台;沿墙可设置花境、花带或成丛布置花灌木。植物配置是为建筑服务的,要能突出建筑的主题和风格,且与周边环境相协调。

(7)水体绿化

公园中的大水面适宜开展一些水上活动,不宜种植大面积的水生植物。通常沿着水际线布置适量的植物。水生植物的种植设计应按照水面的大小和深度以及植物本身的形态、生理特征来进行设计。较大湖面可布置荷花、王莲等;小水面宜采用睡莲、鸢尾等形态优美、色彩鲜艳的植物;而在港汊水湾处,可利用茭白、菖蒲、芦苇等营造一种野趣的水景。在种植设计时应注意:首先,水生植物的种植面积不宜超过水面的1/3。另外,为了控制水生植物的生长范围,一般在水下用混凝土建造各种栽种槽(池),限定栽种范围;或用水缸种植等。

5.3　儿童公园规划设计

5.3.1　儿童公园概述

1. 儿童公园的定义与分类

儿童公园是单独或组合设置的,拥有部分或完善的儿童活动设施,为学龄前儿童和学龄儿童创造和提供以户外活动为主的良好环境,供他们游戏、娱乐、开展体育活动和科普活动并从中得到文化与科学知识,有安全、完善设施的城市专类公园。

建设儿童公园的目的是让儿童在活动中接触大自然,熟悉大自然;接触科学,掌握知识。人的一生要学会许多知识本领,并以此为人类造福和为社会作出贡献。这一切必须以幼年时期健康的体魄,健全发展的神经系统,良好的道德品质作为基础。而儿童公园所提供的游戏方式及活动,是学龄前儿童和学龄儿童的主要活动形式,是促进儿童全面发展的最好方式。

儿童公园分为综合性儿童公园、特色性儿童公园和小型儿童乐园三类:

(1)综合性儿童公园

供全市或地区少年休息、游戏娱乐、体育活动及进行文化科学活动的专业性公园。综合性儿童公园一般应选择在风景优美的地区,面积可达 5hm² 左右。公园活动内容和设备可有游戏场、沙坑、戏水池、球场、大型电动游戏器械、阅览室、科技站、少年宫、小卖部、供休息的亭、廊等。

(2)特色性儿童公园

突出某一活动内容,且比较系统完整,同时再配以一般儿童公园应有的项目。如儿童交通公园,可系统地布置各种象征性的城市交通设施,使儿童通过活动了解城市交通的一般特点和规则,培养儿童遵守交通制度等的良好习惯。

(3)小型儿童乐园

其作用与儿童公园相似,但一般设施简易,数量较少,占地也较少,通常设在城市综合性公园内,如上海杨浦公园的儿童乐园。

2. 儿童的心理及行为特征

俗话说:"十年树木,百年树人"。学龄前儿童教育阶段首先要保护儿童生理上的健康发展,生理是心理发展的前提。注意营养,保证骨骼、肌肉的正常发育等是保护学龄前儿童健康的重要内容,特别需要强调的是要保护学龄前儿童神经系统的健康发展,除从饮食上使他们得到丰富的营养外,组织合理而丰富的活动是刺激神经系统正常发育的主要方法。

学龄前儿童的认识能力是有限的,儿童知识的获得是主体作用于客体的过程,即对客体施加动作的过程。由此可以认识到,游戏是学龄前儿童的主要活动,是促进儿童全面发展的最好方式,儿童只有在游戏中认识环境,才能丰富自己的知识和发展活动能力。

(1)儿童的年龄特征分组

1)2周岁以前,婴儿哺乳期,不能独立活动,由家长怀抱或推车在户外散步,或在地上引导学龄前儿童学步。这个时期是识别和标记的时期。

2)3~6周岁,儿童开始具有一定的思维能力和求知欲。这个时期儿童开始了观察、测量和认识空间和世界的逻辑思维过程,明显地好动,喜欢拍球、掘土、骑车等,但他们独立活动能力弱,需要家长伴随。

3)7~12周岁,为童年期,这一时期儿童已经上学。儿童掌握了一定知识,思维能力逐渐加强,活动量也增大了,男孩子喜欢踢小足球,打羽毛球或下棋,玩扑克等;女孩子则喜欢跳橡皮筋、跳舞或表演节目等。

4)12~15周岁,为少年期,是儿童德、智、体全面发展时期,逻辑思维能力和独立活动能力都增强了,喜欢参加各项体育活动。

从以上分析来看,儿童游戏场的规划设计应以3~12周岁的儿童为主要服务对象。

(2)儿童游戏类型

儿童游戏可以分为角色游戏、数学游戏和活动游戏三种。这三种游戏应占儿童的大部分活动空间。这些游戏能促进儿童心理发展,锻炼感觉、知觉、表象、思维、言语、记忆等能力,并培养儿童的基本运动技能:走、跑、跳、投掷、攀登、平衡,并在各种生活环境中运用这些动作。因此有"儿童游戏乃是一种最令人惊叹不已的社会教育"之说。

(3)儿童户外活动的特点

1)同龄聚集性。年龄常常是儿童户外活动分组的依据。游戏内容也常因年龄的不同分为各自的小集体。3~6岁的儿童多喜欢玩秋千、跷跷板、沙坑等,但由于年龄小,独立活动能力弱,常需家长伴随;7~12岁,以在户外较宽阔的地方活动为主,如跳格、跳绳(或橡皮筋),小型球类游戏(如:足球、板球、羽毛球、乒乓球等),他们独立活动的能力较强,有群聚性;12~15岁,该年龄段的孩子德、智、体已较全面发展,爱好体育活动和科技活动。

2)季节性。春、夏、秋、冬四季和气候的变化,对儿童的户外活动影响很大。气候温暖的春季、凉爽的秋季最适合于儿童的户外活动;而严寒的冬季和炎热的盛夏则使儿童的户外活动显著减少。同一季节,晴天活动的人多于阴雨天。

3)时间性。白天在户外活动的主要是一些学龄前儿童。放学后、午饭后和晚饭前后是各种年龄儿童户外活动的主要时间。周末、节假日、寒暑假期间,儿童活动人数增多,活动时间多集中在上午九至十一点,下午三至五点,夏季室内气温高,天黑后还有不少儿童在户外游戏。

4)自我中心性。儿童公园中许多对象是2~7岁的儿童。根据儿童教育和心理学家的研究,这一时期的儿童思维方式主要是直觉阶段,不容易受环境的刺激,在活动中注意力集中在一点,表现出一种不注意周围环境的"自我中心"的思维状态。这个特点必须充分注意到。

5.3.2　儿童公园功能分区及主要设施（表5-7）

表5-7　儿童公园功能分区及主要设施

功能分区	布置要点及主要设施
幼儿活动区	6岁以下儿童的游戏活动场所应选择在居民区内或靠近住宅100m的地方，以方便幼儿到达为原则；1.5~5岁的儿童，一般主要游戏种类有椅子、沙坑、草坪、广场等静态的活动内容；5岁左右的儿童喜欢玩转椅、小跷跷板、滑梯等；要设置休息亭廊、凉亭等供家长休息等使用，游戏场周围常用绿篱围合，出入口尽可能少；该区的活动器械宜光滑、简洁，尽可能做成圆角，避免碰伤
学龄儿童区	服务对象为小学一二年级的儿童，设施包括螺旋滑梯、秋千、攀登架、电动机、浪木等，还要有供开展集体活动的场地及水上活动的步水池、障碍物活动小区，有条件的地方还可以设开展室内活动的少年之家、科普展览室、电动器械游戏室、图书阅览室以及动物角、植物角等
青少年活动区	服务对象为小学四五年级及初中低年级学生，在设施的布置上更有思想性，活动的难度更大，设施主要内容包括爬网、高架滑梯、溜索、独木桥、越水、越障、战车、索桥，还有爬峭壁、攀登高地等，此外，可开设少年宫、青少年科技文艺培训中心等
体育活动区	体育活动场地包括健身房、运动场、游泳池、各类球场（篮球场、排球场、网球场、棒球场、羽毛球场等）、射击场，有条件还可以设自行车赛场甚至汽车竞赛场等
文化、娱乐、科技活动区	培养儿童集体主义感情，扩大知识领域，增强求知欲和对书籍的喜爱，同时结合电影厅、演讲厅、音乐厅、游艺厅的节目安排达到寓教于乐的目的
自然景观区	在有条件的情况下可以考虑设计一些自然景观，让儿童回到山坡、水边，躺在草地上，聆听鸟语，细闻花香，如在有天然水源的区域布置曲溪、小溪、浅沼、镜池、石矶，创造自然绿角，这里是孩子们安静地读书、看报、听（讲）故事的佳境
管理区	管理工作包括园内卫生、服务、急救、保安工作等

5.3.3　儿童公园规划布置要点

1. 儿童游戏场的设计

游戏活动的内容依据儿童年龄大小进行分类，场地也因此会作不同的安排。如学龄前儿童多安排运动量小、安全和便于管理的室内外游戏活动内容。如游戏小屋、室内玩具、电瓶车、转盘、跷跷板、摇马、绘画板、绘画地、沙坑、涉水池等，这些游戏活动内容也就形成了自己的活动场地分区，成为学龄前儿童喜欢去玩的游戏场地。而学龄儿童则多安排少年科技站、阅览室、障碍活动、水上活动、小剧场、集体游戏等活动内容，这些活动场地也形成了学龄儿童的活动场地分区。

也可以把以上活动场地组合起来，形成儿童可以连续活动的场地。这些场地组合对少年儿童有较大的吸引力。

学龄儿童游戏场一般也应按分区进行设计，划为运动区、游戏器械、科学园地、草坪和铺面等。

学龄前儿童游戏场，一般以儿童器械为主，器械可以是成品器械或利用废物制作，还可为学龄前儿童建造一些特殊类型的游戏场所。如营造场，在一块有围栏的场地里，堆放一些砖木瓦石或模拟这些材料的轻质代用品，供儿童营造、拆卸。

学龄前儿童游戏场，多为单一空间，一般配置小水池、沙坑、铺面、绿化，周围用绿篱或矮墙围栏。出入口尽量少，一般设计成口袋形，出入口对着居住建筑入口一边。

2. 儿童游戏场的空间艺术

构成儿童游戏场空间的基本要素是周围的建筑、小径、铺面、绿地、篱笆、矮墙、游戏器械、雕塑小品等。绿地是儿童游戏场空间构成的重要元素,绿化环境设计得好常常突出和加强了游戏场的个性和趣味。

儿童游戏场的小径铺面可以是水泥、沥青材料的,也可采用质感与色彩强烈的材料,如松散状卵石路面、石块地面、彩色缸砖地面。小径的线形应活泼曲折,富于变化。

矮墙、篱笆、灌木常用来作围合空间的构件,其色彩、质感应与整体环境相谐调,并应注意到儿童的心理特点。

树种的搭配要考虑遮阳和构图效果,尺度要适宜,应使儿童感到亲切。

游戏器械是儿童游戏场空间的核心,也可用来围合空间,如由矮墙组成的迷宫。迷宫的一端可以适当延长作为与道路或其他需要遮挡环境的屏障。

此外,为了点缀儿童游戏场的空间环境,还可设置雕塑和建筑小品等。

3. 让儿童自由选择自己感兴趣的活动

通过有意义的游戏培养儿童的自信心、好奇心、创造力、动手能力,并从中了解自然,了解社会。如在儿童游戏场喂养小动物(如兔、猫、鸡、鸭等),孩子们在工作人员的指导下,亲手为小动物搭窝、喂食、照顾、驯化等,从中观赏它们的习性和生长过程。此外,儿童游戏场还设有各种工作室,有纸工、泥工、木工、纺线等,孩子们可以自己动手建造房屋、桌椅、制作模型等。有的游戏场还建有花园和温室,孩子们可以自己种植和管理花草。总之,孩子们在游戏场中,可以自由选择自己感兴趣的活动。

4. 重视残疾儿童的游戏要求

在“所有孩子都有游戏权利”思想的指导下,为了消除残疾儿童心灵的创伤,建设残疾儿童游戏场也是必要的。在儿童公园内应设有专为盲童设计制造的秋千、转马、攀登等游戏器械。这些器械的构造及用料都是适合盲童特点的,不会对他们产生任何伤害。同时,整个公园干净整洁,孩子们可以尽情玩耍,而不必担心被东西绊倒。

5. 在科学的基础上建造游戏场

儿童游戏场和游戏器械的建造是在广泛收集最新的科技成果,并结合儿童心理教育理论的基础上,研制出样品,然后放在游戏场中接受孩子们的检验,经专家鉴定,符合安全标准,方可进行批量生产。

5.3.4 儿童公园绿化设计

儿童公园一般位于城市生活居住区内。为了给儿童活动创造一个良好的自然环境,游戏场周围需要栽植浓密乔灌木或设置假山作为屏障。公园内各功能分区间也应以绿化等适当分隔,尤其是学龄前儿童活动区要保证安全。要注意园内的庇荫,适当种植行道树和庭荫树。

(1)树种的选择应注意以下几点。

1)生长健壮、便于管理的手工树种。它们少病虫害,耐干耐寒,耐贫瘠土壤,便于管理,具有地方特色。

2)乔木宜选用高大荫浓的树种,分枝点不宜低于1.8m。灌木宜选用萌发力强,直立生长的中、高型树种,这些树种生存能力强,占地面积小,不会影响儿童的游戏活动。

3)姿态美、树冠大、枝叶茂盛的树种。夏季可使场地有大面积遮荫,枝叶茂盛,能多吸附一些灰尘和噪声,使儿童能在空气新鲜、安静的环境中愉快游戏,如北方的槐树,南方的榕树、银桦等。

4)在植物的配置上要有完整的主调和基调,以造成全园既有变化但又完整统一的绿色环

97

境。

5）在植物选择方面要忌用下列植物：

① 有毒植物。凡花、叶、果等有毒植物均不宜选用，如凌霄、夹竹桃等。

② 有刺植物。易刺伤儿童皮肤和刺破儿童衣服，如构骨、刺槐、蔷薇等。

③ 有絮植物。此类植物易引起儿童患呼吸道疾病，如杨、柳、悬铃木等。

④ 有刺激性和有奇臭的植物。会引起儿童的过敏性反应，如漆树等。

（2）绿化配置应注意以下几点。

1）儿童游戏场的四周应种植浓密的乔木和灌木，形成封闭场地，有利于保证儿童的安全。

2）绿化面积应不小于65%。

3）游戏场内应有一定的遮荫区、草坪和花卉。

4）树种不宜过多，应便于儿童记忆、辨认场地和道路。

5）绿化布置手法应适合儿童心理，引起儿童的兴趣。体态活泼、色彩鲜艳的龙爪槐、山桃、柳树（雄株）、红叶枫树等都是有特点的树种。

5.4 老年公园规划设计

5.4.1 老年公园概述

有关资料表明，2000年我国已经进入人口老龄化社会，2005年60岁以上的老年人口达到10.5%，2050年将上升到28%以上。老龄化社会的到来，使得关于老年人的问题成为比较紧迫的社会问题。老年公园是指在居住区内或邻近地区为老年人建设的集休息与娱乐为一体的公共场所，其环境设计应充分考虑老年人活动特点与生活习惯，特别是无障碍设计。

1. 老年人对户外活动空间有着特殊的需求，要建设适合老年人的户外活动空间，必须从老年人的生理、心理和社会环境来分析，找到适合老年人活动的户外空间所必备的条件，从而进行合理的规划与设计。

（1）老年人的生理变化

老年人的生理机能随年龄的增高而衰退，走、看、听、说、记忆等方面的能力都会逐步减退，由此老年人对自身安全的保护能力也相对降低。有调查显示：70%以上的老年人外出最大步行半径为0.8km，90%以上的老年人认为休闲活动空间应靠近居住所在地，100%的老年人要求行走地面平坦无障碍。因此，考虑老年人生理老化现象是进行老年人户外活动空间设计的首要问题。

（2）老年人的心理需求

从心理学的角度来看，老年人重人情、重世情，希望得到他人的尊重、肯定，要求独立自主。老年人退休之后经济地位发生了变化，由主导变为辅助，由忙于工作、休息时间少变为空余时间多。这一变化势必会给他们带来心理上的压力和精神上的空虚，以致产生孤独感、失落感甚至自卑感，因此老年人迫切需要户外的消遣活动来释放情绪。

（3）社会环境对老年人的影响

老年人大多希望通过为社会服务来肯定自己的价值，但现有的户外活动空间设计很少考虑老年人的活动需要，以致一部分老年人认为自己没用，有失落感，对自身存在价值产生怀疑。因此，户外活动空间的设计应让老年人感觉到自身是社会的一部分，让他们参与社会活动。

5.4.2 老年公园设计原则

1)安全易达与可识别性。在设计时必须以人为本,始终贯彻安全易达原则,老年人大多喜爱散步,需要设计专门的行走路线,交通应方便,使老年人愿意前往,内部也要畅通易达(尤其是厕所的易达性)。老年人感知危险的能力下降,在设计上应注意提供视觉、听觉、触觉上的刺激,增强方位感。

2)舒适多样与健身性。空间环境安适、压力小,使身心得到放松。健康、锻炼是许多老年人关注的问题,老年人活动的户外空间一般应设计一定的开阔场地,设置适宜的体育健身设备,供老年人进行锻炼。

3)交往性。在设计上创造一些便于交往的静态活动区、半私密空间,以便于老人相聚聊天,满足其心理上对空间环境的特殊要求。

4)参与性。要消除老年人心理上的失落感,让其参与到社会服务中去,体现在户外活动空间设计中,如留出园艺区、创建社区花园(有条件的社区)。老年人通过自己的劳动,不仅锻炼身体,还能产生自我满足感。

5.4.3 老年公园设计的内容和方法

1)功能区布局与要求(表5-8)。

表5-8 功能区布局与要求

功能分区	布置要点及主要设施
户外活动中心	一般分为动态活动区和静态活动区。动态活动区地面必须平坦防滑,方便老年人进行球类、慢跑、拳术等,场地外围最好提供绿荫和坐处,以利于老年人活动和休息;静态活动区利用大树荫、户外遮顶、廊道等形成坐息空间,老年人在此观望、聊天、下棋、晒太阳及进行其他娱乐活动
小群体活动场地	有些人处于心理习惯的原因,喜欢同情趣相投的人一起活动,这就需要小群体活动场地,宜安排在地势平坦的地方,以羽毛球场地大小为宜,容纳拳术等动态健身活动场所的四周至少有一边有遮荫坐息处,以供观赏、休息
坐息空间	老年人有时在户外休息、聊天、观赏等,提供良好的坐息空间是非常重要的;在这个空间老年人以视听来感受他人、欣赏优美景色,坐息空间一般设置在大树下、公共建筑廊檐下、建筑物出入口附近等,具有良好的通风和充足的阳光,坐息空间的背面宜有一定分隔意义的截面,以形成边界效应
私密空间	私密空间应位于宁静的地方,避免有道路穿过,应采取隔离,避免成为外界的视点,如果能面对生动的视景则更好
园艺场所	园艺场所应靠近老年人住所或位于老年人经常活动的地方,也可设置观赏花草的坐息桌椅
步行空间	户外活动的步行道应避免漫长笔直,力求蜿蜒变化,同时应注意步行空间的取向、方位的易辨认性及引导性,在步行道的适当部位布置座椅,供路边聊天和观望空间

2)植物景观设计。在为老年人设计的户外活动空间中应坚持以绿为主、植物造景。老年人多偏爱充满生机的绿色植物,树种以常绿树为主。老年人多喜爱颜色鲜艳的花卉,在种植乔木的同时配以花色鲜艳、季相分明的花灌木。根据场地的性质进行乔、灌、草的搭配。动态活动场地宜用绿篱对场地做限定,静态活动场地、坐息空间宜用乔木、灌木、地被结合形成良好的活动休息环境。私密空间应综合运用乔木、灌木和地被,形成幽静的空间。尽量多选用芳香型植物,给老年人以嗅觉上的刺激,也招引益虫、鸟类,鸟语花香,整个绿地空间充满生机活力。

3）硬质景观设计。场地、道路地面应多采用软质材料,少用水泥等硬质材料,地面材质应一致、防滑、无反光,需要变化的地方采用黄色、红色等易于识别的颜色。老年人对步行道的路面铺设材料相当敏感,卵石、沙子、碎石一般不合适。此外,步行道应尽量避免高差,老年人使用的坡道应比设计标准更平缓,坡道与台阶旁应设防跌落的保护设施。

4）室外座椅。老年人更需要座椅的合理设置,座椅最好是木质的。但在室外木质座椅的耐久性较差,实际操作中多用混凝土等材料。座椅尺寸应充分考虑老年人的特点,高度为30~45cm,宽度为40~60cm。

5）户外照明。老年人需要更高亮度的照明,尽量采用向下的照明设施,而不是光线向上或向外的照明设施,以避免眩光。

6）户外标志。每个路口都应设置引导标志。对于老年轮椅的使用者来说,在轮椅不能通行的路段,要在路口设置预告标志。对于视觉引导标志,文字应大且对比鲜明,容易辨认,标志的颜色多用红色等暖色。

5.5 体育公园规划设计

5.5.1 体育公园概述

20世纪90年代,国际上提出了体育公园的概念,在西方各国十分普遍。早期,人们对一些设有简陋体育设施的场地进行绿化,或将场地建在大片绿地附近,或直接建在草地上。后来逐渐发展到从建筑稠密的城市中心划出一小块土地设置体育设施,供居民进行户外游憩。大片开阔的林中草地往往成为此类公园平面规划的中心,同时也成为进行体育活动及开展民间活动、安静休息的综合区。

体育公园是市民开展体育活动、锻炼身体和游览休息的专类公园,除设有供练习和比赛用的体育场地和建筑物外,还设有文化教育以及服务性建筑,并有相当大的绿化面积,供居民休息散步,是公园和运动场地的综合体。体育公园的中心任务就是为群众的体育活动创造必要的条件。

体育公园按照规模及设施的完备性不同,可分为两类。一类是具有完善体育场馆等设施,占地面积较大,可以开运动会的场所;另一类是在城市中开辟一块绿地,安排一些体育活动设施,如各种球类运动场地及一些群众锻炼身体的设施。

5.5.2 体育公园设计原则

体育公园将绿地与运动场所有机地融为一体,在创造出优美而内涵充实的自然景观的同时,也建成了体育健身场地。体育公园的规划设计应向融合多种活动的生态绿地的方向发展,强调活动多样、内容丰富,以维护居民身心健康和再生自然的高度发展,使人与自然之间的关系更趋和谐。

（1）主题要突出

体育公园即以体育锻炼为主,其他一切服务、设施、环境均以此为中心开展,并且使其在一年四季都能得到充分的利用。因此要室内、露天设施相结合。

（2）通用化设计

即普遍、全体、共有的意思。满足各年龄层使用者的大众要求,尤其考虑学龄前儿童、老人和残疾人的使用。

（3）科学性和可操作性原则

以大众健身为目的，做到科学健身、合理收费、方便管理。并应使其为体育竞赛、训练以及休息和文化教育活动创造良好的条件。

（4）安全性原则

体育公园是运动的场所，相对于一般公园来说，安全性尤为重要。首先，医疗设施要全面，医护人员要专业，以备突发事件的紧急处理。其次，运动设施要勤检勤修，不能再使用的一定要及时更换。暂时不能更换的要有明显的警告标志。再次，考虑儿童、老人以及残疾人使用的合理尺度甚至专门设计，但又不能孤立设置，而是要与正常使用者相融，做到人性化设计。最后，材料要环保卫生，可以废物利用，吸引活动者。

（5）技术性原则

要求配备专业化锻炼设施、专门健身教练，为每位参与者制定符合自身需要的锻炼计划。

5.5.3 体育公园功能分区与规划要点

（1）室内体育活动场馆区

室内体育活动场馆区一般占地面积较大，一些主要建筑如体育馆、室内游泳馆及附属建筑均在此区内。另外，为方便群众的活动，应在建筑前方或大门附近安排一个面积比较大的停车场，停车场应该采用草坪砖铺地，安排一些花坛、喷泉等设施，起到调节小气候的作用。

（2）室外体育活动区

室外体育活动区一般是以运动场的形式出现，在场内可以开展一些球类等体育活动。大面积、标准化的运动场应在四周或某一边缘设置一观看台，以方便群众观看体育比赛。

（3）儿童活动区

儿童活动区一般位于公园的出入口附近或比较醒目的地方，主要是为儿童的体育活动创造条件，设施布置上应能满足不同年龄阶段儿童活动的需要，以活泼、欢快的色彩为主，同时应以儿童喜爱的造型为主。

（4）园林区

园林区的面积在不同规模、不同设施的体育公园内有很大差别。在不影响体育活动的前提下，应尽可能增加绿地面积，以达到改善小气候条件、创造优美环境的目的。在此区内，一般可安排一些小型体育锻炼的设施，诸如单杠、双杠等。同时老年人一般多集中在此区活动，因此，要从老年人活动的需要出发，安排一些小场地，布置一些桌椅，以满足老年人在此进行一些安静活动（如打牌、下棋等）的需求。

5.5.4 体育公园的绿化设计

1）出入口。绿化应该简洁、明快，可以结合场地具体情况，设置一些花坛和平坦的草坪。在花坛花卉的色彩配置上，采用互补色的搭配，创造一种欢快、活泼、轻松的气氛，多选用橙色系花卉，与大红、大绿色调相配。

2）体育馆周围。在出入口处应留有足够的空间，以方便游人出入。在出入口前布置空旷的草坪广场，可以疏散人流，草种应选耐践踏的品种。在体育馆周围，种植乔木树种和花灌木来衬托建筑的雄伟。道路两侧可以用绿篱布置，以达到组织交通的目的。

3）体育场及四周。体育场内布置耐践踏的草坪，如结缕草、狗牙根等早熟禾类中的耐践踏品种。在体育场的周围，可以种植一些落叶乔木和常绿树木。

4）园林区。在功能上既要有助于体育锻炼的特殊需要，又要对整个公园起美化环境和改善小气候作用,在树种选择方式上均应有特色。

5)儿童活动区。绿化上应以美化为主,小面积的草坪可供儿童活动使用,少量的落叶乔木可在夏季庇荫,而冬季不影响儿童对阳光的需要。另外,还可以结合树木整形修剪,安排一些动物、建筑造型,以提高儿童的兴趣。

另外,近年来我国高尔夫球场迅速发展,高尔夫球场规划应充分利用现有场地中的山、坡、水、植被资源,并使之与当地的文化和企业文化融为一体。进行高尔夫球场设计,在充分理解投资方的意图后,应对场地进行多次勘测,了解场地内一切奇石、异树、流水,同时借鉴最新的设计理念,并使之与场地现状有机结合,球手进入球场,感觉进入大自然,一条球道恰似一幅画。

5.6 植物园规划设计

5.6.1 植物园概述

植物园是收集保护并展示各种植物、提供科学研究、科普教育和游憩娱乐的理想场所。植物园最初只是实用或观赏用的,而后随着时代的发展逐步向人们开放,开展科普教育,让人们能在充满自然植物的优美环境中进行轻松而舒适的游憩活动,从而认识植物与人类的依存关系。植物园发展至今,对人类已有深刻的影响,现代植物园常具有多方面的综合功能,主要包括植物研究、教育、游憩、保育及与植物资源相关的生产活动五个方面,其中每一个方面都有着十分丰富的内容。因此,不可能每个植物园都包罗万象,全面发展。大部分植物园是各有侧重,即使是在同一功能方面起作用,也要突出各自的特点。但创造美好的植物景观环境,为公众的科普游憩服务,是现代每一个植物园都不可缺少的。借鉴国内外著名的植物园的做法,现代植物园中除了供研究之外,还重视休闲游憩空间的创造。外部绿色空间的开放,让游人在活生生的植物中去自由地了解多姿多彩的植物世界。游人可近距离仔细品味植物的姿态、枝、秆、花、叶、果等,认识植物对人类的贡献。植物园中设置各种景观设施及休憩服务设施,并以模拟生态的方式展示及配置植物,游人能观赏到当地通常无法见到的植物种类。同时,通过各种专业的解说设施,对植物的特征及整体生态特性作深入浅出、生动有趣的解释,让游人在参观、认识植物之余也能一目了然地感悟植物生态的奥秘,以达到寓教于乐的目的。

5.6.2 植物园的类型

世界上的植物园种类很多,也有各种不同的分类方法,本书介绍两种分类方法。

1. 根据植物园主要功能的不同进行的分类

(1)以科研为主的植物园

19世纪及其以前建立的植物园多属于此类。目前,世界上已建立了许多专业性很强、研究深度与广度很大的研究所与实验基地。植物园的工作内容多趋向于收集丰富的野生植物种类,提供科研素材。纯粹以科研为主的植物园已经很少,侧重于科研的植物园大多是历史悠久、附属于大学或研究所的植物园。

(2)以科普为主的植物园

此类植物园数量较多,主要任务是为广大群众开展植物学的普及知识教育。有不少植物园专门设立展览室,派专业人员对中小学生进行讲解。

(3)为专业服务的植物园

这类植物园展出的植物侧重于某一专业的需要,如药用植物、竹藤本植物等。有些独立成园,有些成为植物园的一个园中园。

（4）属于专项收集的植物园

此类植物园,从事专项搜集的植物园较多,也有少数植物园只进行一个属的搜集。

2. 根据植物园从属关系、研究重点的不同来分类

（1）属于国家科学院系统的植物园

此类植物园主要从事重大理论课题和生产实践中攻关课题的研究,是以研究为中心的植物园。

（2）属于各部门的公立植物园

如国立、省立、市立以及各部门所属的植物园,服务对象广泛。主要功能是研究和科学普及并重。

（3）属于高等院校附设的植物园

如农林院校的树木园、大学生物系的标本园等。主要任务是以教学示范为主,兼作少量科研。

（4）属于私人经办或公私合营的植物园

此类植物园大多以收集和选育观赏植物为目的。

5.6.3 植物园的规划设计

1. 植物园的位置选择

选址指选好植物园与城市相关的位置及有适宜的自然条件的地点。

（1）植物园的位置选择应满足以下要求。

1）侧重于科学研究的植物园,一般从属于科研单位,服务对象是科学工作者。它的位置可以选交通方便的远郊区,一年之中可以缩短开放期,冬季在北方可以停止游览。

2）侧重于科学普及的植物园,多属于市一级的园林单位,主要服务对象是城市居民、中小学生等。它的位置最好选在交通方便的近郊区。

3）如果是研究某些特殊生态要求的植物园,如热带植物园、高山植物园、沙生植物园等,就必须选择相应的特殊地点以便于研究,但也要注意,一定要交通方便。

4）附属于大专院校的植物园,最好在校园内辟地为园或与校园融为一体,可方便师生教学。也有许多大学附设的植物园是在校园以外另觅地点建园。

（2）选择可供植物生长的自然条件,包括以下几个方面。

1）土壤。植物园内的植物绝大部分是引种的外来植物,所以要求的土壤条件比较高,如土层深厚、土质疏松肥沃、排水良好、中性、无病虫害等,这是对一般植物而言。至于一些特殊的如沙生、旱生、盐生、沼泽生的植物,则需要特殊的土壤。选址的因素很多,土壤列为第一项是因为植物直接生长在土中,植物生长不良就谈不上建植物园。

2）地形。植物最适宜种在平地上这是人所共识的,背风向阳的地形在北方十分重要。不过因植物的来源不同要求也不同,即使仿自然景观的人工建造也不能都在平如球场的地面上进行,所以稍有起伏的地形也是许可的,原有一些缓坡也不必加工平整,适当保留更显自然。我国南方丘陵地带多,山石突兀,都不是理想的园址。通常要选开旷一些、平坦一些、土层厚的河谷或冲积平原才好。

3）地貌。地貌是指自然地形上面附加的植物及其他固定性物体,也就是地表的外貌。原来属于树木密集的地方说明当地的自然条件适合于某些树木的生长。一个自然植物群落的形

成,不仅是时间、空间的积累,而且还有群落结构与群落生态及乔、灌、草及上中下层的植物能量转化等的复杂关系,一旦破坏是难以恢复的。

4)水源。水源是指灌溉用的水资源是否能满足植物园的需要。植物园中的苗圃、温室、实验地、锅炉房、食堂、办公与生活区等经常消耗大量的水,活植物中的水生植物、沼泽植物、湿生植物等均需经常生活在水中或低湿地带,靠水来维持,所以植物园需要有充足的水源。

建园规划时要调查:

① 水源的种类,是地下水、河川水、湖塘水,还是水库或城市自来水。

② 供水量是否充足,全年变化如何,有无枯水季节。

③ 水质要经过化验,如酸碱度、矿物质含量等是否合格。

④ 对于降水量的全年分布、储存的可能性、土壤渗漏或积水情况、夏季有无洪涝威胁等情况,都应该有所了解,以便选址时参考。

5)气候。气候是指植物园所在地因纬度与海拔高度而引起的各种气象变化的综合特点。对于植物园来说,它所在地的气候应当相近于迁地植物原产地的气候。因为引种到植物园内的植物,即"迁地保护"的植物,如果能成活、生长、繁殖,并发现它们的利用价值,还要走出植物园供广大群众去利用,所以被推广的地区应该是与植物园或原产地的气候有相似之处才能成功。

植物对所在环境的气温最具敏感性,迁地保护的植物,如果限于露地栽培,环境中只有气温是人力最难以保证的条件。经常采用的消极的办法如熏烟、搭风障等,对局部可以有一定的作用,但大面积种植就比较困难。尤其可能出现的绝对最低温度,如持续时间超过某种植物的耐性,迁地保护就会遭到失败,所以说植物的耐寒性是一个复杂的生理问题。植物园可以创造条件既引种又驯化、既锻炼又提高,但是植物园本身所在地的气温要有一定的代表性,才能向外推广。其次是湿度问题,北方春季干旱,植物在缺水与低温的双重威胁下,比湿润下的低温更容易死亡。所以每月降水量与空气相对湿度也应该有所保证,这对迁地保护或引种后的推广很重要。

2. 植物园的分区

植物园主要分为两大部分,即以科普为主,结合科研与生产的展览区,和以科研为主,结合生产的苗圃实验区。

(1)科普展览区

目的在于把植物世界客观的自然规律,以及人类利用植物、改造植物的知识陈列和展览出来,供人们参观与学习。主要内容如下:

1)植物进化系统展览区。该区是按照植物进化系统分目、分科布置,反映出植物由低级到高级的进化过程,使参观者不仅能得到植物进化系统的概念,而且对植物的分类、各科属特征也有概括了解。但往往在系统上相近的植物,其对生态环境、生活因子要求不一定相近;在生态习性上能组成一个群落的植物,在分类系统上又不一定相近,所以在植物配置上只能做到大体上符合分类系统的要求。即在反映植物分类系统的前提下,结合生态习性要求,景观艺术效果,进行布置。这样既有科学性又切合客观实际,容易形成较优美的公园外貌。

2)经济植物展览区。经过搜集以后认为大有前途且经过栽培实验确属有用的经济植物,才栽入本区展览。为农业、医药、林业以及园林结合生产提供参考资料,并加以推广。

一般按照用途分区布置,如药用植物、纤维植物、油料植物、淀粉植物、橡胶植物、含糖植物等,并以绿篱或园路为界。

3）抗性植物展览区。随着工业的高速发展,也引起环境污染问题,不仅危害人民的身体健康,还对农作物、渔业等有很大的损害。植物能吸收氟化氢、二氧化硫、二氧化氮、溴气、氯气等有害气体,早已被人们所了解,但是其抗有毒物质的强弱、吸收有毒气体的能力大小,常因树种不同而不同。这就必须进行研究、试验、培育证明对大气污染物质有较强抗性和吸收能力的树种,挑选出来,按其抗毒的类型、强弱分组移植本区进行展览,为绿化选择抗性树种提供可靠的科学依据。

4）水生植物区。根据植物有水生、湿生、沼泽生等不同特点,喜静水或动水的不同要求,在不同深浅的水体里,或山石溪涧之中,布置成独具一格的水景,既可普及水生植物方面的知识,又可为游人提供良好的休息环境。但是水体表面不能全然为植物所封闭,否则水面的倒影和明暗变化等都会被植物所掩盖,影响景观,所以经常要用人工措施来控制其蔓延。

5）岩石植物区。又称岩石园(Rock Garden),多设在地形起伏的山坡地上,利用自然裸露岩石造成岩石园,或人工布置山石,配以色彩丰富的岩石植物和高山植物进行展出,也可适量修建一些体形轻巧活泼的休息建筑,构成园内一个风景点。用地面积不大,却给人留下深刻的印象。

岩石园在国外比较盛行,主要是以植物的鲜艳色彩取胜,而我国传统的假山园主要是表现岩石形态艺术美,却忽略植物的配置,所以感到缺少生气。如能中西结合,取西方岩石园之长,补我国假山园之短,在姿态优美、玲珑剔透的山石旁边,适当配置一些色彩丰富的岩石植物,可使环境饶有生趣,效果也可能会更好。

6）树木区。用于展览本地区和引进国内外一些在当地能陆地生长的主要乔灌木树种。一般占地面积较大,用地的地形、小气候条件、土壤类型厚度都要求丰富些,以适应各种类型植物的生态要求。

植物的布置,按地理分布栽植,藉以了解世界木本植物分布的大体轮廓。按分类系统布置,便于了解植物的科属特性和进化线索,以何种形式为宜酌情而定。

7）专类区。把一些具有一定特色、栽培历史悠久、品种变种丰富、具有广泛用途和很高观赏价值的植物,加以搜集,辟为专区集中栽植,如山茶、杜鹃、月季、玫瑰、牡丹、芍药、荷花、棕榈、槭树等任一种都可形成专类园。也可以有几种植物根据生态习性要求、观赏效果等加以综合配置,能够收到更好的艺术效果。以杭州植物园中的槭树、杜鹃园为例,此区以配置杜鹃、槭树为主,槭树树形、叶形都很美观,杜鹃一树千花色彩艳丽,两者相配,衬以叠石,便可形成一幅优美的画面。但是它们都喜阴湿环境,故以山毛榉科的长绿树为上木,槭树为中木,杜鹃为下木,既满足了生态习性的要求,又丰富了垂直构图的艺术效果。园中辟有草坪,建有凉亭供游人休息,十分优美。西方的"Herb Garden(百草园)"中有调味植物(如葱、姜、蒜之类)、染料植物(如木蓝、栀子之类)、芳香植物(如玫瑰、香叶天竺葵等)、纤维植物(如亚麻、大麻等)、药用植物甚至有毒植物等。

8）示范区。植物园与城市居民的关系非常密切,设立有关的示范区,让普通市民均可获得园林布景方面的启发。

9）温室区。温室是展出不能在本地区陆地越冬,必须有温室设备才能正常生长发育的植物。为了适应体形较大的植物生长和游人观赏的需要,温室的高度和宽度,都远远超过一般繁殖温室,体形庞大,外观雄伟,是植物园中的重要建筑。

温室面积大小,依展览内容多少、品种体形大小,以及园址所在的地理位置等因素有关。譬如,北方天气寒冷,进温室的品种必然多于南方,所以温室面积就要比南方大一些。

至于植物园的科普展览区,设置数量应结合当地实际情况有所增减。

（2）科研试验区

这是研究植物引种驯化理论与方法的主要场所。一般不向游人开放,仅供专业人员参观学习。如建立专供引种驯化、杂交育种、植物繁殖使用的温室,还设有专门的试验苗圃、原始材料圃、大棚、人工气候室、冷库、储藏室等。

（3）标本馆、图书室

在全园安静的地域建立图书馆、标本馆等,供学术交流使用。

（4）生活区

需在园内设立相对隔离的职工生活区,包括宿舍、食堂、商店等。

3. 植物园的规划要求

植物园的规划要求有:

1）首先明确建园目的、性质与任务。

2）确定植物园的分区与用地面积。一般展览区用地面积较大,可占全园总面积的40% ~ 60%,苗圃及实验区用地占25% ~35%,其他用地约占25% ~35%。

3）展览区是面向公众开放,宜选用地形富于变化、交通方便、游人易于到达的地方,对于偏重科研或游人量较少的展览区,宜布置在稍远的地点。

4）科研区是进行科研和生产的场所,不向公众开放,应与展览区隔离,但是要与城市交通线有方便联系,并设有专用出入口。

5）确定建筑数量及位置。植物园建筑有展览建筑、科学研究用建筑及服务性建筑三类。

6）道路系统。道路系统不仅起着联系、分隔、引导作用,同时也是园林构图中一个不可忽视的因素。道路的布局与公园相似,分为主干道、次干道、游步道三级。我国几个大型综合性植物园的道路设计,除入园主干道采用林荫大道,形成浓荫夹道的气氛外,多数采用自然式布置。主干道对坡度应有一定的控制,而其他两级道路都应充分利用原有地形,形成"路随势转又一景"的错综多变的格局。道路的铺装、图案花纹的设计应与周围环境相互协调配合。纵横坡度一般要求不严,但应该保证平整不积水。

7）排灌工程。植物园内的植物品种丰富,养护条件要求较高,因此总体规划中,必须有排灌系统的规划,保证植物生长良好。一般利用地势起伏的自然坡度或暗沟,将雨水排入附近的水体中。在距离水体较远或排水不顺的地段,必须铺设雨水管,辅助排出。灌溉系统（除利用自然水体外）均以埋设暗管为宜,避免明沟破坏园林景观。

5.7 动物园规划设计

5.7.1 动物园概述

目前世界上有不少物种仅存活于动物园中,现在美国动物园和水族馆协会（AZA）已对动物园的几项使命的排列次序进行了重新调整,即自然保护、公众教育和科学研究必须排到娱乐功能的前面。这种进步是不言而喻的,动物园有义务在野外和动物园内同时保护野生动物。有一些珍稀动物已在动物园取得了成功繁殖的经验,野外濒危物种的保护也正在进行,动物园已从原先的小天地跨入了全球性自然保护大协作之中。

20 世纪 90 年代由世界动物园园长联盟(IUDZG)和圈养繁殖专家小组(CB-SG)共同制定了《动物园发展战略》,提出了动物园和水族馆的自然保护目标:支持濒危物种及其生态系统的自然保护工作;为有利于自然保护的科学研究提供技术支持;增强公众的自然保护意识。这个发展战略强调,动物园保护工作是对其他领域保护工作的补充,需要和其他研究工作有机结合。

在 21 世纪,动物园的工作将不再局限在一个园区或一个国家之内,将扩展到人类复杂生物圈上的每一个节点,在广大的生境中去保护动物和植物的生物多样性。

5.7.2 动物园的类型(见表 5-9)

表 5-9 动物园的类型

类　　型	特　　点
城市动物园	一般位于大城市近郊区,面积大于 $20hm^2$,动物展出比较集中,品种丰富,常收集数百种至上千种动物,展出方式以人工兽舍组合动物室外运动场地为主
人工自然动物园	一般多位于大城市远郊区,面积较大,多至上百公顷,动物展出的品种不多,通常为几十种,以群养、敞放为主,富于自然情趣和真实感
专类动物园	多位于城市近郊,面积较小,一般为 5~20hm²,展出品种不多,通常富有地方特色
自然动物园	一般多位于自然环境优美、野生动物资源丰富的森林、风景区及自然保护区,面积大,动物以自然状态生存,游人通过确定的路线、方式,在自然状态下观赏野生动物,富有野趣

5.7.3 动物展区规划

1. 分区

大中型综合动物园其分区如下:

(1)宣传教育、科学研究部分

是全园科普科研活动中心,主要由动物科普馆组成,一般布置在出入口地段,使其交通方便,有足够的活动场地。

(2)动物展览部分

由各种动物笼舍组成,用地面积最大。动物展览部分一般分为 3~4 区,即鱼类(水族馆、金鱼廊等);两栖爬虫类;鸟类(游禽、涉禽、走禽、鸣禽、猛禽等);哺乳类(食肉类、食草类和灵长类)。有的动物园缺鱼类、两栖爬虫类,个别动物园还有展出无脊椎动物的,如日本多摩动物园设昆虫馆。

各区所占的用地比例大约是:

无脊椎动物 + 鱼类 + 两栖爬虫类	1/5~1/4
鸟类	1/5~1/4
哺乳类	1/2~3/5

(3)服务休息部分

包括休息亭廊、接待室、饭馆、小卖部、服务点等。这部分不能过分集中,应较均匀地分布于全园,便于游人使用,因而往往与动物展览部分毗邻。

(4)经营管理部分

包括饲料站、兽疗所、检疫站、行政办公室等,宜设在隐蔽偏僻处,并要有绿化隔离,但要与动物展览区、动物科普馆等有方便的联系,设专用出入口,以便运输与对外联系。有的将兽医站、检疫站设在园外。

2. 展览顺序

动物园规划除考虑以上分区外,起决定性作用的是动物展览顺序问题。

(1)按动物的进化顺序安排

从动物园的任务要求出发,我国大多数动物园都突出动物的进化顺序,即由低等动物到高等动物,由无脊椎动物→鱼类→两栖类→爬行类→鸟类→哺乳类。在此顺序下,结合动物的生态习性、地理分布、游人爱好、地方珍贵动物、建筑艺术等,作局部调整。在规划布置中还要因借有利的地形安排笼舍,以利于动物饲养和展览,形成由数个动物笼舍组结合而成的既有联系又有绿化隔离的动物展览区。

此外,由于特殊条件的要求,也可以有以下的展览顺序:

(2)按动物地理分布安排

即按动物生活的地区,它有利于创造不同景区的特色,给游人以明确的动物分布概念,但投资大,不便管理。

(3)按动物生态安排

即按动物生活环境,如分水生、高山、疏林、草原、沙漠、冰山等,这种布置对动物生长有利,园容也生动自然,但人为创造这种景观环境困难较大。

(4)按游人爱好、动物珍贵程度、地区特产动物安排

一般游人较喜爱的猴、猩猩、狮、虎也有布置在主要位置的。

3. 陈列方式

(1)单独分别陈列

按每一种占据一个空间陈列,较方便,但不经济,不易引起游人的兴趣。

(2)同种同栖陈列

可以增加游人的兴趣,管理方便,但对卫生要求非常严格,避免传染疾病。例如群居猴、狼等。

(3)不同种的同栖陈列

此种可节省建筑费用,但要在生活习性上有可能同栖,如幼小的可以同栖,温顺动物可以同栖,异性动物同栖的如狮虎等。

(4)幼小动物展览

这类可引起儿童极大的兴趣。

4. 游线规划

游线规划,应充分考虑游客的游赏心理和游赏感受。由于来动物园的游客年龄层次以儿童、青少年为主,应充分考虑他们活泼好动的心理特点,游线的组织也应避免过于沉闷。在考虑了上面展览顺序、陈列方式两点问题之后,还应结合一些可以实际参与的项目,例如由父母陪伴的亲子园,国外动物园很多都设有这一项目,一般放在整个动物园游线的最后。通过前面较长的一段对动物的认知,游客一般都对动物产生了渴望亲近的想法,尤其是比较温顺的小型动物。

整体上,游线的规划也是本着一个原则:既达到教育游客的目的,也达到娱乐身心的目的。所以全园的游线组织应避免单一的展览陈列方式,可以室内外展馆相互穿插,笼舍、展

馆的排布也应遵循游客的游赏心理,观览、休憩的空间相互间隔,避免游园过程中产生疲劳感。

5.7.4 规划设计要点

动物园的规划设计应当包括下列内容:

① 全国总体布局规划。

② 饲养动物种类、数量,展览分区方案。

③ 分期引进计划,展览方式、路线规划。

④ 动物笼舍和展馆设计。

⑤ 游览区及设施规划设计,动物医疗、隔离和动物园管理设施设计。

⑥ 绿化规划设计。

⑦ 基础设施规划设计。

⑧ 商业、服务设施规划设计。

⑨ 人员配制规划,建设资金概算及建设进度计划等。

⑩ 建成后维护管理资金估算。

具体要求有:

(1)要有明确的功能分区

既不互相干扰,又有联系,以方便游人参观和工作人员的管理。

(2)动物笼舍的建设

动物笼舍建筑主要由三部分组成:

① 动物活动部分。包括室内外活动场地、串笼及繁殖室。

② 游人参观部分。包括进厅、参观厅或参观走廊及露天参观道路等。

③ 管理与设备部分。包括管理室、储藏室、饲料室等。

动物笼舍建筑可分为建筑式、网笼式、自然式和混合式几种布置方式。建筑式主要适用于不能适应当地生活环境,饲养时需特殊设备的动物。网笼式是将动物活动范围以铁丝网或铁栅栏相围合,适宜于终年室外露天展览的禽鸟类或作为临时过渡性的笼舍。自然式笼舍即在露天布置室外活动场地,其他房间做隐蔽处理,并模仿动物自然生态环境,布置山水、绿化。考虑动物不同的弹跳、攀援习性,设立不同的围墙、隔离沟、安全网。将动物放养其中,自由活动。自然式笼舍是大型野生动物园最为常见的展览方式。混合式笼舍是上述三种笼舍建筑的不同组合。

目前,动物笼舍的设计更加趋于生态型、散放型和馆舍化,尽量把动物的一切活动展现在游人面前。笼舍在设计时应注意:

① 应以实用、美观、轻巧为主,并逐步朝科学化、实用化、生态化、艺术化发展。

② 必须满足动物的生态习性、饲养管理和参观展览等方面的要求。

③ 保证人与动物的安全。

④ 因地制宜,创造动物原产地的环境气氛,同时还要考虑建筑造型应符合被展出动物的性格。

(3)道路系统规划

动物园的道路一般有主干道、次干道、小径和专用道路。主要道路和专用道路要能通行机动车,便于与园外的交通。大型动物园根据动物参观内容,可设置车行区与步行区,有的还可以设置空中缆车。

道路系统的规划可根据不同的分区和笼舍布局形式采用合适的道路形式。一般动物园的道路系统有四种形式：

① 串联式。建筑出入口与道路一一连接，在参观动物时没有灵活性，适宜于小型动物园。

② 并联式。建筑位于道路两侧，需次级道路联系，便于车行、步行分工和选择参观，较适宜于大中型的动物园。

③ 放射式。从入口起可直接到达园内各区的主要笼舍，适于目的性强、游览时间较短的游人。

④ 混合式。是以上三种方式根据实际情况的结合，既能很快到达主要动物笼舍，又具有完整的布局联系。

（4）绿化设计

动物园绿化首先要维护动物生活，结合动物生态习性和生活环境，创造自然的生态模式。其次，可提供部分饲料，并具有结合生产和保持水体等功能。另外，还要为游人创造良好的休息环境。

动物园的绿化设计应服从动物展览的需要，配合动物的特点和分区，充分利用植物来营造各个展区的特色，尽可能地创造动物原产地的地理景观。动物园的绿化应达到一定的量，要求有一定的遮荫效果，可布置成林荫道的形式。在动物园的外围应设置宽30m的防风、防尘的防护林带。在休息游览区，可结合道路、广场，种植庭荫树，布置花坛、花架等，创造良好的游览景观。在大面积的生产区，可结合生产种植果树、林木，提供动物饲料。

5.8 游乐公园规划设计

5.8.1 游乐公园概述

从游乐公园相关的游乐场所的发展历史演变，其经历了如下阶段：集市娱乐→娱乐花园→机械娱乐园→主题游乐园，大致情况详见表5-10。

表5-10 游乐公园相关的游乐场所发展简表

发展主要阶段	大致时间	主要流行地区	游乐方式的重要性	主要特点与游乐内容
集市娱乐	古代	古希腊、古罗马、中国宋朝疆域	与市场结合，游乐相对处于从属地位	音乐、舞蹈、魔术表演、博彩游戏、说书、武术杂技、戏剧、猜谜语等
娱乐花园	17世纪开始	欧洲	与园林结合，融入园林环境之中	设置奇特有趣的建筑、构筑物和简单的游乐器具（如秋千等）
机械游乐园	19世纪50年代开始	美国、欧洲	游乐主导，突出惊险刺激的游乐体验	以过山车、大转轮、旋转马车等骑乘器械为主，结合有趣的环境建设
主题游乐园	20世纪50年代开始	从美国到欧洲、日本随后全世界流行，我国于1990年开始大规模流行	游乐主导，强调游乐体验的独特性与多样化	主题丰富、娱乐方式多种多样

5.8.2 游乐公园的设置要求及布局方式

1. 游乐公园设置要求

游乐公园需要满足两方面的要求,一是要具有65%的绿化占地比例,二是设置的游乐设施要达到一定的量以吸引游客。因此游乐公园需要占用比较大的场地。

由于游乐公园突出游乐的特征,一般来说,游乐活动比普通的游憩活动需要更多的时间、前期准备、费用投入和更高层次的娱乐体验。

基于上述两方面的原因,游乐公园的设置位置适合在城市的边缘,那里地价相对便宜,对于占地面积较大的游乐公园来说实现的可能性较大。

为了聚集较多的人流,游乐公园的入口最好能够靠近大运量的轨道交通的站点,同时应考虑私人汽车出行方式,提供较大面积的停车场。

2. 游乐公园布局方式

游乐公园的可能的布局方式有两种。

1)主要的游乐设施比较集中,形成与公园其他部分相对独立的区域。这样布置的优点为:便于集中管理,必要的时候可以分别建设、分别管理、设置不同的入口、采取不同的票价等等。

2)游乐设施融入绿化环境之中。这样布置的优点为:游客在进行较高刺激度的游乐活动的同时能够感受优美的绿化风景,能够得到更高层次的娱乐体验。

5.8.3 游乐公园主题的选择

1. 主题选择的重要性

虽然游乐公园没有强调一定要有主题的设定,但是主题对于游乐公园的形象宣传、游客吸引等诸多方面至关重要,称得上是游乐公园的"灵魂"。主题在游乐公园中的作用好比电影剧本在电影制作中的地位,其创意由公园的开发、策划者做出,是游乐公园设计时的蓝本和核心。

在一定的客源市场、交通条件、区域经济发展水平等外在条件下,主题的选择是游乐公园开发成功与否的关键。因其关系到投资额度、对游客的吸引力大小以及投资的回收,所以主题的选择既要考虑新颖和独特,又要考虑游客的需求和工程实施的技术、经济的可能性,需从经济学、社会学、规划、造园、建筑心理学等多方面进行评估。

2. 主题选择的范围

通常游乐公园主题选择可分为十类,详见表5-11(包括游乐园等)。

表5-11 游乐公园主题选择一览表

主题选择的主要类型	主题选择的细分类型	备 注 说 明
以历史和文化为主题	再现历史场景的影视城	两者可能在视觉形态景观上属于同一类型
	再现历史场景的主题游乐园	
	野外博物馆式的主题游乐园	数量少,价值高,与历史保护相结合
	以名著和神话传说为主题的游乐园	
以异地著名的地理环境与民俗风情为主题		包括绝大部分的模拟景观类型的主题游乐园和民俗村
以影视作品为主题	再现电影中场景、游乐活动与电影有关的游乐园	与影视产业联动发展的主题游乐园,将影视迷变成主题游乐园迷
	具有电影拍摄取景地功能的主题游乐园	与第一种分类中的第一小类存在重叠

主题选择的主要类型	主题选择的细分类型	备 注 说 明
以机械骑乘为主题		机械骑乘可能出现在各种类型的主题游乐园中,在此种分类中处于主导地位。此分类中的有些游乐园可能没有明显的主题
以高科技为主题		需要较高的初期投资和后续投资,适合经济发达的城市
以生态环境、可持续发展为主题		可较好地结合现代农业体验旅游,适合基地自然风貌较好的地区
以游戏健身运动为主题		包括各种水上乐园和以运动游戏为主题的游乐园
以博物馆和博览会为主题		
以动植物观赏为主题	水族馆	
	主题动物园	
	主题植物园	
特殊类型的主题		

3. 主题选择的重点考虑因素

主题的选择应考虑以下三条主要因素:

1)主题内容应独特、新颖,具备一定的文化内涵,并具有较强的识别性和商业感召力。

2)主题内容可集中在儿童和青少年目标市场上,考虑不同层次的游客需求。大型游乐公园可采用多主题形式以最大限度地吸引游客。

3)无论是其整体布局、景点组合、小品设计、表演活动都必须紧紧围绕主题内涵,烘托出一个使游客能融入其中的环境。

第6章 城市道路与广场绿地规划

6.1 城市道路绿地规划的基本知识

6.1.1 城市道路绿地规划的专用术语

城市道路绿地分为道路绿带、交通岛绿地和广场、停车场绿地。道路绿带分为分车绿带、行道路绿带和路侧绿带,其中分车绿带包括中间分车绿带、两侧分车绿带。交通岛绿地分为中心岛绿地、导向岛绿地和立体交叉绿岛。城市道路绿地规划的专用术语见表6-1,道路绿地部分名称如图6-1所示。

表6-1 城市道路绿地规划的专用术语

术语名词	含 义
道路红线	在城市规划建设图纸上划分出的建筑用地与道路用地的界线,常以红色线条表示,故称红线,红线是街面或建筑范围的法定界线,是线路划分的重要依据
道路分级	道路分级是决定道路宽度和线型设计的主要指标,分级的主要依据是道路的位置、作用和性质,目前我国城市道路大都按三级划分,即主干道(全市性干道)、次干道(区域性干道)和支路(居住区或街坊道路)
道路总宽度	又称路幅宽度,即规划建筑线(建筑红线)之间的宽度,是道路用地范围,包括横断面各组成部分用地的总称
分车带	车行道上纵向分隔行驶车辆的设施,用以限定行车速度和车辆分行,常高出路面10cm以上,也有的在路面上喷涂纵向白色标线,分隔行驶车辆,所以又称分车线
道路绿地	城市道路绿地是指城市道路及广场用地范围内可进行绿化的用地,包括街心花园、街头绿地、行道树、交通岛绿地、桥头绿地
分车绿带	车行道之间可用于绿化的分隔带,位于上下行机动车道之间的为中间分车绿带,位于机动车道与非机动车道之间或同方向机动车之间的为两侧分车绿带,如三块板道路断面有两条分车绿带,两块板道路上只有一条分车绿带,又称中央分车绿带,分车绿带有组织交通、夜间行车遮光的作用
道路绿带	道路红线范围内的带状绿地分为分车绿带、行道树绿带和路侧绿带
行道树绿带	又称人行道绿化带、步行道绿化带,是车行道与人行道之间的绿化带。以种植行道树为主的绿化带,人行道宽2~6m的,可以种植乔木、灌木、绿篱等。行道树是绿化带最简单的形式,按一定距离沿车行道成行栽植
路侧绿带	在道路侧方,布设在人行道边缘至道路红线之间的绿带
交通岛绿地	分为中心岛、导向岛和立体交叉绿岛,中心岛是为便于管理交通而设于路面上的一种岛状设施,一般用混凝土或砖石围砌。高出路面10cm以上,设置在交叉路口中心引导行车,导向岛位于交叉口上分隔进出行车方向;安全岛是在宽阔街道中供行人避车之处,立体交叉绿岛是互通式交叉干道与匝道围合的绿化用地
广场、停车场绿地	广场、停车场用地范围内的绿化用地
道路绿地率	道路红线范围内各种绿化带宽度之和占总宽度的比例,按国家有关规定,该比例不应少于20%

术语名词	含　义
园林景观路	在城市重点路段强调绿化景观,体现城市风貌、绿化特色的道路,园林景观路绿地率不得小于40%
装饰绿地	以装点美化街景为主,一般不对行人开放的绿地
开放式绿地	绿地中铺设游步道,设置建筑小品、园桌、园椅等设施,供行人休息、娱乐、观赏的绿地

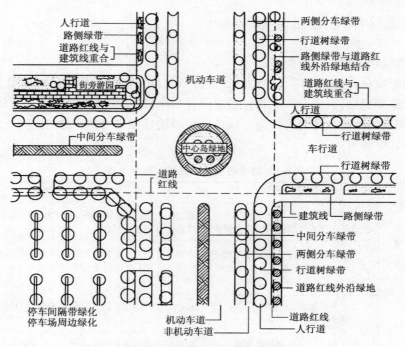

图 6-1　道路绿地名称示意图

6.1.2　道路绿化的作用

道路绿化主要源于城市居民对道路的环境需求。依据绿化所能产生的物理功能和心理功能,其作用可以归纳为以下几方面:

1. 卫生防护,改善环境

道路行车一般都有噪声产生;如果路面质量较差或邻近乡村,行车时也可能出现扬尘。随着机动车辆的增多,除了交通噪声进一步加大外,汽车尾气的排放还将造成空气污染。此外,铺装道路面积的增加也会使城市气候环境发生变化。所以,人们利用树木具有吸收有害气体、吸滞烟尘的特性,沿路布置由行道树、绿篱、草坪等组成的带状绿地,以减少污染、改善环境、保持城市的卫生。

据有关城市做过的测定显示:绿化良好的街道在距地面 1.5m 处空气中的含尘量较没有绿化的地段低 56.7% ;阻挡噪声方面,如距沿街建筑 5~7m 处种植行道树,可降低噪声 15% ~ 25% 。此外,夏天烈日的暴晒,会使地表温度升高。据测定,当空气温度在 31.2℃ 时,裸露的地表温度可达 43℃ ,而绿地之内的地表温度较之要低 15.8℃ 。这是由于绿化能有效地遮挡阳光的直射,避免温度的上升。这对于保护沥青路面因温度过高而造成熔化、泛油等损害具有积

114

极的意义,从而使道路的使用寿命延长。

2. 组织交通,保证安全

为提高通行能力、保障安全,现代城市道路大多采用人车分流和快慢车分道的方法,而绿化隔离带的运用则是其中最有效的措施之一。在路中设置绿带,可以减少相向行驶车辆间的干扰;在机动车与非机动车道间安排绿带,能够解决快、慢车混杂的矛盾;在交叉路口合理布置绿化交通岛,有利于缓解交通拥堵和车辆滞塞的状况;在车行道和人行道之间使用绿带,对于防止行人随意横穿马路,保证安全具有积极的意义,同时还可以改善环境。

3. 美化市容,丰富街景

树木花草具有可观赏性,从人的审美要求出发,适当地进行规划设计,调整配置,就能将道路绿化从单一承担消除污染的物理功能向兼具使人赏心悦目的心理功能方面转化,即变单纯的行道树成为道路景观。

从造型艺术角度看,建筑、道路乃至道路上的各种附属设施通常呈现出人工的线、面特征,也就是所谓的硬质景观。使用绿化、借助树木的自然特质,可以柔化人工线、面的生硬,从而映衬建筑,使城市形貌更为生动。树木的一定体量具有遮蔽作用,以此能将建筑环境较差或形象杂乱的路段隐于绿化之后,使之趋于整洁而达到新的统一。利用各种植物的可观赏性还会使道路本身成为景观,选择不同的花木进行相应的形象设计,不仅能使道路更为美观,还可以令不同的路段形成各自的特色。如果将道路、道旁的专用绿地甚至整个城市的绿地系统进行统一的规划,就能使城市的整体风貌在和谐统一之中产生出相应的变化。

4. 其他方面的作用

许多植物不仅姿形美观,花色动人,其枝叶花果还具有相当的经济价值。利用城市所在地不同的自然条件以及道路在城市中所占有的较大的面积比重,选择适应当地生长,并有地方特色的树木与花草,不单能营造一种特别的城市风情,还可以产生一定的经济效益,既绿化、美化了城市街道,充分展现出当地的地域风格,又在绿化中获取了一定的收益。

此外,道路上的绿地在地震等自然灾害来临时还能起到一定的防灾作用。

6.1.3　城市道路的类型与断面布置形式

1. 城市道路的类型

城市道路是城市的骨架、交通的动脉、城市结构布局的决定因素。根据道路在城市中的地位、交通特征和功能可分为不同的类型(表6-2)。

表6-2　城市道路的类型

城市道路类型	特　　　　　点	应　　　　　用
交通干道(高速)	行车全程立体交叉,其他车辆与行人不准使用,最少有四车道(双向),中间有 2～6m 分车带,外侧有停车道	城市各大区之间远距离高速交通服务,联系距离 20～60km
快速干道	行车全程为部分立体交叉,最少有四车道,外侧有停车道,自行车道、人行道在外侧	城市各分区间较远距离交通道路,联系距离 10～40km
交通干道(中速)	行车全程基本为平交,最少有四车道,道路两侧不宜有较密的出入口	城市各用地分区之间的常规中速交通道路
区干道	行车速度较低,横断面形式和宽度布置因"区"制宜,行车全程为平交,按工业、生活等不同地区具体布置,最少有两车道	工业区、仓库码头区、居住区、风景区以及市中心区等分区内部生活服务性道路

城市道路类型	特 点	应 用
支路	行车全程为平交,可不划分车道,路宽与断面变化较多	工业小区、仓库码头区、居住小区、街坊内部直接连接工厂、住宅群、公共建筑道路,是小区街坊内道路
专用道路	断面形式依据具体设计要求不同	专用公共汽车道、专用自行车道、步行林荫道等

2. 道路的断面形式

城市道路绿化断面布置形式与道路的断面形式密切相关,是规划设计采用的主要模式。常用的断面形式有一板二带式、二板三带式、三板四带式、四板五带式和其他形式。

(1)一板二带式

一板二带式是一条车行道两条绿带,即在道路两侧人行道上种植行道树,是道路绿化中常用的一种形式。一板二带式的优点是简单整齐、用地经济、管理方便;但当车行道过宽时行道树的遮荫效果较差,不利于机动车辆与非机动车辆混合行驶时的交通管理(图6-2)。

(2)二板三带式

由两条车行道、两侧行道树和中央一条分车绿化带组成,即在分隔单向行驶的两条车行道中间绿化,并在道路两侧布置行道树。这种形式适用于宽阔道路,绿带数量较大,生态效益较显著,优点是用地较经济,可避免机动车相向行驶发生事故,多用于高速公路和入城道路绿化(图6-3)。

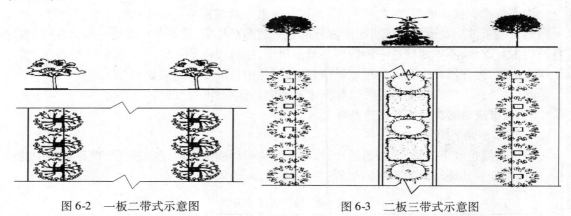

图6-2　一板二带式示意图　　　　　　图6-3　二板三带式示意图

(3)三板四带式

由三条车行道、两侧行道树和两条两侧分车绿带组成,利用两条两侧分车绿带把车行道分成三块,中间为机动车道,两侧为非机动车道。这种形式绿化量大、夏季庇荫效果好、组织交通方便、安全可靠,解决了各种车辆混合互相干扰的矛盾;缺点是占地面积较大(图6-4)。

(4)四板五带式

由四条车行道、两侧行道树、一条中央分车绿带和两侧分车绿带组成,利用三条分车绿带将车道分为四条,以便各种车辆上行、下行互不干扰。这种形式是较为完整的城市道路绿化形式,保证了交通安全和车速,绿化效果显著,景观性强,生态效益明显;缺点是占地面积大,只能在宽阔的道路上应用。如果道路面积不够布置五带,中央分车带可用栏杆分隔,以节约用地(图6-5)。

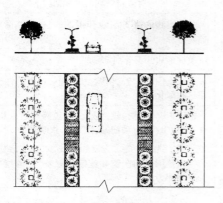

图 6-4　三板四带式示意图

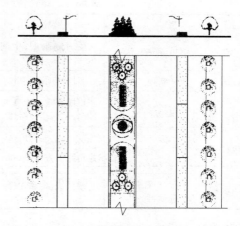

图 6-5　四板五带式示意图

（5）其他形式

按道路所处地理位置、环境条件特点，因地制宜地设置绿带，如山坡、水道的绿化。

6.1.4　城市道路绿化规划的原则

只有协调好道路各个部分之间的关系以及绿化与道路两边的建筑、交通设施、公共设施之间的关系，才能创造出优美的绿地景观，最大限度地保证城市道路环境的质量，满足城市居民工作和生活的需要。

1. 符合城市道路的性质、功能的原则

不同交通方式的道路对景观元素的要求不同，因此，道路绿地规划必须符合道路的性质，与道路的环境相符。如交通干道的绿地构成，必须要考虑机动车的行驶速度，植物的尺度、配置方式都要与观赏者的速度相符。商业街、步行街以步行为主，所以绿地规划更多从静态角度考虑；为了反映商业街的繁华，不遮挡人们的视线，行道树应该选择小乔木，株距较大，也可以与国外的许多购物街一样不做行道树种植，而以盆栽绿化代替。

2. 合理分区的原则

在符合道路的性质和功能的基础上，应对道路进行合理分区。需要分区的道路应具备以下特征：

1）路线长，具备分区的条件。

2）有较大的道路交叉口，可作为分区的节点。

3）道路两侧的景观有区段性，可作为分区的依据。

其中1）和3）是道路分区必须具备的要求，道路分区的多少应视具体情况而定。

3. 符合用路者的行为规律和视觉特性的原则

道路是供人使用的，因此道路绿地规划要满足不同出行目的和交通方式的用路者的行为规律和视觉特性的要求，体现用路者的意愿。

（1）行为规律

步行者和骑车者是目前城市道路的主要用路者，应在城市道路绿地规划时优先考虑。出行方式和目的不同，人们的行为特点也不同（表6-3）。

表 6-3　　不同出行目的和方式人群的特征比较

方式	目　的	特　点	对道路景观的关注情况
步行	上下班、上学、办事	受时间限制,中间停留时间短,步速快	关注道路的拥挤情况、步道的平整、道路的整洁和安全等
	购物	目的性明确,有往返运动	关注商店橱窗陈列、店面布置等
	游览观光	以游览观光为目的,中途停留的时间长,步速缓慢	关注人们的衣着、橱窗、街头小品、道路两旁的建筑和绿化等
骑车	上下班、购物或娱乐	有一定的目的性,一般目光注意道路前方 20~30m 的地方	速度 10km/h 时,较悠闲,关注道路两边景观;速度 19km/h 时,行动注意力集中,很难注意到道路景观的细部
机动车	办公、上下班或其他目的	速度快,中途无停留或停留时间短	视线范围受到车窗和速度的影响,对道路景观的感知能力低

随着私人汽车数量的增加,处于快速运动中的人群规模在增大,而道路绿地景观的节奏感、序列感、整体感对于处在快速运动中的观察者是非常重要的。

（2）视觉特性

在道路上活动时,俯视比仰视自然而容易,站立者的视线俯角约为 10°,端坐者的视线俯角为 15°,如在高层上对道路眺望,8°~10° 是最舒服的俯视角度。在速度较低的情况下,速度对视角没有明显的影响,因此对路面上景物的下面部分,用路者印象较清晰,而对上面部分则印象较浅。在机动车上,人的视力集中在较小的范围以内,注意点也逐渐被固定下来,这种现象称为隧道视。驾驶员只有在行车不紧张的情况下,才能观察与道路交通无关的景物。因此在道路绿地设计时必须考虑速度对视觉的影响。

4. 整体性的原则

城市道路绿地要和城市道路其他景观元素协调,同一条道路的绿地景观应具有完整性,不同道路的绿地景观也应具有共性和区别。

要保证道路绿地与道路景观其他元素如建筑、交通设施和公共设施等协调,就必须将道路绿地的规划与设计纳入到城市总体规划阶段,在道路规划时就应确定好道路红线和建筑红线的范围,预留足够的绿化空间。不仅要处理好道路绿地范围内的植物配置,还要处理好植物与其他景观元素之间的关系。

5. 个性化的原则

城市道路绿地的个性化原则主要体现在绿地形式和树种上,目前许多城市都有自己的市树市花,可以作为基调树种,使绿地富于浓郁的地方特色。这种特色使本地人感到亲切,也使外地人能够了解这个城市的特色。一个城市的基调树种应以某几种树种为主,且这些树种最好是该城市的乡土树种,区别于相邻城市的基调树种;同时还要有一些次要树种,次要树种可以是广泛应用于道路绿化、观赏价值高、环境效益好的树种。

6.1.5　城市道路绿地的植物选择

城市道路空间有限,植物生长的自然环境差,人为干扰因素大,因此做好植物的选择,保证其健壮生长是首要条件。只有植物生长良好,才能充分发挥道路绿化的生态功能、美化作用和社会功能。因此,在道路绿化的植物选择中应注意:

1. 坚持以乡土树种为主,外来树种为辅的原则

乡土树种能适应当地的土壤和气候,长势优良、健壮,且有地方特色,应作为城市道路绿地

的主要树种。

2. 选择表现好、抗逆性强的树种

道路绿化既要考虑使用那些生长健壮,树形、树叶、花色、气味及其长势均有较好表现的树种,以发挥道路绿化的美化作用;又要选择抗病虫害、耐瘠薄及对城市"三废"适应性强的树种,以最大化发挥城市绿化的生态效益;同时还应注意选择无刺、无果、无毒、无臭味的树种。

3. 行道树的选择要重视遮荫,生理及生态习性要符合要求

在树形外观上,应选择那些树干通直挺拔、树形端正、体形优美、树繁叶茂、冠大荫浓、花艳味香且分枝点高的树种;生理上,也应考虑选择适应性强、大苗移植成活率高、生长迅速而健壮、根系分布较深、树龄长且材质优良的树种。

选择落叶树种作行道树时,应选择那些发芽早、展叶早、落叶晚而落叶期整齐的树种,以保障好的生态功能和美化作用,同时也避免路面的污染,减少环卫工人的清扫频率和强度。

另外,也要考虑行道树的树体应无刺,避免扎伤行人;花果无毒,避免人畜误食;落果少而安全,不致砸伤树下行人和污染行人衣物;无飞毛飞絮,避免造成空气混浊和诱发行人呼吸道疾病;树根无板根现象,以免树根不断膨大,挤损市政管沟或拱台路面铺砖,造成路面材料松动脱落及"翻浆";树木少根蘖,避免大量根蘖侵占行人行走空间。

4. 花灌木应选择花繁叶茂、花期长、生长健壮且便于管理的树种

绿篱植物应具有萌芽力强、枝繁叶茂、耐修剪、易造型的特征;观叶灌木应选叶形观赏性强、叶色有变化、分枝多、叶片浓密的种类;地被植物要求匍匐性好、覆盖度高、管理粗放;草坪应选择萌蘖力强、耐修剪、抗践踏、覆盖率高、绿色期长的草种。

5. 植物选择要合理考虑生态习性的搭配

树种配置要根据植物群落生态学原理,充分体现植物与植物之间的生态习性、生态空间等伴生现象,常绿树与落叶树相结合,速生树与慢生树相搭配,保障树木均能良好生长,且能兼顾近期与远期的绿化效果。

6.2 城市道路绿地规划

6.2.1 城市道路绿地规划设计的基本形式

城市道路绿地规划根据城市道路所处的位置、路幅宽度等具体情况,常采用不同的形式进行规划。

1. 根据布局的形式来分

(1)规则式。道路绿地各绿带中的园林元素均是几何规则式,或是等距布置,变化和过渡富有明显的节奏,体现了一种整洁美,是城市道路中使用较多的一种形式。

(2)自然式。道路绿地各绿带中的园林元素是不规则布置的,变化和过渡的节奏性不明显,自然式要求各绿地的宽度相对较宽,是目前提倡的生态效益和景观价值较高的一种形式。

(3)混合式。综合上述两种方法,道路绿地各绿带中的园林元素根据构思和需要呈规则式或不规则式布置,变化和过渡的节奏性适中。一般在较长道路的分段设计中采用。例如,贵阳金阳大道在约 1.3km 的道路采用该方式,展现了一种变化和动态的美。

2. 根据规划主体的功能氛围来分

(1)景观式。有着强烈宣传性和标示性景观符号,大体表现一种或多种主题景观的道路

绿地模式。该模式常形成城市的标志性道路,成为城市的重要风景线,为城市旅游拓展较大的观赏空间。

（2）休闲式。宣传性和标示性相对较弱。主要考虑城市居民休闲需要,大量设置各种形式的休闲设施。此模式常使用在以商业活动为主,或大型组团式居住区之间的道路绿化,一般要求道路幅面相对较宽。

（3）林木式。着重强调道路绿地和周边环境的生态性,宣传性和标示性景观符号不强,也未考虑居民休闲设施,基本以乔、灌、草、花植物景观为规划元素的道路绿地模式。

3. 根据规划植物的配置方式不同来分

（1）密林式。绿化植物以乔木为主,形成遮荫度较高的道路绿化效果,生态效益较好。在居住区周边,通向公园的道路,或在城市边缘的城郊结合部常采用该模式。如在城市核心使用该模式,则需要较大的路幅宽度。

（2）群落式。充分结合植物的生态习性,以"源于自然,高于自然"的手法,把乔、灌、草、花有机地组合在一起,形成具有丰富林缘线和林冠线、植物品种繁多、色彩斑斓、富有季相变化且风光各异的道路绿地,其发挥的生态效益最大。此模式要求道路绿带具有较大宽幅,建设投资也较大。目前在我国尚不多见。

（3）花园式。在一定乔木配置的基础上,选择色彩较为丰富的灌木花卉、多年生宿根花卉和季节性草花。按照一定的图案形式进行规划的道路绿地模式,常用于城市公共核心地带的道路绿化中。该模式的植物景观观赏性高,为目前一些城市主要道路的常用模式,但需要较大的投入和较高的管理水平。

（4）田园式。借助道路两侧的田园风光,采用借景和透景的手法,适当增加一定的人工绿化景观,体现原生态田园景致的绿化模式。一般使用在城市边缘的城郊结合部及富有田园风光特点的地段。

6.2.2 行道树绿带绿化规划设计

行道树是道路绿化中运用最为普遍的一种形式,对于遮蔽视线、消除污染具有相当重要的作用,所以几乎在所有的道路两旁都能见到其身影。

行道树及其种植形式:在道路两侧的人行道旁以一定间距种植的遮荫乔木即为行道树,其种植方式有树池式和种植带式两种。

1. 树池式

在行人较多或人行道狭窄的地段经常采用树池式行道树的种植。树池可方可圆,边长或直径不得小于1.5m,矩形树池的短边应大于1.2m,长宽比在1：2左右。矩形及方形树池容易与建筑相协调,所以圆形树池常备用于道路的圆弧形拐弯处。

行道树应栽种于树池的几何中心,这对于圆形树池尤为重要。方形或矩形树池允许一定的偏移,但要符合种植的技术要求,即树干距行车道一侧的边缘不得小于0.5m,离道路的道缘石不小于1m。

为防止行人进入树池,因践踏而引起树下泥土的板结,影响树木生长,可将树池四周作出高于人行道面6～10cm的池边。但这也会使路面的雨水无法流入树池,因而对于不能经常为树木浇水或少雨的地方,则应将树池与人行道面做平,树池内的泥土略低,以便使雨水流入,同时也避免了树池内污水流出,弄脏路面。必要时可以在树池上敷设留有一定孔洞的树池保护盖。

池盖通常由铸铁或预制混凝土做成,由几何图案构成透空的孔洞,既便于雨水的流入,又增进了美观。为方便清除树池中的杂草、垃圾,池盖常由两三扇拼合而成,下用支脚或搁架,这既保证了泥土不致为池盖压实,又能避免晒烫的池盖灼热池土而伤及树根。池盖遮护了裸露的泥土,有利于环境卫生和管理。结实的池盖可以当作人行道路面铺装材料的一部分,所以使用后能够增加人行道的有效宽度。盖上的图案纹样也具有装饰的作用。

由于树池面积有限,会影响水分及养分的供给,从而会导致树木生长不良。同时树与树之间增加的铺装不仅需要提高造价,而且利用效率也并不太高,所以在条件允许的情况下尽可能改用种植带式。

2. 种植带式

种植带一般是在人行道的外侧保留一条不加铺装的种植带。为便于行人通行,在人行横道处以及人流较多的建筑入口处应予中断,或者以一定距离予以断开。有些城市的某些路段人行道设置较宽,除在车道两侧种植行道树外,还在人行道的纵向轴线上布置种植带,将人行道分为两半。内侧供附近居民和出入商店的顾客使用;外侧则为过往的行人及上下车的乘客服务。

种植带内除选用高大乔木作为行道树外,其间还可栽种草皮、花卉、灌木、绿篱等。当种植带达到一定宽度时,可以设计成林荫小径。

我国规定种植带的最小宽度不应小于1.5m,可在遮阳乔木之间布置绿篱或花灌木,这对提高防护效果及增强景观作用都十分有益。当宽度在2.5m左右时,种植带内除了种植一排行道树外,还能栽种两行绿篱,或在沿车行道一侧布置绿篱,另一侧使用草皮、花卉。当种植带达到5m宽时,其间可以交错种植两排乔木。如今一些城市的主要景观道路种植带的宽度甚至有超过10m的,这对提高城市风景具有一定的意义,但占地较多,如果仅仅出于追求某种气势,则不宜提倡。

综合各方面的功能,种植带式绿化带都较树池式有利,而且对花木本身的生长也有好处。但是如果希望用种植带式完全取代树池式,可能还为时过早。

3. 行道树的选择

相对于自然环境,行道树的生存条件并不理想,光照不足,通风不良,土壤较差,供水、供肥都难以保证,而且还要长年承受汽车尾气、城市烟尘的污染,甚至时常可能遭受有意无意的人为损伤,加上地下管线对植物根系的影响等,都会有害于树木的生长发育。所以选择对环境要求不十分挑剔、适应性强、生长力旺盛的树种就显得十分重要。

(1)树种的选择首先应考虑它的适应性。当地的适生树种经历了长时间的适应过程,产生了较强的耐受各种不利环境的能力,抗病、抗虫害力强,成活率高,而且苗木来源较广,应当作首选树种。

(2)作为行道树在种植之初希望生长快速,以期能在较短的时间内达到浓荫匝地的效果。在这之后则要求其更新周期长,以减少因树木衰老而带来的频繁的更新工作。所以需要依据实际情况选择速生或缓生品种,或者综合近期规划和远期规划希望达到的效果予以合理配植。

(3)考虑到景观效果,行道树需要主干挺直,树姿端正,形体优美,冠大荫浓。落叶树以春季萌芽宜早,秋天落叶应迟,叶色具有季相变化为佳。如果选择有花果的树种,那么应该具有花色艳丽、果实可爱的特点。

(4)植物开花结果是自然的规律,作为行道树需要考虑花果有无造成污染的可能。即花果有无异味、飞粉或飞絮,是否会招惹蚊蝇等害虫,落花、落果是否会砸伤行人、污染衣物和路面,会不会造成行人滑倒、车辆打滑等事故。

(5)浅根树种容易被风刮倒,会对行人或车辆造成意外伤害,在易遭受强风袭击的城市不宜选用;而萌蘖力强、根系特别发达的树种,会因下部小枝易伤及行人或根系隆起破坏路面而不宜选用。此外还应避免在可能与行人接触的地方选择带刺的植物。

(6)行道树下为人行及车行的通道,为保持其畅通,需要对树木进行修剪。为避免树木的枝叶影响道路上部的架空线路,也要经常整枝剪叶。所以选用作为行道树的树种需要具有较强的耐修剪性,修剪之后能快速愈合,不影响其生长。

4. 行道树的主干高度

行道树主干高度需要根据种植的功能要求、交通状况和树木本身的分枝角度来确定,从卫生防护、消除污染的方面讲,树冠越大分枝越低,对保护和改善环境的作用就越显著,但分枝过低对于行人及车辆的通行就会带来妨碍。一般来说,分枝在 2m 以上就不会对行人产生影响;而考虑到公交车辆以及普通货车的行驶,树木横枝的高度就不能低于 3.5m;如今许多城市选用双层汽车,那么高度要求会更高。考虑到各种车辆会沿边行驶,公交汽车要靠站停顿,所以行道树在车道一侧的主干高度至少应在 3.5m 以上。此外树木分枝角度也会影响行道树的主干高度,如钻天杨,因其横枝角度很小,即使种植在交通繁忙的路段,适当降低主干高度,也不会阻碍交通;又如雪松,横枝平伸,还带有下倾,若树木周围空间局促,就得提高主干高度,甚至避免选用。乔灌木种植与各种工程设施的间距见表6-4 ~ 表6-7。

表6-4　树木与架空电线间距参考表　　　　　　　　　　　　　　　　　　　　m

电　缆　电　压	树木至电线的水平距离	树冠至电线的垂直距离
1kV 以下	1.0	1.0
1 ~ 20kV	3.0	3.0
35 ~ 110kV	4.0	4.0
150 ~ 220kV	5.0	5.0

表6-5　乔木和灌木的株距标准　　　　　　　　　　　　　　　　　　　　　m

树　木　种　类		种　植　株　距			
		游步道行列树	树　篱	行　距	观赏防护林
乔木	阳性树种	4 ~ 8			3 ~ 6
	阴性树种	4 ~ 8	1 ~ 2		2 ~ 5
	树丛	0.5 以上		0.5 以上	0.5
灌木	高大灌木		0.5 ~ 1.0	0.5 ~ 0.7	0.5 ~ 1.5
	中高灌木		0.4 ~ 0.6	0.4 ~ 0.6	0.5 ~ 1.0
	矮小灌木		0.25 ~ 0.35	0.25 ~ 0.3	0.5 ~ 1.0

表6-6　树木与建筑、构筑物水平距离参考表　　　　　　　　　　　　　　m

设施名称	至乔木中心距离	至灌木中心距离
低于 2m 的围墙	1.0	—
挡土墙	1.0	—
路灯杆柱	2.0	—
电力、电信杆柱	1.5	—
消防龙头	1.5	2.0
测量水准点	2.0	2.0

122

表 6-7　树木与地下工程管道水平距离参考表　　　　　　　　　　　　m

管线名称	距乔木中心距离	距灌木中心距离
电力电缆	1.0	1.0
电信电缆（直埋）	1.0	1.0
电信电缆（管道）	1.5	1.0
给水管道	1.5	—
雨水管道	1.5	—
污水管道	1.5	—
燃气管道	1.2	1.2
热力管道	1.5	1.5
排水盲沟	1.0	—

以上表中所列仅可作为种植设计时的参考,具体运用还是应根据实际情况予以确定。比如,管线埋设的深浅、树木根系的发育情况、树冠的大小等都会对种植距离的确定产生影响。当地下管线的埋设深度在0.5m以下时,树木的中心只要偏离管线的边缘,并留出翻修所需的距离即可。对于与架空电线间的水平距离也大体相似,树冠较小的行道树距离可以相对近些;树冠较大时就应适当加大与电线的距离。同时还要考虑有风时树冠的摇摆碰到电线。对于35kV以上的高压线,还应保证在树木倾倒时不会挂上电线,以免发生危险。

乔灌木的种植距离是以生长良好的成年树木使树冠形成一定郁蔽效果的距离。然而,种植之初的苗木树冠较小,以这样的距离进行栽种,会在最初的几年因过于稀疏而影响绿化的效果。所以常以正常间距的1/2、1/3或1/4距离进行种植,经数年生长之后予以间伐;也可采用速生树种和慢生树种间植,到一定年限伐去速生树。

6.2.3　分车绿带绿化规划设计

分车绿带主要的功能是将机动车与机动车之间、非机动车与机动车之间进行分隔,保证不同方向、不同速度、不同车流的车辆能安全行驶。

如道路过长,分车绿带一般应适当开口,留出过街横道,开口距离一般为70~100m;分车绿带两端头应采用圆角设计方式,两端头的植物配置应采用通透式设计。

根据分隔的对象和在道路中所处的位置的差异,分车绿带包括中间分车绿带和两侧分车绿带,其设计手段各有差异。

(1)中心分车绿带。位于道路中心,用于分隔对向行驶机动车辆而布置的绿带,最小宽度不低于1.5m,常存在于两板三带式和四板五带式的道路绿带类型中。

如宽度较窄,低于2m时,为不遮挡驾驶员的行车视线,保证行车安全,一般多使用灌木、花卉和草坪进行绿化。可采用草坪或低矮的地被植物为基础绿化,中间按一定距离有节奏地行植相对低矮的造型灌木或多年生宿根花卉。此方法的生态性和对行人的阻断性较弱,观赏性稍差,但建设投资和后期修剪维护成本相对较低,在城市的一般地段被大量采用;有时也选择一种灌木形成单一的绿篱。在城市的一些主要地段,常选用一种或多种花灌木进行满植,多种花灌木配置形成富有平面变化和立面变化的几何造型或自然流畅的色块,具有较好的观赏性,该方法对汽车噪声和尾气的处理较好,能有效阻断行人横穿道路,综合效益较高,但建设投资和后期的修剪维护成本相对较高。

如宽度中等,在接近3m时,要求居中种植一排乔木,地面常使用草坪或低矮地被植物为基础种植,中间有节奏变化地布置灌木造型或多年生宿根花卉;接近5m时,应配置两排乔木。

如宽度大于5m时,一般常采用规则式进行密林配置,或采用自然式营造植物群落式景观,但要注意通透性原则,在路面高度的0.9～3m之间的范围内,其树冠不能长时间遮挡驾驶员视线。或者自然式和规则式交替布置,乔木和花灌木分段配置,形成整条路既生态又美观的效果。

中心分车绿带的灌木一般选择低矮紧凑、耐修剪的植物,高度一般不超过路面高度0.9m;乔木多选用枝下高较合适、冠形规则的树种。为突出城市道路的特色性和文化性,也可在重点地段点缀雕塑和小品,或将灌木种植成特定图案。

(2)两侧分车绿带。位于道路两侧,用于分隔同向行驶快、慢机动车及机动车与非机动车而布置的绿带。常存在于三板四带式和五板六带式的道路绿带类型中。两侧分车绿带一般不宜设计太宽,多为1.5m。为考虑安全起见,一般多采用草坪或地被植物作基础种植,株距大于4m居中种植乔木,也可间植灌木或满植灌木;乔木选择要求枝下高明显、树干通直、主干明显,一般不提倡使用丛枝型乔木或大灌木。两侧分车绿带种植乔木,容易形成自行车道的树荫效果;同时,与中心分车绿带的植物相呼应,容易营造全路面的林荫景观,目前使用较多。

6.2.4 交叉口绿化设计

1. 交叉口

为了保证行车安全,在进入道路的交叉口,必须在路转角空出一定的距离,使驾驶员在这段距离内能看到对面开来的车辆,并有充分的刹车和停车时间而不致发生撞车,这种从发觉对方汽车立即刹车而刚够停车的距离就称为"安全视距"。根据两相交道路的两个最短视距,可在交叉口平面图上绘出一个三角形,称为视距三角形。在此三角形内不能有建筑物、构筑物、树木等遮挡驾驶员视线的地面物,在布置植物时其高度不得超过轿车驾驶员的视高,控制在0.65～0.7m以内,可布置低矮灌木花草,或者在三角视距之内不布置任何植物。

视距的大小随道路允许的行驶速度、道路的坡度、路面质量而定,一般采用30～35m的安全视距为宜(图6-6)。

2. 交通岛

交通岛也可称中心岛(俗称转盘),起着回车约束车道、限制车速和装饰街道的作用,主要是组织环形交通,凡驶入交叉口的车辆,一律绕岛做单向行驶。

中心岛的半径必须保证车辆能按一定速度以交织方式行驶,由于受环道上交织能力的限制,在交通量较大的主干道或具有大量非机动车通行或行人众多的交叉口上,不宜设置环形交通,目前我国大中城市所采用的圆形中心岛直径一般为40～60m,一般城镇也不能小于20m。

中心岛主要功能是组织环形交通,所以不能布置成供行人休息用的小游园或吸引游人的过于华

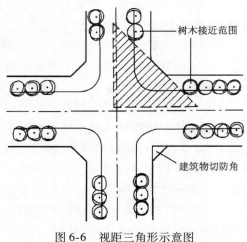

图6-6 视距三角形示意图

丽的花坛,通常以嵌花草皮花坛为主或以修剪的低矮常绿灌木组成简单的模纹花坛,切忌采用常绿小乔木或常绿灌木影响视线。

但在居住区内部,在车流比较小、以步行为主的情况下,中心岛可以小游园的形式布置,增加群众的活动场地。

3. 立体交叉绿地设计

在立体交叉处,绿地布置要服从交通功能,使司机有足够的安全视距。在匝道和主次干道汇集的地方要发生车辆顺行交叉,这一段不宜种植遮挡视线的树木;在出入口可以有作为指示标志的种植,使司机看清入口;在弯道外侧,最好种植成行的乔木,以便诱导行车方向,同时使驾驶员有一种安全感。立交中的大片绿化地段称为绿岛。从立体交叉的外围到建筑红线的整个地段,除根据城镇规划安排市政设施外,都应充分进行绿化,这些绿地称为外围绿地。

绿岛应种植草坪等地被植物,草坪上可点缀树丛、孤植树和花灌木,以形成疏朗开阔的绿化效果。桥下宜种植耐阴地被植物,墙面宜进行垂直绿化。绿岛内还需装喷灌设施,以便及时浇水、洗尘和降温。立体交叉外围绿地的树种选择和种植方式要和道路伸展方向的绿化结合起来考虑,和周围的建筑物、道路、路灯、地下设施及地下各种管线密切配合,做到地上地下合理布置,才能取得较好的绿化效果(图6-7)。

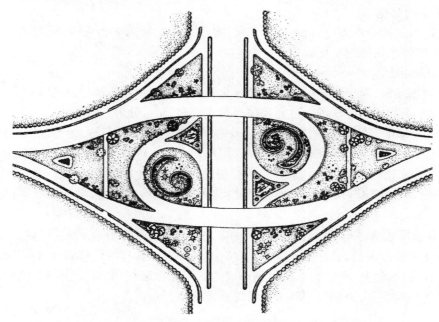

图6-7　立交桥绿化设计方案

6.2.5　路侧绿带绿化规划设计

路侧绿带是道路外侧人行道边缘与道路红线之间的绿带。路侧绿带作为街道外围的绿色景观背景,最近几年受到普遍关注,它常与沿街建筑物的外部绿地结合起来,综合布置考虑,拓展了道路绿地空间,形成幅面宽敞的生态绿色背景。

(1)路侧绿带在规划设计中需注意的几点

1)路侧绿带应根据相邻建筑物的性质,防护和景观并重,要与相邻建筑物的宅旁绿化紧密联系,既留出一定透景线,透出其宅旁绿化效果,增加道路绿化氛围,又需兼顾相邻建筑和临街建筑的私密空间需要,使用一定手法利用植物进行适当遮掩。

2)路侧绿带大于8m时,可设计成开放式绿地,布置一定园路,演变成街头小游园。

3)路侧绿带经过自然山、河、湖等环境时,要结合环境进行自然流畅的设计,留出足够的透景线,扩大路侧绿带的自然远景,衔接自然,合理过渡,充分突出自然景观美的特色。

4)路侧绿带出现陡坡、陡坎或防护边坡时,应结合工程措施进行立体绿化。

(2)路侧绿带规划形式

路侧绿带在规划中多采用外高内低的植物配置方式,以扩大道路在横向上的景深度及层次感。即外侧多采用乔木种植成林丛,而内侧采用相对低矮的花灌木或草坪。

若人行道相对较宽,则可考虑在路侧绿带的内侧配置行道树,但不宜雷同于一般的行道树规划,要有间断性的分段配置,以保障有足够的透景空间,让行人在人行道上行走时,既有浓荫郁闭的拱穹空间,也有半通透的开敞空间,两者交替变化。

路侧绿带可根据道路的功能性质,在地形上作一定的调整,营造起伏的园林地形,以增强景观的层次感;增加一些置石、卵石或白沙等景观元素,以丰富景观内容;配置健身器材、休闲设施、靠椅桌凳等休闲小品,以增加路侧绿带自然和丰富的内涵。

6.2.6 停车场和停车港的绿化

1. 停车港的绿化

在路边凹入式的停车港内,可在周围植树,将汽车停在树荫下不受晒,既解决了停车对交通的影响,又增强了街道的美化效果。

2. 停车场的绿化

机动车逐渐增加,对于停车场的设立及绿化要求很迫切。停车场分成三种形式,即多层停车场、地下停车场和地面停车场。目前我国地面式较多,又可分为三种形式:

(1)周边式绿化的停车场。四周植落叶及常绿乔木、花灌木、草地、绿篱或围成栏杆,场内全部为铺装,近年来多采用草坪砖作铺装。四周规划有出入口,一般为中型停车场。

(2)树林式绿化的停车场。一般为较大型的停车场,场内有成排成行的落叶乔木,场地可采用草坪砖铺装。这种形式有较好的遮阳效果,车辆和人均可停留,创造了停车休息的好环境。

(3)建筑前绿化兼停车场。建筑入口前的美化可以增加街景变化,衬托建筑的艺术效果。建筑前的绿化布置较灵活,景观比较丰富,多结合基础栽植、前庭绿化和部分行道树设计,可以布置成利于休息的场地。要能对车辆起到一定的遮阳和隐蔽作用,以防止因车辆组织不好使建筑正面显得比较凌乱,一般采用乔木和绿篱或灌木结合布置。

6.3 游憩林荫道和步行街绿地设计

6.3.1 游憩林荫道绿地设计

1. 林荫道的设计原则

1)必须设置游步路,可根据具体情况而定,在林荫道宽8m时设置一条游步路,在8m以上时以两条以上为宜。

2)车行道与林荫道绿带之间要有浓密的植篱和高大的乔木组成绿色屏障相隔,一般立面上布置成外高内低的形式。

3）林荫道中除设置游步小路外,还可考虑布置小型的儿童游戏场,休息座椅、花坛、喷泉、阅报栏、花架等园林小品。

4）林荫道可在长 75～100m 处分段设立出入口,各段布置应具有特色,在特殊情况下(如大型建筑的入口处)也可单独设出入口,但分段不宜过多,否则影响内部的安静。在林荫道的两端出入口处可加宽游步路或设小广场,是城市面貌构图上的一种常见的艺术处理方法。

5）林荫道中的植物配置主要以丰富多彩的植物取胜,道路广场面积不宜超过 25%,乔木占地面积为 30%～40%,灌木占地面积为 20%～25%,草坪占 10%～20%,草花占 2%～5%。南方天气炎热,需要更多的庇荫,故常绿树的占地面积稍大;北方落叶树占地面积稍大为宜。

6）林荫道的宽度在 8m 以上时可按自然式布置,8m 以下时按规划式布置。

2. 林荫道规划布局

以城市街道为参考,林荫路的规划布局一般有三种布局形式:中央式、单侧式和双侧式。

（1）中央式

林荫路布局在城市街道的中轴线上,两侧为城市街道,带有分隔对向行驶车辆的功能,适用于街道宽、车流量相对较少的地方。此布局可以形成集中连片的街头绿地,但因人们进入时必须横穿街道,影响行车安全和行人安全而很少采用。

中央式林荫路的内部设计多采用规则式布置,一般是两侧采用高大乔木成排种植,形成较为密集的林带,内部根据宽度设计 1～2 条人行游步道,横向上形成外高内低、外实内虚的空间变化。人行游道可串连分段扩展而成的几何块状空间,形成纵向上的密实与虚空的交替变化,在块状空间内分别布置健身广场、小型运动场地和微型景观广场等空间节点,两侧或两端设置出入口与相邻街道连通。

（2）单侧式

林荫路布局在城市街道一侧,形成林荫道一侧为市镇街道,另一侧为城市其他用地的格局。该布局同样形成了集中连片的街头绿地,同时还避免了行人横穿街道的不安全因素,因而在实际规划中应用相对普遍,但不足之处在于街道两侧景观有偏颇,缺乏均衡。该布局适用于交通流量大、居民区集中于街道一侧时使用。

单侧式林荫路的内部设计可采用规则式或自然式。在横向上,靠街道一侧采用密实的林带;而另一侧,为了增加景观的通透性,可采用半开敞空间布局,中间形成相对疏空的人行活动空间。在纵向上,与中央式林荫道相同,人行游步道的沿线可设计多个规则式或不规则的景观空间,布置相应的休闲设施。

（3）双侧式

林荫路布局在街道两侧,能最有效地避免行人横穿街道,有利于行人自由进入林荫路,营造街道两侧对称景观。可结合城市道路的行道树绿化和路侧绿化进行设计,形成街道两侧绿荫面较大的绿化效果,对防止和减弱来自街道的汽车噪声和尾气有良好的作用,但不足之处在于需占用较大土地面积方能达到理想效果。该布局形式较适用于交通流量大、两侧居民建筑平均的地段。

双侧林荫路的内部布局结合行道树绿带和路侧绿带来设计时,内部多采用规则式设计。横向上,结合行道树绿带和路侧绿带,营造两侧相对密集而内部相对通透的空间,设计散步道和休闲小广场;纵向上,常形成乔木片植和规则式开敞硬地交替变化,中间采用休闲步道连接。

林荫道的两侧一般采用常绿的乔木并辅助一定的灌木进行配置,而中央区域一般采用常绿乔木和落叶乔木的集中分片或分段配置。

6.3.2 步行街绿地设计

1. 步行街的类型

对一些人流较大的路段实施交通限制,完全或部分禁止车辆通行,让行人能在其间随意而悠闲地行走、散步和休息,这就是所谓的步行街。步行街的类型有以下几种:

(1)商业步行街

我国目前最为常见的是商业步行街。在城市中心或商业、文化较为集中的路段禁止车辆进入,可以消除因机动车而带来的噪声和废气污染,在根除了人车混杂现象之后,解消了人们对发生交通事故的担心,使行人的活动更为自由和放松。正是步行街所具有的安全性和舒适感,可以凝聚人气,对于促进商业活动也有积极的意义。

(2)历史街区步行街

国外有些城市为保护某些街区的历史文化风貌,将交通限制的范围扩大到一定区域,成为步行专用区。随着城市的发展,方便出行通常是人们普遍关心的问题之一。我国许多城市,包括具有相当历史的古城,解决交通的主要方法就是拆除沿街建筑以拓宽道路,其结果势必改变甚至破坏了原有的城市结构和风貌。如果改用禁止车辆进入,可以在一定程度上缓解人车混杂的矛盾,同时也能避免损害城市的旧有格局,以达到保护历史环境的目的。当然与步行专用区相配套的是在其周边需要有方便、快捷的现代交通体系。

(3)居住区步行街

在城市居民活动频繁的居住区也可以设置步行街,国外称之为"居住区专用步道"。居住区需要有一个整洁、宁静、安全的环境,而禁止机动车辆的通行就能使之得到最大程度的保证。然而在居住区设置步行街除了舒适、安全的目的之外还要考虑便利性和利用率的问题,所以当机动车流量不是太大时,是否有必要完全或分时段禁止车辆通行就应根据实际情况予以考虑。

2. 步行街的设计原则

商业步行街总体要服从于城市发展的总体规划要求,在选址、范围、市镇交通分流功能定位等方面,必须周密考虑,在内部的景观规划中应遵循以下原则。

1)功能性优先原则。商业步行街主体是要营造良好的商业氛围,规划时既要有利于商家的经营展示,又要有利于购物者的舒适购物。

2)继承保护和发展文化原则。一条商业步行街的繁荣离不开历史的沉淀和文化的积累,继承和保护好城市街区传统的文化底蕴是根本,在此基础上,还需要不断发展和创新符合现代人们审美需求的景观元素。

3)生态化原则。商业步行街人流集中,要通过合理的绿色元素,有效地降低噪声、提高湿度和提供必要的遮荫效果,创造轻松宜人的舒适环境。

4)多目标规划原则。通过合理的规划,在保障商业功能最大化发挥的基础上进行合理的空间分割,营造社交和集会的氛围;灵活多样地构思景观亮点,渲染文化的魅力;创造宜人的环境,烘托聚集的人气,最终形成能满足不同年龄层次人群的不同兴趣爱好和审美需求,并达到舒适购物、观赏休闲、文化品味和舒心交往的多种目标。

5)可持续发展的原则。规划要综合把握商业街的历史文脉,要预见未来的发展趋势,做到近期和远期规划相结合;要运用环境心理学的原理,使商业区环境氛围与功能发挥形成良好的互动,呈现良性循环,保障持续和恒久的发展态势。

3. 步行街的设计

步行街是由普通街道转化而来,因此在形式上它与普通街道具有相当多的联系,只是当其完全禁止所有车辆通行之后,原来的车行道就转变成为供行人漫步、休息的空间,于是其间可以设置更多装饰类小品和休憩类小品,使之呈现出安全、舒适、美观的特色。

步行街的利用形式基本可以分为两类。一种是只对部分车辆实行限制,允许公交车辆通行;或是平时作为普通街道,在假期中作为步行街,被称为过渡性步行街或不完全步行街。这种步行街仍然沿用普通街道的布置方式,但为了创造一个良好的休闲环境,应提供更多便利于行人的休息设施。另一种是完全禁绝一切车辆的进入,称完全式步行街。由于消除了车辆的影响,可使人的活动更为自由和放松,而原先留做车道的位置可以进行装饰类与休憩类小品的布置,用花坛、喷泉、水池、椅凳、雕塑等要素予以装点,使街道更加优美和舒适。

与游憩林荫道不同的是,步行街需要更多地显现街道两侧的建筑形象,尤其是设置在商业、文化中心区域的步行街还要将各种店面的橱窗展示在游客及行人的面前,所以绿化中希望尽可能少用或不用遮蔽种植,但需要注意步行街的规划设计中忽视植物景观的倾向。目前我国不少城市的商业区步行街的改造中往往过多地运用硬质材料,而花木类软质材料使用偏少,其结果虽令街景得到了改观,但满眼的硬质造型使人感到冷漠和缺乏亲切感,尤其是盛夏时节,无处躲避的骄阳让人望而却步,这无疑是与创造宜人环境的初衷相背离的。

有人将步行街视为带状的广场,因而用广场的理念予以设计,但在实际的使用过程中,广场式的步行街却存在着较为明显的缺陷与不足。因为步行街不仅要满足各种人群的出行、散步、游憩、休闲,而且还应对商业活动产生促进,所以能让人们延长逗留时间应是设计的出发点。因此,增加软质景观的运用,利用乔木的遮荫作用,可以创造一种不受季节和气候影响的宜人环境。充分的灯光照明可以为夜间的活动提供方便,而借助灯光还可以突出建筑、雕塑、喷泉、花木以及各种小品的艺术形象,从而为夜景增添情趣,所以对灯光的精心设计也是提高步行街品质的重要方面。此外,步行街上的各种设施,包括装饰类小品、服务类小品以及铺装材料、山石植物等都要从人的行为模式及心理需求出发,经过周密规划和精心设计,使之从材料的选择到造型、风格、尺度、比例、色彩等方面的运用都能达到尽可能的完美,使人倍感亲切。

4. 步行街的植物配置

商业步行街的植物配置需呼应各功能空间的气氛和要求,既能发挥生态绿色功能,又能体现符合功能的美化效果。

两侧的植物距商业建筑至少在4m以上,可选择树池式或树台(凳)式种植行道树。行道树的栽植株距要适当加大,最好和店铺与店铺之间的交界线对应,避免遮挡商铺。

在内部,商业展示和文化表演区的乔木应冠高荫浓,留出较高的树冠净高度,一般多结合场地配置成对植、行植或孤植景观,周边可结合人流的疏导布置一些色彩艳丽和图案精美的花坛。游人休息区可种植成行成列的乔木,中间设置休闲桌凳,以较好的遮荫提供良好的休息空间;文化展示区的植物应丰富多彩,乔木和花池(台)结合,用绿地分隔地块,形成并协调烘托展示空间;特色小吃和旅游纪念品经营地应采用乔灌木结合,规则或自然的配置形成隔离围合的空间。对于地下情况不容许栽植乔木的,应使用可移动的大木箱或其他大型箱式种植器来种植乔木进行摆放。

6.4　城市滨水绿地设计

6.4.1　滨水绿地的作用及类型

1. 滨水绿地的作用

沿城市水体岸线进行绿化,除与城市其他地段的绿化建设具有相同的功能外,由于它与江河湖海相邻,还形成了自身的特点。

（1）滨水绿地的环境作用

流动的空气经由水面往往会使能量蓄积,因而在大型水体如湖泊、海洋近旁的巨大风力可能对人们的生活产生影响,甚至造成破坏。尤其是在我国,受太平洋副热带季风的影响,每年的夏、秋两季东南沿海经常会遭到台风的袭击。所以如能在临近湖泊、大海之类大型水体的地带种植一定宽度的绿带,可以大大降低风速,减轻因大风带来的破坏。

而花草树木庞大的根系可以吸收和阻挡地下污水,从而也可以降低城市污水直接流入水体而造成的水质污染,起到涵养水源的作用。

（2）滨水绿地的景观作用

在观景和游憩方面,因为水的存在,其多样的形态使景观设计发生了很大的变化,从而大大丰富了城市的风貌,同时也给游人提供了更为舒适的环境。

可以看到滨水地带的固有景观构成有水体、岸线、堤坝、桥梁等水工构筑物以及植被、鱼、鸟等自然生态。经过规划设计还可以将人工植被、园林小品、园路、相邻的建筑景观、远方的山林景观,甚至晨昏、四季、阴晴雨雪、车船人流等都组织到绿地景观之中。

2. 滨水绿地的类型

水与人们的生活休戚相关,因此不少城镇、乡村都会选择在滨水之地进行建设和发展,而自然江河湖海的形态以及规模常常影响到城镇、乡村与水体之间的关系,所以滨水游憩绿地也就呈现出不同的类型。依据目前我国城市水体的形式,滨水游憩绿地大体可以分为以下几类:

（1）临海城市中的滨海绿地

在一些临海城市中,海岸线常常延伸到城市的中心地带,由于岸线的沙滩、礁石和海浪都具有相当的景观价值,所以滨海地带往往被辟为带状的城市公园。此类绿地宽度较大,除了一般的景观绿化、游憩散步道路之外,里面有时还设置一些与水有关的运动设施,如海滨浴场、游船码头、划艇俱乐部等。

（2）面湖城市中的滨湖绿地

我国有许多城市滨湖而建,最为人们熟悉的滨湖城市是浙江的杭州。此类城市位于湖泊的一侧,甚至将整个湖泊或湖泊的一部分围入城市之中,因而城区拥有较长的岸线。虽然滨湖绿地有时也可以达到与滨海绿地相当的规模,但由于湖泊的景致较大还更为柔媚,因此绿地的设计也应有所区别。

（3）临江城市中的滨水绿地

大江大河的沿岸通常是城市发展的理想之地,江河的交通、运输便利常使人们很容易地想到在沿河地段建设港口、码头以及运输要求的工厂企业。随着城市发展,为提高城市的环境质量,如今已有许多城市开始逐步将已有的工业设施迁往远郊,把紧邻市中心的沿河地段辟为休闲游憩绿地。因江河的景观变化不大,所以此类绿地往往更关注与相邻街道、建筑的协调。

（4）贯穿城市的滨河绿地

东南沿海地区河湖纵横，过去许多中小城镇大多由位于河道的交汇点的集市逐步发展而来，于是城市内常有一条或几条河流贯穿而过，形成市河。随着城市的发展，有些城市为拓宽道路而将临河建筑拆除，河边用林荫绿带予以点缀；而在城市扩张过程中，原处于郊外的河流被圈进了城市，河边也需要绿化进行装点。由于此类河道宽度有限，其绿地尺度需要精确地把握。

6.4.2 滨水绿地设计要点

1. 系统与区域原则

在进行规划设计时，应整体全面考虑，通过林荫步道、自行车道、植被及景观小品等将滨水区联系起来，保持水体岸线的连续性。线性公园绿地、林荫大道、步道及车行道等皆可构成水滨通往城市内部的联系通道。在适当地点进行节点的重点处理，放大成广场、公园，在重点地段设置城市地标或环境小品。将这些点、线、面结合，使绿带向城市扩散、渗透，与其他城市绿地元素构成完整的系统。

2. 场所的公共性

要使绿带真正地成为市民喜欢的公共场所，成为全体市民的公共财富，就必须防止各种圈地现象，使市民不能自由进入。如果这种情况很多，就会妨碍公众活动的自由性和连续性，对形成优良的城市景观与观景休憩公共绿地造成极大障碍。

3. 功能的多样性

滨水区应提供多种形式的功能，如林荫步道、成片绿荫休息场地、儿童娱乐区、音乐广场、游艇码头、观景台、赏鱼区等，结合人们的各种活动组织室内外空间。点、线、面相结合：线——连续不断、以林荫道为主体的贯通脉络；点——在这条绿化线上的重点观景场所或观景对象，如重点建筑、重点环境艺术小品、古树；面——在这条主线周围扩展开的较大活动绿化空间，如中心广场、公园等，这些室外空间可与文化性、娱乐性、服务性建筑相结合。

4. 水体的可接近性

亲水是人的天性，但很多城市的滨水区往往面临潮水、洪水的威胁，设有防洪堤、防洪墙等防洪工程设施。这些设施可采用不同高度临水台阶的做法，如低层台阶按常年水位来设计，每年汛期来临时允许被淹没，中层台阶只有在较大洪水发生时才会被淹，这两层台阶可以形成具有良好亲水性的游憩空间。

5. 环境保护与生态化设计

水的质量是滨水区开发的关键，很多城市的滨水区开发都是从河道清污、净化水质开始的。

6. 在水滨植被设计方面，应增加植物的多样性

城市水滨的绿化应多采用自然设计，以地被、低矮灌丛、高大树木形成多层次组合，应尽量符合水滨自然植物群落的结构。

7. 在驳岸的处理上可以灵活考虑

根据不同地段及使用要求，进行不同类型的驳岸设计，如自然式驳岸等。

此外，在城市滨水区绿地设计中，还应充分尊重地域性特点，与文化内涵、风土人情和传统的滨水活动有机结合，保护和突出历史建筑的形象特色，以人为本，让全社会成员都能共享滨水的乐趣和魅力。由于城市滨水区场所的意义内容多样，可以从生活的内容、社会背景、历史变迁、自然环境等众多因素中发掘，形成独具一格的滨水景观特色。

6.4.3　滨水绿地的平面布局

滨河绿地规划设计应根据周边环境和内部的功能发挥,灵活多变地采用规则式和自然式进行布置。滨河绿地的水岸线一带,一般以安全为根本,同时兼顾游客的亲水需求。当水面开阔时,各景观元素应相对稀疏,留出足够的透景线,可设置临水步道、亲水平台、戏水草地或戏水沙滩,也可根据景观表现需求,设置少量醒目的标志性景点。特别是对岸景致较好的地点,要考虑最佳透景视线,布置最佳角度和地点的观景平台等设施,达到互相呼应和借景的需要。当水面相对狭窄时,应考虑岸边多植富有层次变化的植物,以体现自然幽静之美。

滨河绿地的中央位置是营造大面积生态绿地和满足游客休闲游览的空间,以植物围合不同的空间场地,设置满足游客休闲娱乐的场所和设施,陈列各类文化观赏景点。

滨河绿地远离水体的另一侧一般为城市道路和建筑,规划时要结合城市道路和建筑的需要,采用通透式配置,设置防护绿带透景空间。

总体而言,在平面布局上,滨河绿地的近水一侧应相对通透、稀疏;立体上相对低矮。平面上和立体上都应与河流驳岸线自然流畅的特性相协调,营造自然滨河景观。滨河绿地的远水一侧应以隔离防护和透景相结合,既要避免干扰,又要透出水景。而在滨水绿地的中部应该体现疏密有致、游路蜿蜒、空间多变的处理手法。在滨水绿地的纵向序列上,其平面布局应以紧密为主,局部留空来处理,达到疏密有致,各种休闲设施和文化景点要序列排放或分段展示;在立体构成上,滨河绿地应高低错落,变化柔和。

6.4.4　滨水绿地的景观

1. 河道的景观设计

河道的景观设计要注意平面和断面两个方面,杜绝对河道盲目地采取截弯取直和对河床硬质化的方法,维护和修复营造自然河道具有的凹凸有致的柔和水岸。断面上一般忌讳形成矩形断面。最好营造柔和的或多种台阶式的断面形式。

2. 沙滩地的景观设计

沙滩地是陆地与水体过渡的自然演化产物,旱季外露而雨季可能被淹没,现代生态规划的理念是尽可能维持沙滩地的原始存在,容许沙滩地呈现季节性淹没。不作过多园林化的处理,适当布置生态化的园路和场地,根据需要,可布置临水平台、台阶、栈道及卵石步道等,还可结合城市污水处理工程,营造湿地污水处理工程。

3. 驳岸的景观设计

驳岸是城市河流生物多样性最丰富的地带,是现代河流治理和景观规划的重头戏,也是影响河流生态安全和景观美感最敏感的地方,要运用生态学原理进行驳岸的生态设计,既保障驳岸坚实牢固能抵抗水流的冲蚀,又可避免驳岸硬化,切断自然水流与自然环境的生态交流环节。目前,河道的治理和景观规划均提倡采用生态驳岸的处理手法。

(1)生态驳岸

所谓生态驳岸,即是指借鉴自然河堤的原理,人工修造可以保证水体与自然环境之间具有多种自然生态呼吸作用,且能营造水岸生物多样性生境,并具有一定防洪和抗冲刷能力的保水固土水岸设施。生态驳岸所提供的这种自然生态呼吸作用应该使水体与自然环境之间具有通畅和谐的物质和信息交换,其基本特征应具有以下特点:

① 水陆具有通畅的生态交流途径,能为水体动植物和陆地植物提供良好的生存和繁衍场

所。

② 具有自然流畅的水岸线,使用环保材料保护堤岸,达到安全稳定和自然生态的效果。

③ 使用通透性较好的原生态材料,保证水体具有一定的自净化作用。

④ 自然协调的外观,与附近环境具有较高的融合度。

⑤ 兼顾考虑人的亲水性和水体的亲土性。

经实践证明,生态驳岸具有以下优点:

① 能在水体与陆地之间形成有机的生态通道,实现两者之间物质、养分、能量和生态信息的通畅交流。

② 为相关生物提供适宜的栖息地。

③ 驳岸可过滤地表径流,避免水土流失直接进入水体而使水体混浊。

④ 驳岸植物根系可固着土壤、保护堤岸,能增加堤岸结构的稳定性。同时发挥植物净化水质和涵养水源的作用,而且,随着时间的推移,这种作用也会越来越明显。

⑤ 具有自然的结构和外观,容易与周边环境自然协调。

⑥ 造价低廉,后期维护管理的强度和费用都较低。

目前,生态驳岸虽然得到普遍的认同并大量使用,但也存在许多不足和缺陷,在设计中要给予高度重视,主要的不足和缺陷包括:

① 选用材料及设计方法不同,其固土防护的能力相差大,需要设计师和施工人员相互配合,结合现场具体情况,认真分析研究,制定科学合理的技术方案。

② 不能抵抗高流量洪水、高强度和长时间的水流冲刷,需要结合实际进行多种形式的驳岸组合。

③ 与之相适用的植物选育工作存在一定差距,要根据植物的生态习性和各自的特点进行综合考虑和配置。

生态驳岸一般是指山石驳岸、土石驳岸、植生体驳岸、植草格驳岸、土质驳岸和自然河滩等。

（2）驳岸的景观设计

园林中,常见的水景驳岸有以下几种:

① 光面砌体驳岸。采用混凝土、钢筋混凝土进行浇筑成型,或使用砖块、石块规则式修砌成型,然后使用石材板或瓷砖等光面材料进行表面处理形成的水体驳岸。该方式保水性、抗冲刷能力最好,易于清洗打扫和管理,但生态性最差,观赏性也不好,一般仅使用在城市的规则式园林喷水池和景观水渠中。

② 糙面砌体驳岸。采用上述方法成型,然后使用卵石或糙面石材板等材料进行表面处理,形成粗糙表面的水体驳岸。该方式同样具有上述方式的主要优缺点,但观感上有所改善。在规则或自然式的各种园林水景中都可使用。

③ 塑石驳岸。使用混凝土、砖块或块石进行修筑形成驳岸的基本骨架,表面采用彩色水泥浆或石头漆进行塑造,形成仿竹、仿木或仿石等形状和纹理的水体驳岸。该方式具有等同于光面砌体驳岸的各项优点,观赏性也较好,在地质结构复杂或松软的情况下,可形成各种形式的自然式园林水景,但生态性同样较差,且使用寿命有限。

④ 山石驳岸。使用形状不一、大小不等的自然山石,采用假山堆砌的方法进行修造而形成的驳岸。本方式生态性和观赏性相对较好,但施工工艺和技术难度大,造价高,多使用在面积相对较大、地质保水性相对较好的自然式园林水景中。

⑤ 土石驳岸。使用黏土、卵石或自然山石为材料,按一定比例和形状进行修造,并在其间间植适生植物形成的驳岸。该方式的驳岸一般需要一定的坡度,才能保证稳定性和抗冲刷能力。土石驳岸具有较好的生态性和观赏性,被大量使用在面积相对较大、地质保水性较好的自然式园林水景中。

⑥ 植生体驳岸。使用编织袋、竹箩、木箱或金属网箱装填种植土壤堆叠码放,并在表面种植适生植物或插入柳条等,最终通过植物根系固定土壤而形成的驳岸。该方式的驳岸可不考虑坡度限制,稳定性和抗冲刷能力均较好,但随着驳岸高度的增加,其稳定性会下降,通常以不超过 1.5m 为宜。植生体驳岸建成初期的稳定性、生态性和观赏性不是太好,但等植物成活并生长成形后,其各方面的能力和效果就逐渐提高了。在地质保水性较好的园林水景中可以使用。

⑦ 植草格驳岸。在已经整理形成45°坡度以下的堤坝迎水坡面上安铺水泥预制或塑料植草格,并在其中种植适生草坪、藤本或灌木形成的驳岸。该方法的稳定性和抗冲刷能力都较好,但观赏性较差,一般仅使用在防洪要求高、水流速度快的自然水体护坡设计中。

⑧ 土质驳岸。以纯土壤为材料夯实形成的驳岸,根据现场的地质和土壤稳定性,配合使用木桩、竹桩、木板或柳条等固土形式而建成。该方法自然生态、施工简单、造价低廉,但需原有基址具有较好的土壤密实度和保水性。

⑨ 自然河滩。没有明显的驳岸,以天然河滩为原型,设计和建造成卵石河滩、沙滩或植物河滩等形式,具有较高生态性和观赏性的水陆过渡模式。该方法需要具有宽阔的水面、地质保水性好,是现代园林水景倡导的方式,与临水绿地能形成较好的自然协调性。

⑩ 单级驳岸。驳岸坡度较大时的一种横断面设计模式,指按照一定的坡度设计和建造形成的通体性驳岸模式。该模式占地面积小,适宜在水体周边土地狭窄时使用,但其景观性和生态性是最差的,防洪能力和安全性也不好。

⑪ 多级驳岸。驳岸坡度较大时的另一种横断面设计模式,指按照一种或多种设计和建造坡度,横断面上形成 2 级以上阶梯式分布的多台式驳岸模式,每级台地之间可设计供人行走的临水道路,也可设计成为植物种植绿带。该模式占地面积相对较大,适宜在水体周边土地宽敞、驳岸高度过大时使用,其景观性、生态性和满足人们亲水性方面都有很大改善。防洪能力和安全性都较好,能形成较高的驳岸防护。

驳岸的处理方法很多,实际中应根据河流的不同水量及流速、方向、防洪的标准、周边的环境、材料的特性及景源等多方面进行综合考虑来比较选择并设计。

一般情况下,城市河流中对防洪要求较高的地方采用不做表面装饰的砌体驳岸,保证具有较好的稳定性和抗冲刷能力,设计中要根据实际情况灵活选用单级或多级驳岸,在保证防洪要求的情况下,尽可能使用多级驳岸或由环保材料建造的驳岸。

在防洪要求不高的地方,一般不主张采用较为陡峭的驳岸设计,倡导使用生态驳岸,以保证生态性和景观性的发挥。水体的驳岸要提倡与人工湿地技术结合起来,既可以减低驳岸的陡峭度,避免形成过重的人工痕迹,又可以进行适度的污水处理。这对滨河绿地中收集和处理场地雨水以便直接排入水体有非常积极的意义,可简化甚至省略场地排水管网的设计及建设,节约大量资金。

4. 生态浮岛设计

生态浮岛是现代重视人工湿地技术在污水净化中的运用而产生的一种设计模式。所谓生态浮岛是指在河流或水体中采用木桩或漂浮物体进行一定面积的固定或半固定,通过安装保护网格回填一定种植土,大量种植沼生植物形成的水面绿岛。生态浮岛是利用人工湿地技术进行污水处理的一种生态技术,同时,也可以通过生态浮岛开展一定的观光养殖和旅游。

5. 其余

滨河绿地的其余景观设计包括休闲设施景观设计、标志性文化景观设计和灯光景观设计等。在具体规划中,要采用灵活手法和丰富多样的形式,或结合休闲功能,或依据某一文化主线,进行有创意的设计。其中,富于特色的标志性文化景观设计是艺术性要求较高的层面,应给予重视。

6.5 公路、铁路及高速干道的绿化

6.5.1 公路绿地规划

根据道路所处的环境不同,主要有路堤式、路堑式和混合式三种。

① 路堤式。使用填方设计,使路基明显高于周边地形的路基结构形式,路侧绿带为斜坡式绿带,该结构形式多出现在平原、田野地段。

② 路堑式。使用挖方设计,使路基明显低于周边地形的路基结构形式,其路侧绿带为内倾斜坡式绿带,甚至出现大量石质边坡,该结构形式一般为全路基穿过山峦时出现。

③ 混合式。使用挖填两种设计,使路基一边侧高于周边地形而另一侧低于周边地形的路基结构形式,其路侧绿带也是呈现相应的外倾或内倾形式。该结构形式一般为山坡中下部或溪涧边时的设计方法。

根据道路是否双线形式、行车路面是否在同一水平高度上等,还有其他的分类。这里不再一一叙述。

道路横断面的结构不一样,形成的绿带形式不一样,其设计的方法和景观形成也不一样,在规划设计中,要加以区别。

公路路侧绿带是公路与周边环境的过渡带,重点在于固土护坡、协调公路与沿线景观的联系。同时要形成公路的空间界限,提高行车安全。

在路侧绿带绿化设计时,要注意根据道路沿线的环境分析。绿化配置要避免"一条路,两排树"的呆板形式,要与沿线自然景观结合起来,断续安排高大乔木,分段使用不同树种,有针对性地透出沿线的山水景观和田园景观,以变化的沿线景观画面,改善驾乘人员的枯燥感和提高驾驶员的兴奋度。

对于路堤地段,一般在路堤外侧配置乔木,斜坡的中下部位使用乔灌草种植与周边环境协调。对于路堑地段,由于道路空间相对狭窄,树木配置忌讳形成甬道效果;一般采取从道路起向外侧的由低到高的植物配置模式,而且有一定的林缘线变化,以扩大视觉空间和视觉画面。对于混合式地段,绿化形式根据以上两种方法来区别处理。

6.5.2 铁路绿地规划

铁路因运载客货量大、快速、便捷且价格相对低廉,成为国民经济的大动脉。铁路运输承担了我国50%以上的客货运量,2005年,我国铁路总里程达7.5万公里。国家新的交通发展规划预计在2015前,全国铁路营业里程达12万公里左右,其中西部地区铁路5万公里左右,基本建成规模超4万公里的快速铁路(时速160公里以上)网,漫长的铁路穿越了广阔的国土面积,搞好铁路绿地建设,也是城市绿地建设的主要内容之一。铁路绿地主要包括路侧绿带和车站绿地两种。

1. 铁路路侧绿带设计

铁路路侧绿带设计在选择合适树种的前提下,总体上遵循与周边环境相融的方法进行,主要注意从以下几点加以考虑:

1)道路两侧树种应尽量整齐划一,一定距离分段种植不同树种,要注意和沿线的山水景观及田园风光相结合,留出一定的透景线。

2)考虑到火车速度较快,体量较大的特点,为避免周边植物的风倒现象和保证火车安全行驶,灌木配置离铁轨不低于6m,乔木配置不少于8m。

3)铁路距信号机前800～1000m以内或弯道内侧地段,不宜配置遮挡视线的乔木,以种植矮小灌木为主。

4)铁路与公路交叉的道口,绿化设计要考虑通透式配置,距交叉口至少50m以内不得栽植树木,300m以内的树木配置要适当加大株距。

5)路堤和路堑坡面不能栽植乔木,一般采用灌木和草坪绿化。

6)桥梁、涵洞等建筑物周围50m以内不得栽植乔木。

7)包含铁路沿线。乔木与一般电杆保持地面5m和树冠处2m的净空距离,与高压电杆保持地面10m和树冠5m的净空距离。

8)在铁路防护范围内,提倡以植物的方式营造生物防护林。

2. 铁路车站绿地绿化设计

铁路车站是客货流量聚集的场所,同时也是城市文明的标志之一。绿化设计总体应简洁明快,既提供便捷、宽敞的客货流动空间,也精心构思标志景点,同时也需营造旅客休息场地。

铁路车站绿地多布局在站前区,一般结合站前广场进行。绿化要呼应交通通道,设置一定数量的行道树。空间较小时使用绿篱和花池,核心部位要配合主要的雕塑、喷水池等主要景点,配置色彩丰富和构图精美且有创意的花坛和花池,以赏心悦目的视觉感来增强旅客对车站和城市的基本印象。在站前区的两侧,要集中配置林荫树阵和乔灌花草搭配的绿地,以满足候车购票人员的短暂休息需要。

6.5.3 高速干道绿化设计

随着国民经济的发展和城市化进程的加快,高速路在我国正逐步形成网络。高速路分为高速公路和城市快速干线,前者的设计时速为80～120km,后者为60～80km。下面以介绍高速公路为主,城市快速干道可参照高速公路。

高速公路绿化具有多种功能,它既可以美化环境,还可以避免、减少和缓冲行车事故的发生,稳定路基,延长高速公路的寿命。在高速公路绿化设计与建设中,根据自然条件、公路运输和使用者的需要,选择适合的绿化植物,利用植物的颜色、形态及风格的多样性,在道路两旁及公路用地范围内建立和谐、优美的植物群体。

1. 设计特点与原则

(1)动态性

高速公路的服务对象是处于高速行驶中的驾乘人员,其视点是不断变化的,绿化设计要满足不断变化中的动态视觉的要求。分车带应采用整形结构,简单重复成节奏韵律,并要适当控制高度,以遮挡对面来车灯光,保证良好的行车视线。

(2)安全性

高速公路绿化可起到诱导视线、防止眩光、缓解驾驶员疲劳等作用,高速公路的绿化横断面应由低矮的草本、灌木丛和高大的乔木组成多层配置。其中在近路缘行车平面上一般不种植高大的乔木,宜种植低矮的灌木。这是因为行车时速高,高大行道树的明暗眩光和路面阴影会分散驾驶员的注意力,落叶还会降低路面的防滑性能,较深的根系甚至会破坏路基。高大的乔木一般应植于边坡以外。

（3）统一与变化

高速公路的景观设计强调统一,但不是千篇一律,没有区别,而是要在统一的主题下表现出各自的特色和韵味,否则会因沿途景观单调而使驾驶员注意力迟钝。适当的变化如建筑物的风格、造型、色彩以及线形的弯曲、起伏等,都会使驾驶员在行车途中感受到沿途景观富有节律感、多变性,产生愉悦的心理,达到消除疲劳、提高行车安全的目的。所以,高速公路的景观设计一定要统一主题,在统一中变化,在变化中统一。

2. 绿化设计

（1）中央分隔带绿化

中央分隔带按照不同的行驶方向分隔车道,防止车灯眩光干扰,减轻对向行驶车辆接近时驾驶员心理上的危险感。按照国家行业标准的有关规定,公路防眩遮光角度一般控制在 0° ~ 15°。为引导驾驶员的视线,强调道路的线形变化,强化防眩功能,中央隔离带绿地较窄时宜采用单株等距式配置,较宽时可采用双行或多行栽植。中央分隔带绿化以常绿灌木（如云杉、圆柏等）规则式种植为主,配以适应力强、花期长、花色艳丽的花灌木（如丰花月季、连翘、探春、丁香等）,以取得全路在整体风格上和谐一致的效果。

（2）互通立交区域绿化

互通立交区域是高速公路绿化的节点。该区域绿地受限制较少,绿化设计手法丰富多样。绿化设计除与全线绿化的总体风格相协调外,还应追求变化,达到优美的景观效果,同时力求反映所在城镇、工业区及旅游区的风格特色。对于靠近城市市区及有重要意义的互通立交,在景观设计上应予以重点考虑,力求使互通立交区的景观充分融入城市整体景观中,使之成为所服务的城镇景观的有机组成部分,给过往游客留下较为深刻的印象。

互通立交绿化设计应以植物配置为主,在大小不同、形态各异的绿地中,利用不同植物镶嵌组合,形成一个个层次丰富、景色各异的生态绿岛。其设计要点是:

① 中心绿地注重构图的整体性,图案应表现大方、简洁有序,并能结合地域文化,使人印象深刻。

② 小块绿地成片种植一常绿树和色叶树种,既增加了绿量,又丰富了序相变化。

③ 在匝道两侧绿地的角部,适当种植一些低矮的树丛及整形球以增强出入口的导向性。

④ 弯道外侧可适当种植高大的乔木作行道树,以诱导行车方向,并使驾乘人员有一种心理安全感,弯道内侧的转弯区应有足够的安全视距,该区应种植低矮灌木及花卉。

（3）站所绿化

高速公路超过 100km,需设休息站。停车场地应布置成绿化停车场,种植具有浓荫的乔木,以防止车辆受强光照射。休息站、管理所的绿化可以选择观赏性强的植物,形成较为艺术的庭院布局。

（4）边坡绿化

为防止路堤边坡的自然侵蚀和风化,减少水土流失,达到稳定边坡和路基的目的,宜根据不同绿地土壤类型,采用工程防护与植物防护相结合的防护措施。由于路基缺乏有机质,应选择根系发达、耐贫薄、抗干旱、涵养水源能力强的植物。土质边坡主要采用地被植物(如狗牙根)覆盖,重要路段结合窗格式或方格式预制混凝土砖内铺设抗干旱的草坪植物(如高羊茅、马尼拉等),石质挖方路堑地段及路肩墙路段采用适应性强的攀缘植物(如爬山虎、山荞麦等)进行覆盖。

(5)隔离栅绿化

隔离栅绿化可以选择适应性强的竹类、野蔷薇等,结合攀缘植物如山荞麦、爬山虎等,对高速公路的隔离栅进行绿化掩蔽,使之成为具有抗污染效果的植物墙。

(6)防护林带绿化

为减轻高速公路穿越市区产生的噪声和废气污染,在干道两侧留出 20~30m 的护林带,形成乔木、灌木、草坪多层混交植物群落。在有风景点的地方,绿化应留足透景线。树种应以生态防护为主,兼顾美化路容和构成通道绿化主骨架的功能,栽植速生、美观且能与周围农田防护林树种相协调的树种。

(7)功能栽植

1)视线引导栽植

这是一种用于汽车行驶过程中预告道路线形变化、引导驾驶员视线的栽植。道路的线形就是道路中心线形状,它适应地形的变化,把直线和曲线立体地组合起来,以使驾驶者看到拐弯的地方。在线形隆起或洼陷的地方,如凹凸形竖曲线部位安排孤植、丛植树木,起到预示路线变化的作用;在线形为谷形的地方植树最好避开谷形底部,在谷形区间排列种植树木,使视野变窄,更加突出谷形,起到视线诱导作用。

2)明暗过渡栽植

当汽车进入隧道时明暗急剧变化,眼睛瞬间不能适应,看不清前方。一般在隧道入口处栽植高大树木,以使侧方光线形成明暗的参差阴影,使亮度逐渐变化,以增加适应时间,减少事故发生的可能性。

6.6 城市防护绿地规划设计

6.6.1 城市防护绿地类型

城市防护绿地分为水土保持林、卫生隔离林、防风林、交通防护林、特殊防护林等类型(表6-8)。

表6-8 城市防护绿地的类型

类型名称	应 用
水土保持林	山地、高原、沿岸、盆地等城市,地势有高差,易发生水土流失,在四周栽植林木和地被植物,以调节地表径流,固土保水,防止水土侵蚀
卫生隔离林	在工业企业与居民区之间营造卫生隔离林带,通过卫生隔离林带的过滤,减少污染物(煤烟粉尘、金属粉末和有害气体等)对大气的污染,通过林木枝叶对毒气的吸收,净化环境
防风林	在城市主风方向设置的防护林带,用以减轻强风夹带的粉尘、沙土对城市的大气污染
交通防护林	铁路、公路和高速公路两侧的防护林带,用以消除噪声、灰尘、废弃物的污染,又对城镇起隔离作用,是城镇防护林的重要组成部分
特殊防护林	有特殊用途的防护林,如城镇中的水源防护林,用密林把水源保护起来,以净化土壤水质,保护水源不受污染,利用荒地、山丘地广植高大乔木,平时作为城市绿地,战时作为隐蔽地

6.6.2 城市防护绿地规划设计原则

防护绿地不宜兼作公园绿地使用,防护绿地因所在位置和防护对象的不同,其设计要求和种植方式也不同。目前较多地区的相关法规针对当地情况有相应的规定,可参照执行。

城市防护绿地规划设计必须遵循城市总规划,在其指导下全面安排,合理布局,使之具有整体性。具体原则为:

1)根据城市特点,从实际出发,进行系统规划,构成防护绿地系统。北方城市风沙大,冬季长,在城市四周设立防护林十分必要。南方城市设立防护林带除有防风作用外,还能引入郊区凉爽清新的冷风,起到降温通风作用。编制规划一定要结合实际,考虑绿地类型、布置方式、定额高低、树种选择等。

2)远近结合,既有远景目标,又有近期安排。在一个城市特别是旧城中,不可能一下子划出很多土地作为防护绿地,但是必须在城市现有绿地的基础上,通过规划预留一些土地作为规划预留绿地,确定远景发展目标。如将城区四周河岸、荒地、山冈甚至耕地或菜田规划为预留绿地,结合房屋拆迁改造和扩充道路,扩大绿地面积,编制远景规划,制定相应措施,逐步实现,不断发展。

3)结合生产,创造财富。由于城镇防护绿地占地面积大,栽植的又是各种高低搭配的树木,所以在不影响防护功能的前提下,可栽植用材树木如杉木、红松、落叶松等,也可栽植果树、用植物和油料植物,不但可达到防护目的,还能创造一定的经济价值。

6.6.3 防护绿地规划设计

1. 防风林规划设计

防风林一般设在城市的边界地区,与该城市的盛风方向成垂直布置,如受地形或其他因素限制不能垂直时,可成偏角,一般为30°~45°,最多不能超过45°。

防风林带数和结构根据风力大小确定。防风林一般由三带、四带、五带等组合形成,每条林带宽度不小于10m,离市区越近林带宽度越大,而林带间距越小。据测定,林带降低风速的有效距离为林带高度的20倍左右,使林带之间的距离保持在200~400m效果最好。为阻挡侧面的风,可每隔800~1000m营造一条与主林带垂直的副林带,其宽度不低于5m。

防风林的结构可分为透风林、半透风林和不透风林三种(图6-8)。

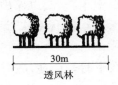 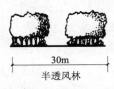 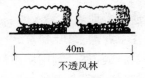

图6-8 防护林结构示意图

1)透风林。由高大乔木组成,林下不栽植亚乔木或灌木,风从林上或林下通过。多选用深根性树种,造林初期可密植树木,待长成之后适当间伐。

2)半透风林。主体由根系发达的高大乔木组成。在主体林木两侧再种植灌木,成为林带的下木,既可阻挡风力,又可降低风速。

3)不透风林。由落叶乔木、常绿乔木、灌木混合组成的林带,可使风速降低70%左右,防风作用大。

在城市的外缘,视土地面积大小,可按上面的结构形式组合多层防风林带。如在50m宽的绿地上,就可按透风林带-半透风林带的组合形式来布置。绿地面积大,林带的宽度和间距可放宽,尤其在盛风方向和季风方向的防风林的宽度要加大,其他方向可稍窄。这样防风效果更好,可将风速降低到最小。

另外,为了改善城市的风力状况,可以将城市内道路绿化带状绿地与防风林带相接,以引进郊区新鲜空气,但要避免在盛风季节成为"穿堂风",反而起破坏作用。北方城市冬季要防北风吹袭,南方海滨城市夏季要防台风侵害,都应结合当地的实际情况加强规划,有针对性地多营造防风林带。

2. 水土保持林规划设计

水土保持林带一般在山地、坡地上与等高线成平行栽植,栽植冠大根深的乔木和枝叶繁茂的灌木,地表植草,这种多层次的植物配置保水保土效果好。林带宽度视绿地面积大小而定,最低也不能少于10m,否则将起不到应有的作用。

3. 卫生隔离林规划设计

为消除和减弱有害物质的危害,在工矿区和居民区之间建立卫生隔离带,利用植物的防尘吸毒特性,通过树木的过滤和吸附作用,可以减少污染,净化环境。

隔离林带的宽度根据工矿企业的等级确定。如果条件允许,林带越宽,防护效果会越好。另外,隔离带应选对有害物质抗性强或吸附作用强的树种。在污染严重的林带内,不宜种植粮、菜、果树、油料等作物,以免食用引起慢性中毒(表6-9)。

表 6-9　卫生防护(隔离)林带规划设计参考表

工业企业等级	卫生防护林带总宽度/m	卫生防护林带内林带数量/带	防 护 林 带	
			宽度/m	距离/m
I	1000	3 ~ 4	20 ~ 50	200 ~ 400
II	500	2 ~ 3	10 ~ 30	150 ~ 300
III	300	1 ~ 2	10 ~ 30	150 ~ 300
IV	100	1 ~ 2	10 ~ 20	50
V	50	1	10 ~ 20	—

4. 特殊防护林规划设计

1)保护水源地的防护林。在水源周围大量植树造林,地面用草、灌木覆盖,以保护水源不被污染,使更多地表水渗入地下。林地面积视水源地大小而定,选择无污染、无臭味、无毒的树种,同时注意乔灌、落叶和常绿、树草花搭配栽植,其效果会更好。

2)战备隐蔽林。利用城市周围的荒地、山丘、滩地等栽植树木,平时是绿地,战时作为人员和物资隐蔽之用。重要的战备区域更应以隐蔽林防护起来。

3)沿海防护林。沿海防护林体系是由海岸基干林带、滩涂红树林、滨海湿地、城乡防护林网、荒山绿化五部分组成的立体生态网络。要加大基干林带宽度,增加防护林体系建设的纵深,对滩涂红树林和沿海湿地实施抢救性保护,恢复红树林和湿地抵御台风和风暴潮等灾害的能力。

6.7　城市广场绿化设计

6.7.1　城市广场概述

在中国,古代广场相对比较缺乏,在少数城市和民间乡镇的庙宇、宗祠和市场中有相当于城市广场功能的空间存在,但大多面积较小,不能称之为真正的广场。明清以来,随着资本主义的萌芽,在城市中心及城市对外交通门户上才逐渐有了商业性的公共空间。

在中国,广场是随着城市产生而形成的。最初的广场表现为原始的集市性广场和表演性剧场形态,后来这些集市广场和表演性剧场的交易和演出功能逐渐退化、变化,集市广场和表演剧场是各种集会性广场形成的基础,也是古代广场自发形成的两个基本条件。

中国古代的广场是附属于建筑群内的庭院式广场。中国古代广场基本以内向型的、半封闭的院落式和完全封闭的院落式广场为主。广场设计主要从属于不同的宫殿、坛庙、寺院和陵墓等建筑群的外部空间。所以,中国古代广场设计的大多数形态是附属性的。

中国近代时期,中国进入半殖民地半封建社会,中国封建经济结构逐步解体,西方资本主义生活方式开始冲击中国的传统生活方式,中国人在被动无选择和主动选择中接触、接受某些西方文化思想和生活方式的影响。中国近代广场建筑处于新旧交替阶段,广场建筑形式和建造技术更多地表现为中国传统建筑与西方建筑混合体。这一时期广场建筑设计主要表现有几类:

① 完全由西方设计师主持设计。

② 由曾经留洋的中国建筑师设计,其手法以吸收西方式样为主。

③ 将西方建筑与中国传统建筑相结合进行设计。

④ 强调中国特性的广场建筑。近代广场建筑主要类型以配合市政厅、银行、商场前广场和交通广场为主。

中国现代广场建设开端是在1950年,中国现代广场发展主要有两个时期。第一个时期是中华人民共和国建国初期的天安门广场改建和扩建。这个时期的广场一般都以政治性集会广场为主。第二个时期是20世纪80年代改革开放以后。中国全面改革开放,大量修建各种类型的广场建筑,这也是中国现代广场建筑建设最快、最多的时期。

城市广场的功能

广场是将人群吸引到一起进行静态休闲活动的城市空间形式(J. B. Jackson,1985)。广场位于一些高度城市化区域的核心部位,被有意识地作为活动焦点。通常情况下,广场经过铺装,被高密度的建(构)筑物围合,由街道环绕或与其相通。广场应具有可以吸引人群和便于聚会的要素(Kevin Lynch,1981)。广场与人行道不同的是,它是一处具有自我领域的空间,而非用于路过的空间;广场与公园的区别在于占主导地位的是硬质地面。

总之,广场系经过空间艺术布局,四周建有某些建筑物、构筑物或绿化的开阔空间。它是城市空间体系中的一个组成部分,其功能作用按其在城市中的位置和需要而定。在人流集中的地带设置广场,可起人流集散的缓冲作用;在社会性较强的主体建筑前配置广场,可突出主体建筑;在干道互相交汇的地方设置广场,能起改善道路功能、组织交通的作用;结合广大市民的日常生活和休憩活动,可以满足人们对城市空间环境日益增长的艺术审美要求和使用要求。总之。城市广场的主要作用如下:

(1)城市居民的"起居室"

城市中的广场,作为人们散步休息、接触交往、购物和娱乐等各种活动的场所,具有开展公共生活的用途。如同家庭中的起居室一样,广场能使居民在这个大的"起居室"中更加意识到社会的存在,意识到自己在社会中的存在。

(2)交通的枢纽

广场作为城市道路的一部分,是人、车通行和停驻的场所,起到交汇、缓冲和组织作用。街道的轴线,可在广场中得以连接、调整、延续,加深城市空间的相互穿插和贯通,从而增加城市空间的深度和层次,为城市格局奠定基础。

(3)建筑间联系的纽带,使周围建筑形成整体

围合广场的建筑起着限定空间的作用,被围合的空间又把周围建筑组成一个有机体,使各建筑联系起来,形成连续的空间环境。

(4)促进共享作用,给城市生活带来生机

广场内引进不同功能的建筑,配置绿化、小品,有利于在广场内开展各种活动,为城市生活的共享创造必要的条件,从而强化城市生活情趣,提高城市生活环境质量,构成丰富的城市景观。

在现代城市广场中,功能多样化是广场活力的源泉,它据此吸引更多的人气,产生多样的活动参与、多样的功能、多样的人的活动行为,使广场成为多功能和综合化的组合体,成为富有魅力的城市公共空间。一个能反映地方特色、沿承历史、富有时代特点、表现艺术性的广场,往往被市民和游客看作城市的象征和标志,从而产生归属感和自豪感。

6.7.2 城市广场的特点和类型

1. 城市广场的特点

在现代社会背景下,城市广场面对现代人的需求表现出如下基本特点(表6-10)。

表6-10 城市广场的特点

特　　点	内　　　　涵
性质上的公共性	随着工作生活节奏的加快,传统封闭的文化习俗逐渐被现代化文明开放的精神所代替。城市广场对社会成员一视同仁,没有身份设定,没有经济能力、消费水平、社会地位方面的选择性。广场适宜于人的进出,并保证其活动的方便和安全(如具备夜间灯光系统)
功能上的综合性	即为零星游人提供活动和休息的舒适性(座椅、花木、绿地、视觉享受),更能够成为密集人群活动的场所和背景,为其提供技术性支持条件(水、电、音响等)。不同年龄段、不同文化层次、不同集聚方式的市民早晚在此漫步、健身、读书、闲聊以及开展各种文化娱乐活动等
空间场所性	提供让人长时间停留的场所,而不是让人迅速流动,因此应该使停留其间的人产生场所感。场所感是广场空间与周围环境和文化交流,使人产生的归属感、安全感和认同感,这种场所感的建立对人来说是莫大的安慰,现代城市广场的场所性体现了其对人的尊重、对环境的尊重
文化休闲性	注重舒适、追求放松是人们对现代城市广场的普遍要求,从而表现出休闲性特点。现代城市广场是现代人开放型文化意识的展示场所,是自我价值实现的舞台。特别是文化广场,表演活动除了有组织的演出外,更多是自发的、自娱自乐的行为,它体现了广场文化的开放性,满足了现代人参与表演活动的"被人看"、"人人看"的心理表现欲望

2. 城市广场的类型

现代城市广场的类型通常是按功能性质、尺度关系、空间形态、材料构成、平面组合和剖面形式等划分的,其中最为常见的是根据广场的功能性质进行分类。

(1)市政广场

市政广场一般位于城市中心位置,通常是市政府、城市行政区中心等所在地。它往往布置在城市主轴线上,成为一个城市的象征。在市政广场上,常有表现该城市特点或代表该城市形象的重要建筑或大型雕塑等。

市政广场应具有良好的可达性和流通性,故车流量较大。为了合理有效地解决好人流、车流问题,有时甚至用主体交通方式,如地面层安排步行区,地下安排车行、停车等,实现人车分

流。市政广场一般面积较大,为了让大量的人群在广场上有自由活动、节日庆典的空间,一般以硬质材料铺装为主,如北京天安门广场、莫斯科红场等。也有以软质材料绿化为主的。市政广场布局形式一般为规则式,甚至是中轴对称的,标志性建筑物常位于轴线上,其他建筑及小品对称或对应布局,广场中一般不安排娱乐性、商业性很强的设施和建筑,以加强广场庄重严整的气氛。

（2）纪念广场

纪念广场是为了缅怀历史事件和历史人物,在城市中修建的一种主要用于纪念性活动的广场。纪念广场应突出某一主题,创造与主题一致的环境气氛。一般在广场中心或侧面设置突出的纪念雕塑、纪念碑、纪念塔、纪念物和纪念性建筑等作为广场标志物。主体标志物应位于构图中心,其布局及形式应满足纪念性气氛和象征性要求,广场本身则成为纪念性雕塑或纪念碑底座的有机组成部分。广场在设计中应体现良好的观赏效果,以供人们瞻仰。

纪念广场的选址应远离商业区、娱乐区等,以免对广场造成干扰。宁静和谐的环境气氛会使广场的纪念效果大大增强。另外,广场上应充分考虑绿化、建筑小品等,配合整个广场,形成与纪念气氛相和谐的环境。

（3）交通广场

交通广场起交通、集散、联系、过渡及停车等作用。一种类型是设在人流聚集的车站、码头、飞机场等处,提供高效便捷的车流、人流疏散功能。另一种类型是设在城市交通干道交会处,通常有大型立交系统。为了解决复杂的交通问题,交通广场可以从竖向空间布局上进行规划设计,分隔车流、人流,保证安全畅通。交通广场设计还要考虑合理安排广场的服务设施和景观问题,特别是站前广场,要考虑人行道、车行道、公共交通换乘站、停车场、人群集散地、交通岛、公共设施(休息亭、公共电话、厕所、小卖部)、绿地及排水、照明等设施。

交通广场的绿地设计应以满足行人庇荫、组织车流的需要为主,采取平面、立体的绿化种植吸尘减噪。其次可以考虑必要的美化和装饰,并配合各种广场设施做局部造景。

（4）商业广场

商业广场是指进行集市贸易活动的广场,集购物、休息、娱乐、观赏、饮食、社会交往为一体,成为社会文化生活的重要组成部分。随着城市主要商业区和商业街的大型化、综合化和步行化发展,商业广场的作用愈显重要,人们在长时间购物后,往往希望能在喧嚣的闹市中找到一个相对安静的场所稍做休息,商业广场这一公共开敞空间要具备广场和绿地的双重特征。商业广场多采用步行街的布置方式,强调建筑内外空间的渗透,把室内商场与露天、半露天市场结合在一起,既方便购物,又避免人流与车流的交叉。在现代大型城市商业设施(商业区)中,通过商业广场组织空间,吸引人流,已成为一种发展趋势。

商业广场的绿化与步行街绿化的原则和手法是一致的。

（5）文化休闲广场

文化休闲广场主要为市民提供良好的户外活动空间,满足节假日休闲、交往、娱乐的功能要求,兼有代表一个城市的文化传统、风貌特色的作用,是城市中分布最广泛、形式最多样的广场,包括花园广场、文化广场、水边广场、运动广场、雕塑广场、游戏广场、居住区广场等类型。在内部空间环境塑造方面,常利用点、面结合及立体结合的广场绿化、水景,保证广场具有较高的绿化覆盖率和良好的自然生态环境。具有层次性,常利用地面高差、绿化、建筑小品、铺地色彩、图案等多种空间限定手法对内部空间做第二、第三次限定,以满足广场内从集会、庆典、表演等聚集活动到较私密性的情侣、朋友交谈等各种空间要求。在广场文化塑造方面,常利用具有鲜明城市文化特征的小品、雕塑及具有传统文化特色的灯具、铺地图案、座凳等元素烘托广场的地方文化特色。与前述的广场类型相比,文化休闲广场具有以下更鲜明的特点:

① 参与性。该类广场设计以活动为主旨,充分满足城市居民特别是广场附近居民多样化的活动要求,如健身、展览、表演、集会、休息、赏景、社交等多种功能。

② 生态性。强调绿化和环境效益,强调植物配置在广场构成中的作用,形成一定的植物景观是该类广场的一大特点。

③ 丰富性。不仅空间形式丰富,大小穿插,高低错落,充满变化,而且小品的种类齐全多样。

④ 灵活性。充分结合环境和地形,可大可小,可方可圆,成为最贴近居民、最方便使用的公共活动场所。

（6）附属广场

附属广场是依托一些城市大型建筑的前广场,属于半公共性的活动空间,功能具有综合性。如果能有效地对附属广场进行规划设计,可以产生许多有特色的小广场,对于改善城市空间品质和环境质量有着积极的意义。

随着社会经济发展和城市规模的不断扩大,城市广场的多功能、多层次性更强,也就是说,大多数城市广场是多元化、复合型的。

6.7.3 城市广场设计的基本原则及要求

1. 城市广场规划设计的基本原则

（1）整体协调原则

一方面,城市广场作为城市结构中的一个构成要素,必然与其他组成要素(如物质实体要素、社会形态要素等)相互影响和作用,任何一个要素都不是孤立存在的,因此城市广场的设计必须从城市整体出发,要考虑广场与周边建筑、城市地段的时空连接,在规模尺度上也应做到与城市和性质的匹配。另一方面,广场本身也应具有整体性,广场空间各构成要素要符合场地使用的主体特征及氛围,并应明确主次,有主、配、基调之分,秩序井然。

（2）"以人为本"原则

现代城市广场是人们进行交往、观赏、娱乐、休憩的重要城市公共空间,其设计的目的就是使人们方便、舒适地进行各种活动,所以城市广场的设计必须贯彻"以人为本"的原则。从人的行为习惯出发,对人在广场上活动的环境心理行为特征进行分析,创造出不同性质、不同功能、不同规模且各具特色的城市广场,以适应不同年龄、不同阶层、不同职业市民的多样化需要。现代城市广场规划设计要充分体现对"人"的关怀,以"人"的需求、"人"的活动为主体,强调广场功能的多样性、综合性,强化广场作为公众中心的"场所"精神,使之成为舒适、方便、富有人情味、充满活力的公共活动空间。

（3）突出主题与特色的原则

广场是城市中最重要的公共空间,是展示城市规划、城市建设与城市文化生活的窗口,当前我国的广场建设表现出缺乏个性、千场一面的问题,因而城市广场空间的主题和个性特色塑造非常重要。广场设计必须适应城市的自然地理条件,必须从城市的文化特征和基地的历史背景中寻找广场发展的脉络。

1)广场的标志性。城市的形象往往是通过广场的空间形象体现。

2)广场的地方性。广场的地方性表现在民族的、历史的、地域的特性与特征。特色鲜明的广场应当是最适合该城市、该地段而非"放之四海而皆准"的广场。广场建设应结合时代特征,将城市和地段文化、自然地理等条件中富有特色的部分加以提炼,并结合创新,物化到广场中,从而使广场呈现出鲜明的地方特色。

3)广场的历史文化内涵。富有魅力的城市广场空间不仅具有良好的外在形象,更重要的是具有丰富的历史文化内涵,这也是使市民产生认同感、归属感,使城市、地段具有可识别性的关键因素之一。广场的历史文化内涵首先可以通过广场周围的建筑体现出来。广场周围建筑群的时代特征是对城市历史或时代风貌的概括和体现,反映了城市历史的延续性。

(4)体现可持续发展的生态原则

现代城市广场的设计应从城市生态环境的整体出发。一方面,设计的绿地、花草树木应与当地特定的生态条件和景观生态特点相吻合,尊重自然;另一方面,广场设计要充分考虑本身的生态合理性,如树木、水面和花草与人的活动需要等。同时,气候特点对人们日常生活影响很大,不同的地理气候条件造就不同的城市环境形象和品质。如亚热带地区四季分明,冬日的向阳和夏季的遮阳是过往游人的主要需求。由于广场的生态效益主要取决于植物与水体的质与量,因而在广场布局中应着意于全面安排园林绿地的内部构成与种植结构,力求提高植物覆盖率,注重体现生物多样性原则,扩大植物种类选择的范围,突出生态型植物配置,强调文化、生态、景观、功能相结合,以获得最大的环境效益和生态效益。

2. 设计基本要求

应按照城市总体规划确定的性质、功能和用地范围,结合交通特征、地形、自然环境等进行广场设计,并处理好与毗连道路及主要建筑物出入口的衔接,以及和四周建筑物的协调。注意广场的艺术风貌。

广场应按人流、车流分离的原则,布置分隔、导流等设施,并采用交通标志与标线指示行车方向、停车场地、步行活动区等。

各种类型的广场应综合自身的特点进行设计。

1)交通广场包括桥头广场、环形交通广场等,应处理好广场与所衔接道路的交通,合理确定交通组织方式和广场平面布置,减少不同流向人车的相互干扰,必要时设人行天桥或人行地道。

2)集散广场应根据高峰时间人流和车辆的多少、公共建筑物主要出入口的位置,结合地形,合理布置车辆与人群的进出通道、停车场地、步行活动地带等。

3)飞机场、港口码头、铁路车站与长途汽车站等站前广场应与市内公共汽车、电车、地下铁道的站点布置统一规划,组织交通,使人流、客货运车流的通路分开,行人活动区与车辆通行区分开,离站、到站的车流分开。必要时,设人行天桥或人行地道。

4)大型体育馆(场)、展览馆、博物馆、公园及大型影(剧)院前的集散广场应结合周围道路进出口,采取适当措施引导车辆、行人集散。

5）公共活动广场主要供居民文化休息活动。有集会功能时,应按集会的人数计算需用场地,并对大量人流迅速集散的交通组织以及与其相适应的各类车辆停放场地进行合理布置和设计。

6）纪念性广场应以纪念性建筑物为主体,结合地形布置绿化与供瞻仰、游览活动的铺装场地。为保持环境安静,应另辟停车场地,避免导入车流。

7）商业广场应以人行活动为主,合理布置商业贸易建筑、人流活动区。广场的人流进出口应与周围公共交通站协调,合理解决人流与车流的干扰。

6.7.4 城市广场的空间环境设计

广场的空间环境包括形体环境和社会环境两方面。形体环境包括建筑、道路、场地、树木、座椅等元素所形成的物质环境;社会环境包括各类社会生活活动所构成的环境,人的心理感应及产生的行为活动,如欣赏、嬉戏、交往、购买、聚会以致犯罪等。形体环境为社会生活提供了场所,对社会生活行为起到容纳、促进或限制、阻碍作用,两者如能相适应,即形体环境能满足人的生理、心理需要,就会获得成功,否则反之。所以设计应明了两者间的内在联系与矛盾,寻求改善其形体环境的目标与途径,创造出适合时代要求的广场空间。

从形体环境说,目前最理想的广场应该是:周围建筑物明显地把广场划分出来;尺度宜人;广场是朝南的;有足够的座位和人行活动的铺地;喷泉、树木、小商店、凉亭和露天茶座等设备齐全等。广场利用率和效果的好坏,常以广场的座位、朝向、种植、交通可达性和零售设施的基本数量等来衡量。其空间环境设计应特别重视以下几方面的控制:

（1）广场的尺度

1）各种广场的大小应与其性质功能相适应,并与周围的建筑高度相称。一个能满足人们美感要求的广场,应是既足够大,能引起开阔感,同时也足够小,能取得封闭感的空间。若广场过大,与周围建筑界面不发生关系,就难以形成一个有形的、可感觉的空间,从而导致失败。越大给人的印象越模糊,大而空、散、乱的广场是吸引力不足的主要原因,对这种广场应该采取措施来缩小其空间感。

从绝对的角度,是很难限定广场的规模大小的,因为广场的位置环境各不相同。根据西特（SITTE）等的研究,从艺术观点考虑的结论是:广场的大小是依照与建筑物的相关因素决定的。设计成功的广场大致有下列的空间比例关系:

① $1 \leq D/H < 2$。

② $L/D < 3$。

③ 广场面积 < 建筑物界面面积 ×3。

式中 D 为广场的宽度; L 为广场的长度; H 为建筑物的高度。并认为欧洲古老城市中大广场的平均尺度 465 英尺 ×90 英尺（即 142m ×58m）较为合适。

作为人们暂时逗留休息聚会、相互交往等活动的游憩广场,它的尺度是由其共享功能、视觉功能和心理因素等综合决定的。

2）广场在城市中由于面状空间形态所产生的向心性开放聚集空间的特性,决定了广场应有很好的方向积聚性。而长条状广场由于其自身的几何形态构图和视距的原因,将减少广场上的中心力的产生。另外,街坊内部的广场,至少要≥12m,以便使阳光能照射在地坪上,让人们感到舒适。这些考虑都值得我们在设计中参考（见表6-11）。

表 6-11 广场相关设计指标

平 均 面 积	140m×60m	亲 切 距 离	12m
视距与楼高的比值	1.5~2.5	良好距离	24m
视距与楼高构成的视角	1.8°~2.7°	最大尺度	140m

（2）广场周围建筑物的安排

1）广场周围建筑物的布置,一般有以下几种方式:

① 四周被建筑物包围的封闭式广场。

② 四周不排满建筑的半封闭式广场。

③ 大型公共建筑前的广场。

④ 以花园和公园为主体的广场。

应注意的是:广场一般需要封闭,但从现代生活要求来看,广场周围的建筑布置若过于封闭隔绝,会降低其使用效率,同时在视觉上效果也不佳。

2）广场周围建筑物的性质安排。广场周围建筑物的性质,常影响到广场的性质和气氛;反之,广场的性质气氛要求也就决定了其周围应安排的建筑物的性质。如在交通广场周围,不应布置大型商店或大型公共建筑;在购物、游憩广场周围不宜布置行政办公楼建筑等等。

对于一般市民广场来说,常考虑:

① 广场上的主要建筑物应有很强的社会性和民众性,如博物馆、展览馆、图书馆等。但一般供周期性使用的建筑,如纪念性、私密性很强的建筑,不应该放在市民广场上。

② 广场上应多布置些服务性、娱乐性的建筑,如商店、咖啡馆、餐厅、影剧院、娱乐室等,使广场具有多功能性质,保持生气勃勃的热闹景象。

③ 要防止过多地将重要的建筑都集中在一个广场上,以免造成人流过于集中、交通组织困难的局面。

④ 在广场上应适当结合小品建筑等布置小卖部或布置活动摊点、报亭等,以增加人情味。

（3）广场的环境设施

调查表明,根据广场的大小、性质,可允许设置1/3面积以上的绿化、建筑小品等设施。它们对广场的造型影响很大,特别应重视广场中的座位、铺砌地面和零售设施的布置和设计。

1）椅凳。西特的调查表明:一个广场的利用率与广场的座位数量多少是成比例的。观察数据要求每2.8m² 的广场面积,宜提供0.3m 长的座位,其中以宽阔的条凳最为合适,而且最好有50%的是能够移动的。广场内的矮坎、挡土墙、台阶等都可以作坐憩之用,但一般不计算到所需要座位的总数中去。

2）铺砌面。可采用石板、石块、面砖、混凝土块等镶嵌拼装成各种图纹花样等,以提高广场空间的表现力。

3）建筑小品及绿化、水体等均是广场构图的重要内容,可利用它们来表达广场的意象及空间特征。

4）零售设施。除广场周围建筑中设有一定数量的零售商店、银行、旅行社等铺面外,在广场内也可以设置一定数量的商业亭等,出售食品、杂志和书刊等。

广场的实践证明:随着广场内凳椅和出售食品、花卉的商业亭数量的增加,广场利用率也随之上升。

（4）特色创造

1）广场情趣区别。不同位置和性质的广场,应有不同的情趣要求,如:

① 位于市中心或重要地段的广场,要创造出人能停留、观赏建筑物或特定景色的环境条件。

② 位于商业步行街的广场,要创造适于居民采购、散步和闲谈的环境,体现出商业的繁荣情景。

③ 居住区内的广场,应创造安静舒适的交往空间,在安静、安全的前提下,有汽车方便驶入。

④ 在中小学附近的广场,应与交通干道隔离,为孩子们创造安全的生活地带。

2）提高广场场所的吸引力。为使广场成为一个有吸引力的公共活动场所,应做到:

① 强调广场的装饰性。

② 强调公众的"可达性"。

③ 满足城市生活的多功能要求。

④ 创造一定的街头活动场地,诸如可供民间组织的社会活动、公益活动,小型聚会、街头演出以及街头绘画、雕塑、摄影艺术展览等活动使用。居民通过参与、围观这些活动,沟通情感,增加交往,并从中认识和显示自身的社会价值,广场也会因此显出活力。

3）发扬传统的地方风格。除在建筑上保持和发扬地方风格外,尚可采用以下几种方法:

① 利用地方"特产"装饰广场,增强地方感。

② 用历史事实和民间传说作雕塑、壁画、地面纹样等的装饰广场。

③ 采用地方材料铺砌地面和制作凳椅;栽种当地特有的树木、花草等等,使广场体现"家乡"的亲切感。

4）注意设计手法上的改变。

① 在现代广场建设中,传统的四面被交通道路环绕成为中心孤岛式的广场减少了,趋向于把广场布置在主要建筑物前面或一侧,或位于建筑群之间,或串连在步行商业街之间,不被交通穿破,有的甚至完全与汽车通路隔开。

② 过去那种铺地面积很大,人工手段很多,绿化较少,看起来缺乏生气的广场减少了,取而代之的是考虑人们休息交往需要,比较有人情味、有生气的广场。

③ 广场已由平面的、构图匀称的布置,逐渐转变为空间构图丰富,充满阳光、绿化和水,富有生气的空间型广场。

④ 城市中心广场已逐步向功能综合化、交通立体化和环境舒适化方向发展和改造。

⑤ 现代广场在布局、尺度、空间组织等内容和形式上以人的使用要求和活动为参数,向小型化、个性化、多层次和相对私密化方向发展。

⑥ 重视利用公共建筑前、桥头、街道汇合处、路边角地等小面积空地设置小广场。这些小广场应该是优雅而多姿多彩的,设计不拘一格,符合人的尺度,亲切而适用。它禁止任何车辆入内,富有场所感,并成为邻里的聚集点。

5）广场空间艺术处理的重点。在《街道美学》一书中,芦原义信指出:作为名副其实的广场应具备下列四个条件:

① 广场的边界线清楚,能成为"图"。此边界线最好是建筑的外墙,而不是仅仅遮挡视线的围墙。

② 具有良好的封闭条件——阴角,容易形成"图"。

③ 铺装面直到边界,空间领域明确,容易构成"图"。

④ 周围的建筑具有某种统一性和协调性,D/H 有良好的比例。

这些是城市广场处理的基本要求,此外在处理中还应重视以下各点:

① 广场周围的主要建筑物和主要出入口,是空间设计的重点和吸引点,处理得当,可以为广场增添不少光彩。

② 应突出广场的视觉中心,特别是大的广场空间。假如没有视觉焦点或心理中心,会使人感觉虚空乏味,所以一般在公共广场中常利用雕塑、水池、大树、钟塔、露天表演台、纪念柱等布置,形成视觉中心,并构成轴线焦点,使整个广场有强而稳定的情感脉络,使人潮聚向中心,产生无法抗拒的吸引力。这种中心常位于:

a. 长方形广场,可以在端部主要建筑物前设置;也可以在广场中心设置雕塑、喷泉或其他构筑物,形成焦点。这种布置也适用于其他规则的几何形体的广场。

b. L 形或不规则形广场,中心多设在拐角处,或场地的形心处,形成焦点。

利用地形高差,在各种地形的变换点附近设置,可丰富空间层次,形成焦点。

6.7.5 城市广场绿地规划设计

城市广场的绿地不仅能增加广场的表现力,还具有一定的功能作用,同时植物也是室外空间布局和空间限定的重要因素之一,能在景观中充当构成要素,形成有生命力的空间。乔木和灌木还有分隔空间、控制私密性等作用,为边界区域提供隐蔽、可防卫的安全空间。此外,植物还可以作为主景,创造出不同主题的植物空间,比人工构筑物富于自然意味。树木四季的季相变化,更为环境增添了活力与生机。因此,城市广场若要营造出良好的环境,必然离不开绿化。

1. 城市广场绿地规划设计原则

1)绿地布局与城市广场总体布局统一,使绿地成为城市广场的有机组成部分。

2)城市广场绿地的功能应与广场内各功能区一致,更好地配合和加强该区功能的实现。如在人口区植物配置应强调绿地的景观效果,休闲区应以落叶乔木为主。

3)城市广场绿地规划设计应具有清晰的空间层次,独立或配合广场周边建筑、地形等形成良好、多元、优美的广场空间体系。广场绿地具有围蔽、遮挡、划分、联结、导向的作用,可以对广场空间环境气氛进行烘托和渲染。

4)对城市广场上的原有大树应加强保护,有利于广场景观的形成和对广场场所感的认同。

2. 城市广场绿地的种植形式

城市广场绿地主要有四种基本种植形式(表6-12)。

表 6-12　城市广场绿地基本种植形式

基 本 形 式	特 点 及 布 置
排列式种植	主要用于广场周围或者长条形地带,用于隔离、遮挡或作背景。单排的绿化栽植可在乔木间加种灌木,再加种草本花卉,乔木下面的植物要选耐阴品种
集团式种植	把几种树组成一个树丛,有规律地排在一定地段上,有丰富、浑厚的效果,可用草花和灌木组成树丛,也可用不同的乔、灌木组成树丛
自然式种植	在一定地段内,花木种植不受统一的株、行距限制,而使疏落有序的布置,从不同的角度望去有不同的景致。布置要密切结合环境,才能使每一种植物生长良好
花坛式种植	即图案式种植,装饰性极强,材料可以是花、草、整形树木等,构成各种图案。花坛的位置及平面轮廓应与广场的平面布局相协调,面积、观赏特性要适当

3. 城市广场绿地的植物配置特点

城市广场绿地应根据广场的类型和植物的生长习性,选择理想的植物种类,从不同的艺术角度对广场进行植物配置,体现植物个体美和群体美。

首先,可以运用植物形态特征如高低、姿态、叶形叶色、花形花色等的不同,采用对比和衬托的手法进行植物配置。这种由于差异和变化产生的对比效果具有强烈的刺激感,形成兴奋、热情和奔放的感受。如广场大面积绿色草坪上种植红色的丰花月季、杜鹃或红花、橙木,红色和绿色互为补色,在色彩上形成对比,配合广场的其他要素,整体表达一定的构思和意境。

其次,城市广场植物配置应注重韵律和节奏感的表现,同时注重乔、灌、草垂直层次的合理配置,使体量、质地各异的植物呈现有规律的变化。

第三,应注意植物的色彩和季相变化。植物的干、叶、花、果色彩丰富,可以用单色表现,也可用多色组合表现,如在广场摆放季节性盆花花坛,可以使广场植物色彩搭配合理,取得良好的图案化效果。同时,植物是具有季相变化的一种园林要素,要善于处理不同季节中植物的色彩变化,形成具有时令特色的季相效果。

另外,性质不同的广场,植物的配置也有很大的不同。如纪念性广场的建筑通常是庄严、肃穆的,为表达人民对先烈的怀念和敬仰,应以松、柏来象征革命先烈的高风亮节和永垂不朽,配置方式一般采用能给人以雄伟气魄的对称式,体量上也应与主体建筑相协调。而在追求自然情趣的广场中,则以自然式来体现植物的个体美和群体美,营造出一种宁静而又活跃的气氛,使人能够从宏观的四季更替中欣赏到植物枝、叶、花、果的细致变化。在这里,"没有量就没有美"是值得遵循的一个原则。因为只有大片栽植才能体现植物景观的群体效果,这与欣赏植物的个体美并不矛盾。

城市广场绿地应坚持生物多样性的原则,采取多种绿化形式,合理确定乔木、灌木、草本、藤本植物的比例,努力提高广场绿地单位叶面积指数。运用生态学原理,设计多层结构,乔木下种植耐阴的灌木和地被植物,构成复层混交的人工植物群落,以获得最大的叶面积。此外,为了获得更加宜人的广场空间,在广场的绿化设计中,可以采用在分枝点较高的乔木下开辟硬质活动场地的复合型空间的处理手法,既能保证较高的绿化覆盖率,又不影响广场提供活动场地的功能,从而达到生态、景观、活动三促进的效果。所以,可以考虑铺装结合树池、单株树与围椅的组合形式。大树特别是古树名木应该作为重要的构成元素,融进广场的整体设计之中。同时要坚持"适地适树"的地方性原则,因为土生土长的植被是地区绿化形成特色的好材料,适应性强,生命力强,省钱、省工。

在进行城市广场树种选择时,一般要遵循以下原则:

(1)冠大荫浓

枝叶茂密且冠大的树种夏季可形成大片绿荫,能降低温度,避免行人暴晒。如槐树中年期时冠幅可超过4m,悬铃木更是冠大荫浓。

(2)耐瘠薄土壤

城市中土壤瘠薄,植物多种植在道旁、路肩、场边。受各种管线或建筑物基础的限制和影响,植物体营养面积很少,补充有限。因此,选择耐瘠薄土壤的树种尤为重要。

(3)深根性

广场树木营养面积小,而根系生长很强,向较深的土层伸展仍能根深叶茂。根深不会因践踏造成表面根系破坏而影响正常生长,特别是在一些沿海城市更应选择深根性的树种,以抵御暴风袭击而不受损害,而浅根性树种根系会拱破场地的铺装。

(4)耐修剪

广场树木的枝条要求有一定高度的分枝点(一般在2.5m左右),侧枝不能刮、碰过往车辆,并具有整齐美观的形象。因此,每年要修剪侧枝,树种需有很强的萌芽能力,修剪以后能很快萌发出新枝。

(5)抗病虫害与污染

病虫害多的树种不仅管理上投资大、费工多,而且落下的枝叶、虫子排出的粪便、虫体和喷洒的各种灭虫剂等,都会污染环境,影响卫生。所以,要选择抗病虫害、易控制其发展和有特效药防治的树种,选择抗污染的树种有利于改善环境。

(6)落果少,无飞毛、飞絮

经常落果或有飞毛、飞絮的树种容易污染行人的衣物,尤其污染空气,并容易引起呼吸道疾病。所以,应选择一些落果少、无飞毛的树种。

(7)发芽早、落叶晚且落叶期整齐

选择发芽早、落叶晚的阔叶树种。落叶期整齐的树种有利于保持城市的环境卫生。

(8)耐旱、耐寒

选择耐旱、耐寒的树种,可以保证树木的正常生长发育,减少管理上财力、人力和物力的投入。北方大陆性气候冬季严寒,春季干旱,致使一些树种不能正常越冬,必须予以适当防寒保护。

(9)寿命长

树种的寿命长短影响到城市的绿化效果和管理工作。寿命短的树种一般30~40年就出现发芽晚、落叶早和焦梢等衰老现象,而不得不砍伐更新。所以,要延长树木的更新周期,必须选择寿命长的树种。

第7章 居住区绿地规划设计

7.1 居住区绿地规划基本知识

7.1.1 居住区的分级及结构

居住区根据居住人口规模进行分级,分级的主要目的是配置满足居民基本的物质与文化生活所需的相关设施。居住区按居住户数或人口规模可分为居住区、小区、组团三级(表7-1)。

表7-1 各级标准控制规模

	居 住 区	小 区	组 团
户数/户	10000 ~ 16000	3000 ~ 5000	300 ~ 1000
人口/人	30000 ~ 50000	10000 ~ 15000	1000 ~ 3000

居住区泛指不同居住人口规模的居住生活聚居地和特指被城市干道或自然分界线所围合,并与居住人口规模(30000 ~ 50000 人)相对应,配建有一整套较完善的、能满足该区居民物质与文化生活所需的公共服务设施的居住生活聚居地。

居住小区(一般称小区)是指被城市道路或自然分界线所围合,并与居住人口规模(10000 ~ 15000 人)相对应,配建有一套能满足该区居民基本的物质与文化生活所需的公共服务设施的居住生活聚居地。

居住组团(一般称组团)指一般被小区道路分隔,并与居住人口规模(1000 ~ 3000 人)相对应,配建有居民所需的基层公共服务设施的居住生活聚居地。

居住区的规划布局形式,可采用居住区—小区—组团、居住区—组团、小区—组团及独立式组团等多种类型。相应地,居住区绿地规划也采用居住区—小区—组团、居住区—组团、小区—组团等三级或二级布局,形成完善的居住区绿地体系。

7.1.2 居住区的组成

1. 居住区用地构成

居住区通常由住宅用地、公共服务设施用地、道路用地与公共绿地组成,也允许有无害小型工厂用地、市政工程设施用地、水面等其他用地(表7-2)。

表7-2 居住区用地平衡控制指标

用地构成	居住区(%)	小区(%)	组团(%)
住宅用地(R01)	50 ~ 60	55 ~ 65	70 ~ 80
公建用地(R02)	15 ~ 25	12 ~ 22	6 ~ 12
道路用地(R03)	10 ~ 18	9 ~ 17	7 ~ 15
公共绿地(R04)	7.5 ~ 18	5 ~ 15	3 ~ 6
居住区用地(R)	100	100	100

住宅用地是指住宅建筑基底占地及其四周合理间距内的用地(含宅间绿地和宅间小路等)的总称。

公共服务设施用地一般称公建用地,是与居住人口规模相对应配建的、为居民服务和使用的各类设施的用地,包括建筑基底占地及其所属场院、绿地和配建停车场等。

道路用地包括居住区道路、小区路、组团路及非公建配建的居民汽车地面停放场地。居住区级道路是划分小区或街坊的道路,在大城市中通常与城市支路同级。小区(级)路是居住区内部干道,一般用以划分组团的道路。组团(级)路是上接小区路、下连宅间小路的道路。

居住区公共绿地是指满足规定的日照要求,适合于安排游憩活动设施的、供居民共享的集中绿地,应包括居住区公园、小游园和组团绿地及其他块状、带状绿地等。其中包括儿童游戏场地、青少年和成年老年人的活动和休息场地。

用地平衡表主要是对居住区用地现状和用地规划的土地使用情况进行计算,检验各项用地的分配是否合理和符合国家规定的指标。通过用地平衡表可以清楚地表明居住区用地现状,表明居住区的环境质量。用地平衡表既是居住区规划设计方案评定和建设管理机构审定方案的依据,也是居住区绿地规划的依据。

2. 居住区建筑的布置形式

居住区建筑的布置形式,与地理位置、地形、地貌、日照、通风及周围的环境等条件都有着紧密的联系,需要因地制宜地进行布设,主要有以下几种基本形式(图7-1)。

行列式　　　　　　周边式　　　　　　自由式　　　　　　散点式

图7-1　建筑的布置形式与绿地布置

(1)行列式布置

根据一定的朝向、间距,成行成列地布置建筑,是居住区建筑布置中最常用的一种形式。优点是使绝大多数居室获得最好的日照和通风,但由于过于强调南北向布置,整个布局显得单调呆板,所以也常用错落、拼接成组、条点结合等方式,在统一中求得变化而不致过于单调。

(2)周边式布置

建筑沿着道路或院落周边布置的形式。优点是有利于节约用地,也有利于公共绿地的布置,且可形成良好的街道景观;缺点是较多的居室朝向差或通风不良。

(3)混合式布置

以上两种形式相结合,常以行列式布置为主,公共建筑及少量居住建筑沿道路、院落布置为辅,发挥行列式和周边式布置各自的优点(图7-2)。

(4)自由式布置

常结合地形或受地形地貌的限制而充分考虑日照、通风等条件,居住建筑自由灵活地布置,这种布置显得自由活泼,绿地景观灵活多样。

(5)庭园式布置

主要用在低层建筑,形成庭园的布置,用户均有院落,有利于保护住户的私密性、安全性,绿化条件较好,生态环境较优越。

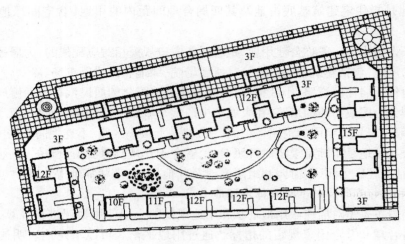

图 7-2　混合式布置

（6）散点式布置

随着高层住宅群的形成，居住建筑常围绕着公共绿地、公共设施、水体等散点布置，它能更好地解决人口稠密、用地紧张的矛盾，且可提供更大面积的绿化用地。

7.1.3　居住区的道路系统

居住区道路是居住区外环境的重要组成要素。居住区道路交通的规划设计不仅与居民日常生活息息相关，同时也在很大程度上对整个居住区景观环境质量产生重要的影响。因此，创造宜人的居住区环境，尤其要注重对居住区交通的规划设计。

1. 居住区道路的功能

居住区道路具有一般道路交通的普通功能，即满足居民各种出行的需要，如上下班、上放学、购物等，使他们能顺利地到达各自的目的地。同时，也能满足必须进入区内的外来交通，如走亲访友、送货上门、运出垃圾等要求。

2. 居住区道路交通的设计原则

居住区道路是居住区外环境构成的骨架和基础，为居住区景观提供了观赏的路线。若居住区道路系统设计得合理有序，则能创造居住区丰富、生动的空间环境和多变的空间序列，为渲染区内自然的居住氛围提供有利的条件。同时，路型的设计方式和对尺度的控制也影响居住区环境观赏的角度和景点营造。

居住区道路交通一方面关系着居民日常的出行行为，另一方面也与居民的邻里交往、休闲散步、游憩娱乐等密切相关。所以，在居住区道路交通的规划设计中，要综合考虑社会、心理、环境等多方面的因素，在设计中应遵循以下原则：

1）使居住区内外交通联系"顺而不穿，通而不畅"，既要避免往返迂回，又要便于消防车、救护车、商店货车和垃圾车等的通行。

2）根据地形、气候、用地规模和用地四周的环境条件以及居民的出行方式，选择经济、便捷的道路系统和道路断面形式。

3）有利于居住区内各类用地的划分和有机联系以及建筑物布置的多样化。

3. 居住区道路分级

根据我国近年来居住区建设的实践经验，将居住区道路划分为四级布置，可取得较好的效果。这四级道路分别为居住区道路、小区路、组团路及宅间小路。

（1）居住区道路

居住区道路是居住区内外交通联系的重要道路，适于消防车、救护车、私人小车、搬家车、工程维修车等的通行。其红线宽度一般为 20～30m，山地城市不小于 15m。车行道的宽度应根据居住区的大小和人车流量区别对待，一般不小于 9m，如通行公共交通时，应增至 10～14m。在车行道的两旁，各设 2～3m 宽的人行道。

（2）小区路

小区路划分应联系住宅组团，同时还联系小区的公共建筑和中心绿地。为防止城市交通穿越小区内部，小区路不宜横平竖直，一通到头。通常可采用的形式有环通式、尽端式、半环式、内环式、风车式和混合式等，既能避免外来车辆的随意穿行，又能使街景发生变化，丰富空间环境。小区路是居民出行的必经之路，也是他们交往活动的生活空间，因此要搞好绿化、铺地、小品等设计，创造出良好的环境。小区路建筑控制线之间的宽度，采暖区不宜小于 14m，非采暖区不宜小于 10m。车行道的宽度应允许两辆机动车对开，宽度为 5～8m。

（3）组团路

组团路是居住区住宅群内的主要道路，即从小区路分支出来通往住宅组团内部的道路，主要通行自行车、行人、轻机动车等，还需要满足消防车通行需求，以便防火急救。在组团入口处应设置明显的标志，便于识别，同时给来人一个明确的提示：进入组团将不再是公共空间。同时，组团路可在适当地段做节点放大，铺装路面，设置座椅供居民休息、交谈。有的小区规划不主张机动车辆进入组团，常在组团入口处设置障碍，以保证小孩、老人活动的安全。组团路的建筑控制线宽度，采暖区不宜小于 10m，非采暖区不宜小于 8m。

（4）宅间小路

宅间小路是居住区道路系统的末梢，是通向各户或各单元入口的通路，主要供步行及上下班时自行车通行。为方便居民生活，送货车、搬家车、救护车、出租车要能到达单元门前。宅前单元入口处是居民活动最频繁的场所，尤其少年儿童最愿意在此游戏，所以，宜将宅间小路及附近场地做重点铺装，在满足步行的同时还可以作为过渡空间供居民使用。宅间小区的路面宽度不宜小于 2.5m。

4. 居住区道路系统规划设计

居住区道路系统规划通常是在居住区交通组织规划下进行的。一般居住区交通组织规划可分为人车分流和人车合流两类。在这两类交通组织体系下，综合考虑居住区的地形、住宅特征和功能布局等因素，进行合理的居住区道路系统规划。

（1）人车分流的道路系统

人车分流的居住区交通组织原则是 20 世纪 20 年代由 C. 佩里首先提出的。佩里的"城市不穿越邻里内部"的原则，体现了交通街和生活街的分离。

目前国内像北京、上海、广州、深圳等城市以及其他经济发达地区，推行以高层为主的住区环境，停车问题主要在地下解决。组团内部的地面上形成了独立的步行道系统，将绿地、户外活动、公共建筑和住宅联系起来，结合小区游戏场所可形成小区的游憩娱乐环，为居民创造更为亲切宜人而富有情趣的生活空间，亦可为景观的欣赏提供有利的条件。

（2）人车合流的道路系统

人车合流又称人车混行，是居住区道路交通规划组织中一种很常见的体系。与人车分流的交通组织体系相比,在私人汽车不发达的地区,采用这种交通组织方式有其经济、方便的地方。在我国,城市之间的发展差异悬殊,根据居民的出行方式,在普通中、小城市和经济不发达地区,居住区内保持人车合流还是适宜的。在人车合流的同时,将道路按功能划分主次,在道路断面上对车行道和步行道的宽度、高差、铺地材料、小品等进行处理,使其符合交通流量和生活活动的不同要求,在道路线型规划上防止外界车辆穿行等。道路系统多采用互通式、环状尽端式或两者结合使用。

7.1.4 居住区绿地组成及定额指标

1. 居住区绿地的组成

居住区内绿地包括公共绿地、宅旁绿地、配套公建所属绿地和道路绿地,其中包括了满足当地植树绿化覆土要求、方便居民出入的地上或半地下建筑的屋顶绿地。

(1)公共绿地

全区或小区内居民共同使用的绿地,即公共绿地。其功能主要是给居民提供日常户外游憩活动空间,让居民开展儿童游戏、健身锻炼、散步游览和文化娱乐等活动。根据公共绿地大小不同,可分为居住区公园、小游园、组团绿地以及其他公共绿地。居住区公共绿地集中反映了小区绿地的质量水平,一般要求有较高的规划水平和一定的艺术效果(表7-3)。

表7-3 各级中心绿地设置规定

中心绿地名称	设置内容	要求	最小规模/hm²
居住区公园	花木草坪、花坛水面、凉亭雕塑、小卖茶座、老幼设施、停车场地和铺装地面	园内布局应有明确的划分功能	1.00
居住区小游园	花木草坪、花坛水面、雕塑、儿童设施和铺装地面等	园内布局应有一定的功能划分	0.40
组团绿地	花木草坪、桌椅、简易儿童设施等	灵活布局	0.04

1)居住区公园。服务于一个居民区,具有一定活动内容和设施,为居民区配套建设的集中绿地。服务半径一般为500～1000m。居住区公园一般规划面积在1hm²以上,相当于城市小型公园,公园内设施比较丰富,有体育活动场地、各年龄组休息活动设施、画廊、阅览室、茶室等。常与居住区服务中心结合布置,以方便居民活动和更有效地美化居住区形象。

2)居住区小游园。为一个居住小区居民服务,配套建设的集中绿地。服务半径一般为300～500m,面积一般在4000m²以上。

3)组团绿地。结合住宅组团布局,以住宅组团内的居民为服务对象的公共绿地。规划要特别设置老年人和儿童休息活动场所,一般面积在1000～2000m²,离住宅入口最大距离约为100m。

除上述三种公共绿地外,根据居住区所处的自然地形条件和规划布局,还有在居住区服务中心、河滨地带及人流比较集中的地段布局的街心花园、河滨绿地、集散绿荫广场等不同形式的居住区公共绿地。

(2)宅旁绿地

宅旁绿地是居住区最基本的绿地类型,包括住宅前后和两幢住宅之间的绿化用地。它只供本幢居民使用,是居住区绿地中面积最大、居民最经常使用的一种绿地形式。

（3）配套公建所属绿地

配套公建是指居住区内包括教育、医疗卫生、文化体育、商业服务、金融邮电、社区服务、市政公用和行政管理等在内的各类公共服务设施。这些公共设施的环境绿地都统称为配套公建所属绿地。

（4）道路绿地

道路绿地是指居住区主要道路两侧或中央的道路绿化带用地。一般居住区内道路路幅较小。道路红线范围内不单独设绿化带，道路的绿化结合在道路两侧的宅旁绿地或组团绿地中（图7-3）。

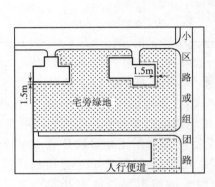

宅旁（宅间）绿地面积计算起止界示意图

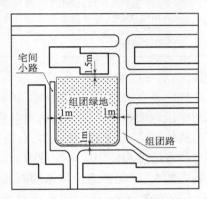

院落式组团绿地面积计算起止界示意图

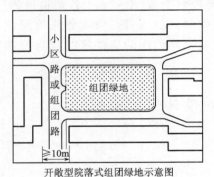

开敞型院落式组团绿地示意图

图7-3　宅旁绿地、组团绿地示意图

2. 居住区绿地的定额指标

居住区绿地的指标也是城市绿化指标的一部分，它间接地反映了城市绿化水平。随着社会的进步和人们生活水平的提高，绿化事业日益受到重视，居住区绿地指标已经成为人们衡量居住区环境质量的重要依据。

我国《城市居住区规划设计规范》（GB 50180—93）中明确指出：新区建设绿地率不应低于30%，旧区改造不宜低于25%。居住区内公共绿地的总指标应根据居住区人口规模分别达到：组团不少于0.5m²/人，小区（含组团）不少于1m²/人，居住区（含小区组团）不少于1.5m²/人，并根据居住区规划组织结构类型统一安排使用。另外还对各级中心绿地设置做了如下规定：居住区公园最小规模为10000m²，小游园为4000m²，组团绿地为400m²。

目前我国衡量居住区绿地的几个主要指标是人均公共绿地指标（m²/人）、人均非公共绿地指标（m²/人）、绿地覆盖率（%）（表7-4）。

157

表 7-4　居住区绿地指标

指标类型	内　　　容	计　算　公　式
人均公共绿地指标/(m²/人)	包括公园、小游园、组团绿地、广场花坛等,按居住区内每人所占的面积计算	居住区人均公共绿地面积 = 居住区公共绿地面积(m²)/居住区总人口(人)
人均非公共绿地指标/(m²/人)	包括宅旁绿地、公共建筑所属绿地、河边绿地以及设在居住区的苗圃、果园等非日常生活使用的绿地,按每人所占的面积计算	人均非公共绿地面积 = [居住区各种绿地总面积(m²) – 公共绿地面积(m²)]/居住区总人口(人)
绿地覆盖率(%)	在居住区用地上栽植的全部乔、灌木的垂直投影面积及花卉、草坪等地被植物的覆盖面积,以占居住区总面积的百分比表示,覆盖面积只计算一层,不重复计算	绿地覆盖率 = 全部乔、灌木的垂直投影面积及地被植物的覆盖面积(m²)/总用地面积(m²)×100%

在发达国家,居住区绿地指标通常比较高,一般人均 3m² 以上,公园绿地率在 30% 左右。

另外一个概念是有关"居住区容积率"的问题。容积率具体的定义是指:居住区内建筑物的建筑面积与总用地面积的比值。根据城市总体规划,规划部门对各居住开发用地都有一个建筑容积率的具体规定,它是衡量居住区有限的用地内负担多大建筑面积的一项重要指标,决定了居住环境的舒适度和使用效率。目前全国各大、中城市的土地日趋升值,地产公司获取土地的成本也随之加大,因此普遍希望通过提高居住区容积率实现开发的利润目标。容积率过小,则浪费土地资源,如一些发达城市在青山绿水的城市风景区内开发别墅区或部分低层豪宅区,占用土地多,满足户数少,这不应成为各地追风的趋向;容积率过大,则带来使用上的诸多问题,如住宅通风朝向、人口密度、停车紧张等问题,意味着居住区内人均绿地的减少。因此,每个城市在开发不同档次的居住区时应当控制好容积率,以保证居住区绿地的相关定额指标。

7.2　居住区绿地规划设计

7.2.1　居住区绿化的作用

1. 丰富生活

居住区绿地中设有老人、青少年和儿童活动的场地和设施,使居民在住宅附近能进行运动、游戏、散步和休息、社交等活动。

2. 美化环境

绿化种植对建筑、设施和场地能够起到衬托、显露或遮隐的作用,还可用绿化组织空间、美化居住环境。

3. 改善小气候

绿化使相对湿度增加而降低夏季气温。能减低大风的风速;在无风时,由于绿地比建筑地段的气温低,因而产生冷热空气的环流,出现小气候微风;在夏季可以利用绿化引导气流,以增强居住区的通风效果。

4. 保护环境卫生

绿化能够净化空气,吸附尘埃和有害气体,阻挡噪声,有利于环境卫生。

5. 避灾

当地震、战争时期能利用绿地隐蔽疏散,起到避灾作用。

6. 保持坡地的稳定

在起伏的地形和河湖岸边，由于植物根系的作用，绿地能防止水土的流失，维护坡岸和地形的稳定。

7.2.2　居住区绿地特点及规划原则

居住区绿地不同于一般性的公共绿地，它有着鲜明的特点，主要体现在如下几个方面：

① 绿地分块特征突出，整体性不强。

② 分块绿地面积小，设计的创造性难度比较大。

③ 在建筑的北面会产生大量的阴影区，影响植物的生长。

④ 绿地设计在安全防护方面（如防盗、亲水、无障碍设计）要求高。

⑤ 绿地兼容的功能多，如交通、休闲、景观、生态、游戏、健身、消防等。

⑥ 绿地中管线多，它不仅包含绿地建设自身的管线，同时还有大量的建筑外部管网及公共设施，设计容易受制约。

⑦ 在大量的居住区中存在有"同质"空间，由于建筑多行列式条状排列，因此大量的东西向条状空间是不可避免的"同质"空间。

⑧ 绿地和建筑的关联性强，在入口大门、架空层、屋顶绿化等区域绿地和建筑需要紧密配合设计。

因此，居住区绿地的规划设计需要依据自身的特点，扬长避短，因势利导地运用有创造力的设计手法来对居住区绿地进行规划。为达到这一目的，需要遵循以下原则：

1. 创造整体性的环境

居住区绿地被建筑和道路分块，整体性不强，但环境景观设计是一种强调环境整体效果的艺术，一个完整的环境设计不仅可以充分体现构成环境的各种要素的性质，还可以形成统一而完美的整体效果。没有对整体性效果的控制与把握，再美的形态和形式都只能是一些支离破碎或自相矛盾的局部。因此对居住区绿地中的各区块要积极运用各景观要素以创造它们之间的关联，适当调整道路体系，以合理地融入到大环境中。铺地式样的重复、绿化种植的围合、主题素材的韵律、实体空间的延续、竖向空间的整体界定等都可以达到整体性的效果。

2. 创造多元性的空间

居住区兼容的功能多，有人行步道的交通空间，有休闲娱乐的交流空间，有健身、游戏的场地空间，有自然绿化的生态空间，有文化、艺术的景观空间以及消防、停车的功能性空间，因此居住区绿地设计必须是一个多元的环境设计。当然在某些方面，这些空间是可以复合的，以突出整体性的要求。

3. 创造有心理归属感的景观

相对于人的行为方式，人的心理需求并不需要具体的空间，但是它需要有空间的心理感受。居住区是人类活动的主要场所，是人类安身立命的场所，因此其环境最主要体现出心理的归属。这种归属体现在环境中，最集中的表现就是居住区的景观风貌。人文和艺术作为人类文明思想的积淀，在景观创造中要有所体现，通过情调、品位的价值认同是心理归属感的关键，同时产生一种自豪感。

4. 创造以建筑为主体的环境

居住区绿地环境是由建筑群体围合下的空间，因此空间的尺度、比例、形状、边界和建筑主体密切关联，同时绿地设计和建筑一二层住宅的居家生活也有很紧密的关系，在日照、阳光西晒、私密空间的遮蔽、安全保护、住宅的进出口等方面都需要在绿地环境中体现建筑的主体中心地位。另外绿地设计的形式、风格、材料、色彩等方面在风貌上也需要和建筑主体相对应。在重要的住区建筑中,景观鉴赏意义上的对景、框景、室内外环境的空间相互渗透等都需要绿地环境对建筑主体的烘托。

5. 创造以自然生态为基调的环境

在城市生活中,建筑和道路在硬质环境方面构筑了城市主体,相应地需要在城市中不断强化和增加绿地软质环境,在绿地设计的细节中,应突出环境的自然生态属性,城市生活才得以平衡。由此在居住区绿地规划中更应该贯彻人和自然的和谐原则,有较多的地面道路和消防登高场地的条件下,设计应以自然生态为环境基调,以满足城市居民亲自然、亲水的要求。

6. 景观小品是居住区环境中不可缺少的部分

在居住区绿地环境中,不能忽视景观小品的设置,如花架、景亭、雕塑、水景、灯具、桌椅、凳、阶梯扶手、花盆等。这些小品色彩相对丰富,形态多姿,给居住生活带来了便利,又增加了情趣,可以说在主题和氛围上起着画龙点睛的作用。

7. 景观环境设计要以空间塑造为核心

居住区绿地的空间看似由建筑来围合,但这只是一个大空间、大环境,生活其中的居民在日常交往中还得需要尺度更小的空间感受,在这种小空间中,主题、景观、色彩、材料等在细节上都得到最细致的反映,给人的感觉是最集中和直接的,因此景观环境设计要以空间塑造为核心。当然小空间的产生并不能完全依附于其周边的住宅建筑单体,树木的围合、竖向高差导致的空间界定、材料的心理空间的边界界定等都可以创造小尺度的空间。

8. 利用先进的设备产品完善绿地环境

在绿地的景观环境设计中,水景的设备、浇灌系统的设备、日常晚间照明的设备、特殊亮化工程的设备以及背景音乐的设备等都会对完善绿地环境产生一定的作用。这些设备中有相当部分需要埋设于地下,是隐蔽工程,这就需要采用先进的设备产品及其完善的工艺来完善和丰富绿地环境。在安装上,要尽量避免对原有理想景观的破坏,让手井、安装盒、水管及水龙头、雨水井等露出地面的设备要有较好的遮蔽和处理。当然设备产品的工艺越先进,其处理手段也越丰富和容易隐蔽。

7.2.3 居住区绿地规划的一般要求

居住区绿地设计的一般要求有:

① 居住绿地应在居住区规划中按有关规定进行配套,并在居住区详细规划指导下进行规划设计。

② 小区级以上规模的居住用地应当首先进行绿地总体规划,确定居住用地内不同绿地的功能和使用性质,使绿地指标、功能得到平衡,居民们使用方便。

③ 合理组织、分隔空间,设立不同的休息活动空间,满足不同年龄居民活动、休息的需要。

④ 要充分利用原有自然条件,因地制宜,节约用地和投资。

⑤ 居住区绿地应以植物造景为主。根据居住区内外的立地条件、景观特征等,按照适地适树的原则进行植物配置,充分发挥生态效益和景观效益。在以植物造景为主的前提下,可设置适当的园林小品,但不宜过分追求豪华和怪异。

⑥ 合理确定各类植物的配置比例。速生、慢生树种的比例,一般是慢生树种不少于树木总量的40%。乔木、灌木的种植面积比例一般应控制在70%,非林下草坪、地被植物种植面积比例宜控制在30%左右。常绿乔木与落叶乔木数量的比例应控制在1:3~1:4之间。

⑦ 乔灌木的种植位置与建筑及各类市政设施的关系,应符合有关规定。

7.3 居住区公共绿地规划设计

7.3.1 居住区公园规划设计

居住区公园是居住区中规模最大、服务范围最广的中心绿地,为整个居住区的居民提供交往、游憩的绿化空间。居住区公园的面积一般都在10000m²以上,相当于城市小型公园。公园内的设施比较丰富,有体育活动场地、各年龄组休息活动设施、画廊、阅览室、茶室等。公园常与居住区服务中心结合布置,以方便居民活动。居住区公园服务半径为800~1000m,居民步行到居住区公园的时间不多于10min。居住区公园往往利用居住区规划用地中可以利用且具保留或保护价值的自然地形地貌或有人文历史价值的区域。居住区公园除以绿化为主外,常以小型园林水体、地形地貌的变化构成较丰富的园林空间和景观。

居住区公园主要功能分区有休息漫步游览区、游乐区、运动健身区、儿童游戏区、服务网点与管理区几大部分。概括来讲,居住区公园规划设计主要应满足功能、游览、风景审美、净化环境四个方面的要求(表7-5)。

表7-5　居住区公园规划设计要求

类　别	内　容
功能要求	根据居民各种活动的要求布置休息、文化、娱乐、体育锻炼、儿童游戏及人际交往活动的场地与设施
游览要求	公园空间的构建与园路规划应结合组景,园路既要满足交通的需要,又是游览观赏的路线
风景审美要求	以景取胜,注重意境的创造,充分利用地形、水体、植物及人工建筑物塑造景观,组成具有魅力的景色
净化环境要求	多种植树木、花草,改善居住区的自然环境与小气候

居住区公园规划设计一方面可以参照城市综合性公园,另一方面,还要注意居住区公园有其自身的特殊性,应灵活把握规则式、自然式、混合式的布局手法,或根据具体地形地域特色借鉴多种风格。居住区公园的游人主要是本区居民,居民游园时间大多集中在早晚、双休日和节假日,在规划布局中应多考虑游园活动所需的场地和设施,多配置芳香植物,注意配套公园晚间亮化、彩化照明配电。

7.3.2 居住区小游园规划设计

居住区小游园相对于居住区公园而言,利用率较高,能更有效地为居民服务。在居住区或居住小区的总体规划中,区级小游园常与服务设施相结合,成为居住区中最吸引人的亮点。

1. 小游园的位置

(1)布置在小区外侧

在规模小区中,小游园常设在小区外侧沿街布置,或设在建筑群的外围。这种公共绿地的布置形式将绿化空间从居住小区引向"外向"空间,与城市街道绿地相连,既是街道绿地的一部分,又是居住小区的公共绿地,其优点是:

① 既为居住小区居民服务,也面向城市市民开放,因此利用率较高。

② 由于这类小区绿地位置沿街,不仅为居民游憩所用,而且美化了城市、丰富了街道景观。

③ 沿街布置绿地，以绿地分隔居住建筑与城市道路，具有可降低尘埃、减低噪声、防风、调节温度、湿度等生态功能，使小区形成幽静的环境。

（2）布置在小区中心

将小游园设在小区中心，使小游园成为"内向"绿化空间。其优点是：

① 小游园至小区各个方向的服务距离均匀，便于居民使用。

② 中心小游园位于建筑群环抱之中，形成的空间环境比较安静，受居住小区外界人流、交通影响小，使居民增强领域感和安全感。

③ 小区中心的绿化空间与四周的建筑群产生明显的"虚"与"实"、"软"与"硬"对比，使小区的空间有密有疏，层次丰富而有变化。

在规划居住小区公共绿地时，如果有中心小游园，又有沿街绿地，是较为理想的方案。目前许多小区都采用中心小游园与沿街绿地结合方法，在居住区外侧沿街布置公共绿地，公共绿地与步行街结合，不仅提供良好的购物环境，也为小区增加了不少风情。

2. 小游园设计要点

（1）布局紧凑

小区小游园设计应充分考虑景观功能和使用功能的要求。由于小游园面积不大，满足的功能较多，在不大的面积内要照顾各种年龄组的需要，需要注意合理的功能分区。应根据游人不同年龄特点划分活动场地和确定活动内容。场地之间既分隔又紧凑，将功能相近的活动布置在一起。

（2）重视地形塑造

利用地形的变化反映自然，使景观更丰富生动，有立体感。根据挖土或堆土的范围、高度，可以制约空间的开敞或封闭程度、边缘范围及空间方向，有助于视线导向和制约视野，突出主要的景观，屏障丑陋物。影响风向，有利通风、防风，改善日照，起隔离噪声的作用。

（3）道路组织流畅

道路是各景点的联络，又是分隔空间和散步休息之地，是设计的重点。小游园道路往往和路牙、路边的块石、休闲座椅、植物配置、灯具等，共同构成最基本的景观线。因此，在进行道路设计时，我们有必要对道路的平曲线、竖曲线、宽窄和分幅、铺装材质、绿化装饰等进行综合考虑，以赋予道路美的形式。自然式道路可随地形变化起伏，或随景观布置之需而弯曲转折，在折弯处布局树丛、小品、山石，增加沿路趣味；规则式道路可在道路转折处或轴线上设置景点。地面铺装材料和图案可以根据意境的设计采用多种形式。从生态的角度出发，提倡应用透水性铺装材料。

注意主次道路的布置，主要道路大于 3m，次要道路在 1.1～2m 之间。主要道路贯穿全园，次要道路贯穿次要小区。

注意设置为残疾人通行的无障碍通道。通行轮椅车的坡道宽度不应小于 2.5m，纵坡不应大于 2.5%。

（4）设计多功能广场

广场作为一种社会活动场所，是居住区中最具公共性和活力的开放空间。广场是多元化的物质载体，应提供多种活动支持，满足广大居民游赏、休憩、交往、健身、娱乐等行为活动，是集多种功能于一身的活动空间。

广场设计应着重强调人的活动参与性。因此，广场活动空间的亲和度、可达性、文化性、娱乐性、景观的优美性等成为广场设计的依据和标准。在规划设计时，广场的位置要合理，尺度、形状等要符合使用者的需要和美的原则。广场上可设置座椅、花架、花坛、雕塑、喷泉等，注重装饰和实用相结合。通过广场的地坪高差、材质、颜色、肌理、图案的变化可创造出富有魅力的路面和场地景观。优秀的硬地铺装往往别具匠心,极富装饰美感。广场周围及中央要重视绿化,用植物分隔空间,提供纳荫场所。户外活动场地布置时,其朝向需考虑减少眩光,并应根据当地不同季节的主导风向,有意识地通过建筑、植物、景观设计来疏导自然气流。运动场的设计要根据运动的特点和相关规范进行设计。

（5）点缀建筑和其他小品

小游园中设置造型轻巧的建筑小品既起到点景作用,又为居民提供停留休息观赏的地方。如果设置一些趣味性强、与众不同的小品,如雕塑、水景、灯具、桌椅、凳、花架等,既给居住生活带来了便利,又给室外空间增添了丰富的情趣。由于小游园周围已有较多的住宅建筑,所以建筑小品的尺度应与小游园用地相协调,小品设置宜少不宜多、宜精不宜粗。另外小品设计时宜避免采用大面积的金属、玻璃等高反射性材料,减少住区光污染。

（6）植物设计要有特色

小游园应尽量利用和保留原有的自然地形及原有植物,加强植物配置,种植要有特色。为便于早晚赏景,可种香花植物及傍晚开放或点缀夜景的植物。注意用植物分隔小游园与居住区,减少噪声对周围的影响。

7.3.3 居住区组团绿地规划设计

居住区组团绿地是结合居住建筑组团而形成的下一级公共绿地,是随着组团的布置和形状相应变化的绿地,面积不大,靠近住宅,供居民尤其是老人与儿童使用,其规划形式与内容丰富多样（表7-6）。

表 7-6　居住区组团绿地规划形式与内容

封　闭　型　绿　地		开　敞　型　绿　地	
南侧多层楼	南侧高层楼	南侧多层楼	南侧高层楼
$L \geqslant 1.5L_2$ $L \geqslant 30m$	$L \geqslant 1.5L_2$ $L \geqslant 50m$	$L \geqslant 1.5L_2$ $L \geqslant 30m$	$L \geqslant 1.5L_2$ $L \geqslant 50m$
$S_1 \geqslant 800m^2$	$S_1 \geqslant 1800m^2$	$S_1 \geqslant 500m^2$	$S_1 \geqslant 500m^2$
$S_2 \geqslant 1000m^2$	$S_2 \geqslant 2000m^2$	$S_2 \geqslant 600m^2$	$S_2 \geqslant 1400m^2$

注:L——南北两楼正面间距(m);L_2——当地住宅的标准日照间距(m);S_1——北侧为多层楼的组团绿地面积(m^2);S_2——北侧为高层楼的组团绿地面积(m^2)。

1. 居住区组团绿地的特点

1）用地少,投资少,见效快,易于建设,一般用地规模 0.1～0.2hm^2。由于面积小,布局设施都较简单。在旧城改造用地比较紧张的情况下,利用边角空地进行绿化,这是解决城市公共绿地不足的途径之一。

2）服务半径小,使用率高。由于位于住宅组团中,服务半径小,约在 80～120m 之间,步行2～3min 即可到达,既使用方便,又无机动车干扰。这就为居民提供了一个安全、方便、舒适的游乐环境和社会交往场所。

3）利用植物材料既能改善住宅组团的通风、光照条件,又能丰富组团建筑艺术面貌,并能在地震时起到疏散居民和搭建临时建筑等抗震救灾作用。

2. 居住区组团绿地规划设计要点

1）组团绿地应满足邻里居民交往和户外活动的需要，布置幼儿游戏场和老年人休息场地，设置小沙地、游戏器具、座椅及凉亭等。

2）利用植物种植围合空间，树种包括灌木、常绿和落叶乔木，地面除硬地外铺草种花，以美化环境。避免靠近住宅种树过密，会造成底层房间阴暗及通风不良等。

3）布置在住宅间距内的组团级小块公共绿地的设置应满足"有不少于1/3的绿地面积在标准的建筑日照影印线范围之外"的要求，以保证良好的日照环境，同时要便于设置儿童的游戏设施和适于成年人游玩活动。其中院落式组团绿地的设置还应同时满足表7-6中的各项要求。

3. 组团绿地的布置类型

根据组团绿地在居住区组团的位置，基本上可归纳为以下几种类型（表7-7）。

表7-7　居住区组团绿地的周围环境及其类型

绿地的位置	基本图式	绿地的位置	基本图式
庭院式组团绿地		独立式组团绿地	
山墙间组团绿地		临街组团绿地	
林荫道式组团绿地		结合公共建筑、社区中心的组团绿地	

1）周边式住宅中间。这种组团绿地有封闭感，由于将楼与楼之间的庭院绿地集中组成，因此在相同的建筑密度时，这种形式可以获得较大面积的绿地，有利于居民从窗内看管在绿地上玩耍的儿童。

2）行列式住宅山墙之间。行列式布置的住宅对居民干扰较小，但空间缺乏变化，比较单调。适当增加山墙之间的距离开辟为绿地，可以为居民提供一块阳光充足的半公共空间，打破行列式布置的山墙间所形成的狭长胡同的感觉。这种组团绿地的空间与它前后庭院的绿地空间相互渗透，丰富了空间变化。

3）扩大住宅间的间距。在行列式布置的住宅之间，适当扩大间距达到原来间距的1.5～2倍，即可以在扩大的间距中开辟组团绿地。在北方的居住区常采用这种形式布置绿地。

4）住宅组团的一角。组团内利用地形不规则的场地，不宜建造住宅的空地布置绿地。可充分利用土地，避免出现消极空间。

5）临街组团绿地。临街布置绿地，既可为居民使用，也可向市民开放；既是组团的绿化空间，也是城市空间的组成部分，与建筑产生高低、虚实的对比，构成街景。

4. 组团绿地的布置形式

结合居住建筑组团的不同组合而形成的绿化空间（表7-7），它们的用地面积不大，但离家近，居民能就近方便地使用。尤其是青少年、儿童或老人常去活动，其内容可有绿化种植部分、

164

安静休息部分、游戏活动部分和生活杂务部分,还可附有一些小建筑或活动设施。内容根据居民活动的需要安排,是以休息为主或以游戏为主,是否需要设置生活杂务部分的内容,居民居住地区内的休息活动场地如何分布等,均要按居住地区的规划设计统一考虑。

安静休息部分设台、桌、椅、凳及棚架、亭、廊等小建筑,并可有铺砌的地面或草地。一般多为老年人安坐、闲谈、阅读、下棋或练拳等活动,并且常会成为附近居民日常生活中最经常的社会交往场所。

游戏活动部分可分别设幼儿和少年儿童的活动场地,供儿童进行游戏性活动和体育性活动。例如可选设一些捉迷藏、玩沙滩、玩水、跳绳、打乒乓球等,还可选设滑、转、荡、攀、爬等器械的游戏。利用居民住宅附近的绿地布置少年儿童游戏场地,往往成为少年儿童最经常进行课余活动的场所。

生活杂务部分可设置晒衣场、垃圾箱等,有的还可设有自行车、儿童车存放棚及兼管牛奶等服务管理项目。晒衣一般在宅旁、窗前或阳台设晒衣架,使用较方便,但上下层有干扰,尤其对环境的观瞻有影响,故可在住宅旁或住宅组团的场地内辟集中管理的晒衣场。垃圾箱设置的地点,对居住区的环境卫生有直接的影响,垃圾箱离住宅的距离不能过远,过远有随便倾倒的现象,要便于清洁运输,垃圾车要能直接通到安放垃圾箱的位置。垃圾箱要注意隐蔽,使其不影响卫生与美观,与居室的位置不能太近。在住宅组团场地内设置,由于住宅的建筑面积较紧,停放自行车常有困难,尤其是住在楼层的居民为了安全,常将自行车搬至楼上也很费力,故可在建筑组团的场地内设集中管理的自行车存放棚。除一二层居民较少存放外,自行车的存放率为 40% ~60% ,每辆停放面积包括走道约为 0.8 ~1.0m^2。

7.4　居住区宅旁绿地规划设计

7.4.1　宅旁绿地的特点及设计要点

1. 宅旁绿地的特点

(1)多功能

宅旁绿地与居民的各种日常生活密切联系,居民在这里开展各种活动,老人、儿童与青年在这里休息、邻里交往、晾晒衣物、堆放杂物等。宅间绿地结合居民家务活动,合理组织晾晒、存车等必须的设施,有益于提高居住质量,避免绿地与设施被破坏,从而直接影响居住区与城市的景观。

宅间庭院绿地也是改善生态环境,为居民直接提供清新空气和优美、舒适居住条件的重要因素,可防风、防晒、降尘、减噪,改善小气候,调节温度及杀菌等。

(2)不同的领有

领有是宅旁绿地的占有与使用的特性。领有性强弱取决于使用者的占有程度和使用时间的长短。宅间绿地大体可分三种形态:私有领有、集体领有、公共领有。

(3)宅旁绿地的季相特点

宅旁绿地以绿化为主,绿地率达 90% ~95% 。树木花草具有较强季节性,一年四季,不同植物有不同的季相,春花秋实、金秋色叶、气象万千。大自然的晴云、雪雨、柔风、月影,与植物的生物学特性组成生机盎然的景观,使庭院绿地具有浓厚的时空特点,给人们生命与活力。随着社会生活的进步,物质生活水平的提高,居民对自然景观的要求与日俱增,应充分发挥观赏植物的形态美、色彩美、线条美,采用观花、观果、观叶等各种乔灌木、藤本、花卉与草本植物材料,使居民能感受到强烈的季节变化。

（4）宅旁绿地的多元空间特点

随着住宅建筑的多层化空间发展,绿化向立体、空中发展,如台阶式、平台式和连廊式住宅建筑的绿化形式越来越丰富多彩,大大增强了宅旁绿地的空间特性。

（5）宅间绿地的制约性

住宅庭院绿地的面积、形体、空间性质受地形、住宅间距、住宅群形式等因素的制约。当住宅以行列式布局时,绿地为线型空间;当住宅为周边式布局时,绿地为围合空间;当住宅为散点式布置时,绿地为松散空间;当住宅为自由式布置时,庭院绿地为舒展空间;当住宅为混合式布置时,绿地为多样化空间。

2. 宅旁绿地的设计要点

1）在居住区绿地中,住宅庭院绿地面积最大,分布最广,使用率最高,对居住环境质量和城市景观的影响也最明显,在规划设计中需要考虑的因素要周到齐全。

2）应结合住宅的类型及平面特点、建筑组合形式、宅前道路等因素进行布置,创造宅旁的庭院绿地景观,区分公共与私人空间领域。

3）应体现住宅标准化与环境多样化的统一,依据不同的建筑布局做出宅旁及庭院的绿地规范设计,植物应依据地区的土壤及气候条件、居民的爱好以及景观变化的要求配植。同时也应尽力创造特色,使居民有一种认同及归属感。其中需注意,宅旁绿化是区别不同行列、不同住宅单元的识别标志,因此既要注意配置艺术的统一,又要保持各幢楼之间绿化的特色。另外,在居住区中某些角落,因面积较小,不宜开辟活动场地,可设计成封闭式装饰绿地,周围用栏杆或装饰性绿篱相围,其中铺设草坪或点缀花木以供观赏。

4）树木栽植与建筑物、构筑物的距离要符合行业规范,见表7-8。

表 7-8　树木栽植与建筑物、构筑物的距离

名　　称	最　小　距　离 /m	
	至乔木中心	至灌木中心
有窗建筑物外墙	3.0	1.5
无窗建筑物外墙	2.0	1.5
道路侧面外缘、挡土墙角、陡坡	1.0	0.5
人行道	0.75	0.5
高2m以下的围墙	1.0	0.75
高2m以上的围墙	2.0	1.0
天桥的柱及架线塔、电线杆中心	2.0	不限
冷却池外缘	40.0	不限
冷却塔	高1.5倍	不限
体育用场地	3.0	3.0
排水明沟边缘	1.0	0.5
邮筒、路牌、车站标志	1.2	1.2
警亭	3.0	2.0
测量水准点	2.0	1.0

7.4.2 宅旁绿化的形式

（1）树林型

以高大的树木为主形成树林。在管理上简单、粗放，大多为开放式绿地，居民可在树下活动。树林型对住宅环境调节小气候的作用较明显，但缺少花灌木和花草配置，需综合考虑速生与慢生、常绿与落叶、不同季相色彩、不同树形等树种的特点进行配置，避免单调。

（2）花园型

在宅间以绿篱或栏杆围成一定范围，可布置花草树木和园林设施。在相邻住宅楼之间，可以遮挡视线，有一定的私密性，为居民提供游憩场地。花园型绿地可布置成规则式或自然式，有时形成封闭式花园，有时形成开放式花园。

（3）绿篱型

在住宅前后沿道路边种植绿篱或花篱，形成整齐的绿带或花带的景观效果，南方小区中常用的绿篱植物有大叶黄杨、侧柏、小叶女贞、桂花、栀子花、米兰、杜鹃、桂花等。

（4）棚架型

住宅入口处搭棚架，种植各种爬藤植物，既美观又实用，是一种比较温馨的绿化形式。但要注意棚架的尺度，勿影响搬家。

（5）庭园型

在绿化的基础上，适当设置园林小品，如花架、山石、水景等。根据居民的爱好，设计各式风格的庭院，如日式风格、中式风格、英式风格等。在庭院绿地中还可种植果树，一方面绿化，另一方面生产果品，供居民享受田园乐趣。

（6）游园型

在宅间距较宽时（一般需大于30m），可布置成小游园形式。一般小游园的空间层次可沿着宅间道路展开，可布置各种小型活动场地，场地上可布置各种简单休息设施和健身娱乐设施。

7.4.3 宅旁绿化设计

宅旁绿地多指在行列式建筑前后两排住宅之间的空地上布置的绿地，它在居住区绿地内总面积最大，约占绿化用地的50%，是居民使用最频繁的一种绿地形式。宅旁绿地布置应与住宅的类型、层数、间距及组合形式密切配合，既要注意整体风格的协调，又要保持各幢住宅之间的绿化特色。宅旁绿化的重点在宅前，包括住户小院、宅间活动场地、住宅建筑本身的绿化等，它只供本幢居民使用。

1. 底层住户小院的绿化

低层或多层住宅一般结合单位平面，在宅前自墙面至道路留出3m距离的空地，给底层每户安排一专用小院，可用绿篱或花墙、栏栅围合起来。小院外围绿化作统一规划，内部则由住户栽花种草，布置方式和植物品种随住户喜好，但由于面积较小，宜采取简洁的布置方式，植物以盆栽为主。

独户庭院主要是别墅庭院。院内应根据住户的喜好进行绿化、美化。由于庭院面积相对较大，可在院内设计小水池、草坪、花坛、山石，搭花架缠绕藤萝，种植观赏花木或果树，形成较为完整的绿地格局。

2. 宅间活动场地的绿化

宅间活动场地属半公共空间，主要为幼儿活动和老人休息之用。宅间活动场地的绿化类型主要有以下几种：

（1）树林型

以高大乔木为主的一种比较简单、粗放的绿化形式，对调节小气候的作用较大，大多为开放式。居民在树下活动的面积大，但由于缺乏灌木和花草搭配，因而显得较为单调。高大乔木与住宅墙面的距离至少应在 5～8m，以避开地下管线，便于采光、通风和防止病虫害侵入室内。

（2）游园型

当宅间活动场地较宽时（30m 以上），可在其中开辟园林小径，设置小型游戏和休息园地，并组合配植层次、色彩都比较丰富的乔木和花灌木，是一种宅间活动场地绿化的理想类型，但所需资金较大。

（3）棚架型

是一种效果独特的宅间活动场地绿化类型，以棚架绿化为主，选用观赏价值高的攀缘植物。

（4）草坪型

以草坪绿化为主，在草坪的边缘或某一处种植乔灌木，形成疏朗、通透的景观效果。

3. 住宅建筑本身的绿化

住宅建筑本身的绿化包括架空层、屋基、窗台、阳台、墙面、屋顶绿化等几个方面，是宅旁绿化的重要组成部分，必须与整个宅旁绿化和建筑风格相协调。

（1）架空层绿化

在近年新建的居住区中，常将部分住宅的首层架空形成架空层，并通过绿化向架空层的渗透，形成半开放的绿化休闲活动区。这种半开放的空间与周围较开放的室外绿化空间形成鲜明对比，增加了园林空间的多重性和可变性。架空层的绿化设计与一般游憩活动绿地的设计方法类似，但由于环境较为阴暗且受层高所限，因此在植物品种的选择方面应以耐阴的小乔木、灌木和地被植物为主，不布置园林建筑、假山等，可适当布置一些与绿化环境协调的景石、小品等。

（2）屋基绿化

屋基绿化是指墙基、墙角、窗前和入口等围绕住宅周围的基础栽植。

① 墙基绿化。可以打破建筑物与地面之间形成的直角，一般多选用灌木作规则式配植，亦可种植爬山虎、络石等攀缘植物对墙面进行垂直绿化。

② 墙角绿化。墙角种小乔木、竹或灌木丛，形成墙角的"绿柱"、"绿球"，可减弱建筑线条的生硬感觉。

③ 窗前绿化。窗前绿化对于室内采光、通风，防止噪声、视线干扰等方面起着相当重要的作用。其配植方法也是多种多样的，如在距窗前 1～2m 处种一排花灌木，高度遮挡窗户的一小半，形成一条窄的绿带，既不影响采光，又可防止视线干扰，开花时节景观优美；再如在窗前设花坛、花池，使路上行人不致临窗而过。

④ 入口绿化。在住宅入口处，多与台阶、花台、花架等相结合进行绿化配植，形成各住宅入口的标志，也作为室外进入室内的过渡，有利于消除眼睛的光感差，或兼作"门厅"之用。

（3）窗台、阳台绿化

窗台、阳台绿化是人们在楼层室外与外界自然接触的媒介，不仅能使室内获得良好景观，

168

也丰富了建筑立面,美化了城市景观。

阳台有凸、凹、半凸半凹三种形式,日照及通风条件不同,应根据具体情况选择不同习性的植物。阳台拦板上部,可摆设盆花或设槽栽植,不宜植太高的花卉,以免影响室内的通风,也会因放置的不牢固发生安全问题。或在上一层拦板下悬吊植物成"空中"绿化,这种绿化能形成点、线,甚至面的绿化形态,从室内、室外看都富有情趣。

窗台绿化一般用盆栽的形式以便管理和更换。应根据窗台大小布置,要考虑置盆的安全性。窗台日照多,热量大,应选择喜阳耐旱的植物。

阳台和窗台绿化都要选择叶片茂盛、花美色艳的植物,才能使其在空中引人注目。还要使花卉与墙面及窗户的颜色、质感形成对比,相互衬托。

(4)墙面绿化和屋顶绿化

墙面和屋顶的绿化,即垂直绿化,是增加城市绿量的有效途径,不仅能美化环境、净化空气、改善局部小气候,还能丰富城市的俯视景观,应在居住区推广。

7.5 居住区配套公建所属绿地规划设计

7.5.1 规划设计要点

1. 与小区公共绿化相邻布置连成一片。

2. 保证各类公共建筑、公用设施的功能要求。居住区专用绿地应根据居住区公共建筑和公用设施的功能要求而进行绿地设计,形式多样(表7-9)。

表7-9 居住区公共建筑和公用设施的功能

设计要点 类型	绿化与环境空间关系	环境措施	环境感受	设施构成	树种构成
医疗卫生 如:医院门诊	半开敞的空间与自然环境(植物、地形、水面)相结合,有良好隔离条件	加强环境保护,防止噪声、空气污染,保证良好的自然条件	安静、和谐,使人消除恐惧和紧张感。阳光充足、环境优美,适宜病员休息、散步	树木花坛、草坪、条椅及无障碍设施,道路无台阶,宜采用缓坡道,路面平整	宜选用树冠大、遮荫效果好、病虫害少的乔木、中草药及具有杀菌作用的植物
文化体育 如:电影院、文化馆、运动场、青少年之家	形成开敞空间,各建筑设施呈辐射状与广场绿地直接相连,使绿地广场成为大量人流中心	绿化应有利于组织人流和车流,同时要避免遭受破坏,为居民提供短时间休息的场所	用绿化来强调公共建筑个性,形成亲切热烈的交往场所	设有照明设施、条凳、果皮箱、广告牌。路面要平整,以坡道代替台阶,设置公用电话、公共厕所	宜以生长迅速、健壮、挺拔、树冠整齐的乔木为主。运动场上的草皮应是耐修剪、耐践踏、生长期长的草类
商业、饮食、服务 如:百货商店、副食菜店、饭店等	构成建筑群内的步行道及居民交往的公共开敞空间。绿化应点缀并加强其商业气氛	防止恶劣的气候、噪声及废弃排放对环境的影响;人、车分离,避免互相干扰	由不同空间构成的环境是连续的,从各种设施中可以分辨出自己所处的位置和要去的方向	具有连续性的、有特征标记的设施树木、花池、条凳、果皮箱、电话亭、广告牌等	应根据地下管线埋置深度,选择深根性树种;根据树木与架空线的距离选择不同树冠的树种

设计要点 类型	绿化与环境空间关系	环境措施	环境感受	设施构成	树种构成
教育 如:托幼所、小学校、中学校	构成不同大小的围合空间,建筑物与绿化、庭院相结合,形成有机统一、开敞而富有变化的活动空间	形成连续的绿色通道,并布置草坪及文化活动场,创造由闹到静的过渡环境,开辟室外学习园地	形成轻松、活泼、幽雅、宁静的气氛,有利于学习、休息及文娱活动	游戏场及游戏设备、操场、沙坑、生物实验园、体育设施、座椅或石桌凳、休息亭廊等	结合生物园设置菜园、果园、小动物饲养园,选用生长健壮、病虫害少、管理粗放的树种
行政管理 如:居委会、街道办事处、物业管理	以乔灌木将各孤立的建筑有机地结合起来,构成连续围合的绿色前庭	利用绿化弥补和协调与建筑之间在尺度、形式、色彩上的不足,并缓和噪声及灰尘对办公的影响	形成安静、卫生、优美、具有良好小气候条件的工作环境,有利于提高工作效率	设有简单的文化设施和宣传画廊、报栏,以活跃居民业余文化生活	栽植庭荫树,多种果树,树下可种植耐阴经济植物。利用灌木、绿篱围成院落
其他 如:垃圾站、锅炉房、车库	构成封闭的围合空间,以利于阻止粉尘向外扩散,并利用植物作屏障,控制外部人员的视线	消除噪声、灰尘、废弃排放对周围环境的影响,能迅速排除地面水,加强环境保护	内院具有封闭感,且不影响院外的景观	露天堆场(如煤、渣等)、运输车、围墙、树篱、藤蔓	选用对有害物质抗性强、能吸收有害物质的树种。枝叶茂密、叶面多毛的乔灌木;墙面、屋顶用爬藤植物绿化

7.5.2 配套公建所属绿地规划

1. 中小学及幼儿园的绿地设计

小学及幼儿园是培养教育儿童,使他们在德、智、体、美、劳各方面全面发展、健康成长的场所,绿化设计应考虑创造一个清新优美的室外环境。同时,室内环境应保证是既不受暴晒,又很明亮的学习环境。

2. 商业、服务中心环境绿地设计

居住小区的商业、服务中心是与居民生活息息相关的场所。居民日常生活需要就近购物,如日用小商店、超市等,又需理发、洗衣、储蓄、寄信等,这里是居民每时每刻都要进进出出的地方,因此,绿化设计可考虑以规则式为主,留出足够的活动场地,便于居民来往、停留、等候等。场地上可以摆放一些简洁、耐用的坐凳、果皮箱等设施。绿化树种应以冠大荫浓的乔木为主,如选用槐树、栾树、悬铃木、枫树等作行列式栽植。花木可以整齐的绿篱、花篱为主。

3. 锅炉房、垃圾站环境的绿地设计

居住小区中的锅炉房、垃圾站是不可缺少的设施,但又是最影响环境清新、整洁的部位。绿化设计主要应以保护环境、隔离污染源、隐蔽杂乱、改变外部形象为宗旨加以设计。在保护运输车辆进出方便的前提下,在周边采用复层混交结构种植乔灌木,墙壁上用攀缘植物进行垂直绿化,示人们以整洁外貌。

4. 小区停车场及存车库的绿地设计

小区停车设计可以从如下两方面进行考虑:

① 可将宅间绿地的背阴面道路扩大为 4~5m 宽的铺装小广场,在小广场上划出小汽车停

车位。这样的设计解决了宅间绿地背阴面由于管线多、探井多、光照差、土壤过于贫瘠、人为损坏较严重等因素造成的绿化保存率极低的问题。

② 建地下、半地下车库。将车库设计为地下或半地下式,车库顶层恰好作为集中绿地的小广场,供居民游憩之用(图7-4)。

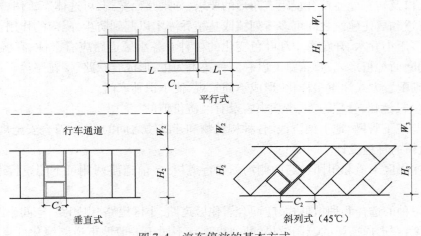

图7-4　汽车停放的基本方式

7.6　居住区道路绿地规划设计

7.6.1　道路分级及绿化设计

居住区各等级道路绿化设计有其各自的要求和实施要点(表7-10),应区别对待。

表7-10　居住区道路分级绿化设计要求和实施要点

道路分级	绿化设计要求和实施要点
居住区道路	居住区道路是联系各小区或组团与城市街道的主要道路,兼有人行和车辆交通的功能,其道路和绿化带空间、尺度与城市一般街道相似,其绿化带的布置可采用城市一般道路的形式
小区道路	小区路上行驶车辆虽较居住区级道路少,但绿化设计也必须重视交通要求,道路离住宅建筑较近时也应注意防尘减噪
组团路	居住区组团级道路一般以通行自行车和行人为主,路幅与道路空间尺度较小,一般不设专用道路绿化带,绿化与建筑的关系较为密切,在居住小区干道、组团道路两侧绿地中进行绿化布置时,常采用绿篱、花灌木来强调道路空间,减少交通对住宅建筑和绿地环境的影响
宅间小路	宅间小路是通向各住户或各单元入口的道路,主要供人行,绿化设计中道路两侧树木的种植应适当退后,便于必要时救护车或搬运车辆直接通达单元入口,有的步行道与交叉口可适当放宽,与休息活动场地结合,形成小景点

居住区道路行道树的布置要注意遮阳和不影响交通安全,应注意道路交叉口及转弯处的树木种植不能影响行驶车辆的视距,必须按安全视距进行绿化设置。

7.6.2　道路绿化要点

1)以树木花草为主,多层布置,提高覆盖率。在种植乔灌木遮荫的同时,可多种宿根及自播繁衍能力强的花卉,如美人蕉、一串红等,丰富绿地的色彩。

2)考虑四季景观及早日普遍绿化的效果,注意常绿与落叶、乔木与灌木、速生与慢生、重点与一般相结合。

3）种植形式多样化,以丰富的植物景观创造多样的生活环境。

居住区主要道路的绿化树种的选择应不同于城市街道,形成不同于市区街道的气氛。配置方式上可更多地采用乔木、灌木、绿篱、草地、花卉相结合的方式。要考虑行人的遮荫与交通安全,在交叉口及转弯处要符合视距三角形的要求,如果路面宽阔,可选体态雄伟、树冠宽阔的乔木,在人行道和居住建筑之间可多行列植或丛植乔灌木以起到防尘、隔声的作用。小区道路树种的选择多用小乔木、开花灌木和叶色变化的树种。各小区道路应有个性、有区别,选择不同树种、不同断面种植形式,每条路上以一二种花木为主,形成合欢路、樱花路等。各住宅小路从树种选择到配置方式注重多样化,形成不同景观,便于识别家门。

4）选择生长健壮、管理粗放、少病虫害及有经济价值的植物。

5）注意与地下管网、地上架空线、各种构筑物和建筑物之间的距离,符合安全规范要求。

7.6.3 行道树的种植设计

一般居住小区干道和组团道路两侧均配置行道树,宅前道路两侧可不配置行道树或仅在一侧配置。

行道树树种的选择和种植形式,应配合居住区道路、小区道路、组团路、宅间小路等道路类型的空间尺度,在形成适当的遮阳效果的同时,具有不同于一般城市道路绿化的景观效果,能体现居住区绿化多样、富于生活气息的特点(表7-11)。

表 7-11　行道树种植要点

要　　点	内　　　　　容
选择树种	要选择能适应城市各种环境因子、对病虫害抵抗能力强、苗木来源容易、成活率高、树龄长、树干比较通直、树姿端正、体形优美、冠大荫浓的行道树树种,且树种不能带刺,要能经受大风袭击(不是浅根类),花果无臭味,不招蚊蝇或害虫,落花落果不打伤行人、不污染路面
景观效果	行道树的种植不要与一般城市道路的绿化效果等同,而要与两侧的建筑物、各种设施结合,形成疏密相间、高低错落、层次丰富的景观效果
株距确定	行道树株距要根据苗木树龄、规格的大小来确定,要考虑树木生长的速度,在一些重要的建筑物前不宜遮挡过多,株距应加大,以展示建筑的整体面貌
可识别性	要通过绿化弥补住宅建筑的单调雷同,强调组团的个性,在局部地方种植个性鲜明、有观赏特色的树木,或与花灌木、地被、草坪组合成群体绿化景观,增强住宅建筑的可识别性

行道树在种植形式上,不一定沿道路等距离列植和强调全面的道路遮阳,而是根据道路绿地的具体环境灵活布置。如在道路转弯、交会处附近的绿地和宅前道路边的绿地中,可将行道树与其他低矮花木配置成树丛,局部道路边绿地中不配置行道树,在建筑物东西向山墙边丛植乔木,而隔路相邻的道路边绿地中不配置行道树等,以形成居住区内道路空间活泼有序的变化,加强居住区开放空间的互相联系,形成连续开敞的开放空间格局等。

7.7　居住区绿地的植物选择和配置

7.7.1　居住区绿地的植物选择

居住区绿地植物的选择与配置直接影响到居住区的环境质量和景观效果。在进行植物品种的选择时必须结合居住区的具体情况,做到适地适树,并充分考虑植物的习性,尽可能地发挥不同植物在生态、景观和使用三方面的综合效应,满足人们生活、休息、观赏的需要。

1. 选择本身无污染、无伤害性的植物

植物的选择与配置应该对人体健康无害,有助于生态环境的改善并对动植物生存和繁殖有利。居住区应选择无飞絮、无毒、无刺激性和无污染物的树种,尤其在儿童游戏场周围,忌用带刺和有毒的树种。

2. 选用抗污染性较强的树种

即选用能防风、降噪、抗污染、吸收有毒物质等具有多种效益的树种。如防火的树木有女贞、广玉兰、奕树、苏铁、龙柏、黄杨、木槿、侧柏、合欢、紫薇等。还可选用易于管理的果树。

3. 选用耐阴树种和攀缘植物

由于居住区建筑往往占据光照条件好的位置,很大一部分绿地受阻挡而处于阴影之中,应选用能耐阴的树种,如金银木、枸骨、八角金盘等。

攀缘植物是居住区环境中很有发展前途的一类植物,北方常用的品种有爬山虎、紫藤等,南方有蔷薇、常春藤、络石等。

4. 少常绿,多落叶

居住区由于建筑的相互遮挡,采光往往不足,特别是冬季,光照强度减弱,光照时间短,采光问题更加突出,因此要多选落叶树,适当选用常绿乔灌木。

5. 以阔叶树木为主

居住小区是人们生活、休息和游憩的场所,应该给人一种舒适、愉快的感觉,而针叶树容易产生庄严、肃穆感。所以小区内应以种植阔叶树为主,在道路和宅旁更为重要。

6. 植物种类丰富

一个居住区绿地就是一个生态系统,要保证该系统的稳定,植物选择要丰富多样,乔、灌、藤、草、花合理搭配,植物群落稳定,高低错落,疏密有致,季相变化明显,达到春华、夏荫、秋实、冬青,四季有景可观,形成"鸟语花香"的意境,使居住区生态环境更为自然协调。可以选用具有不同香型的植物给人独特的嗅觉感受,如腊梅、桂花、栀子花等。还可多选用有小果和种子的植物,招引鸟类,如李类、金银木、苹果类、菊类、向日葵等。

7. 选用传统植物

选用梅、兰、竹、菊等传统植物以突出居住区的个性与象征意义。

8. 选用与地形相结合的植物种类

如坡地上选用地被植物,水景中的荷花、浮萍,池塘边的垂柳,小径旁的桃树等,创造一种极富感染力的自然美景。

7.7.2 居住区绿地的植物配置

居住区的绿地结构比较复杂,在植物配置上也应灵活多变,不可单调呆板。

1. 确定基调树种

主要用作行道树和庇荫树的乔木树种要基调统一,在统一的基础上,树种力求有变化,创造出优美的林冠线和林缘线,打破建筑群体的单调和呆板感,以适应不同绿地的需求。例如,在道路绿化时,主干道以落叶乔木为主,选用花灌木、常绿树为陪衬,在交叉口、道路边配置花坛。

2. 点、线、面结合

点是指居住小区的公共绿地,面积较大,利用率高。平面布置形式以规则为主的混合式为好,植物配置突出"草铺底、乔遮荫、花藤灌木巧点缀"的公园式绿化特点。

线是指居住区的道路、围墙绿化,可栽植树冠宽阔、遮荫效果好的中小乔木、开花灌木或藤本等。

面是指宅旁绿化,包括住宅前后及两栋住宅之间的用地,约占小区绿地的50%以上,是住宅区绿化的最基本单元。

3. 生态优先

植物配置形式应以生物群落为主,乔木、灌木和草坪地被植物相结合的多层次植物配置形式,构建稳定的生态系统,充分发挥居住区绿地的生态效益。

4. 根据使用功能配置植物

植物的选择与配置应为居民提供休息、遮荫和地面活动等多方面的条件。行道树及高大的落叶乔木可以遮阳和遮挡住宅西晒。利用不同的植物配置可以创造丰富的空间层次。如高而直的植物构成开敞向上的空间,低矮的灌木和地被植物形成开敞的空间;绿篱与铺地围合形成中心空间等。植物配置还要满足建筑及各类设施的使用要求,要考虑种植的位置与建筑、地下管线等设施的距离,避免影响植物的生长和管线的使用及维修。

5. 加强立体绿化

居住区由于建筑密度大,地面绿地相对少,限制了绿量的扩大,但同时又创造了更多的立体绿化空间。居住区绿化应加强立体绿化,开辟更多的绿化空间。对低层建筑可实行屋顶绿化;山墙、围墙可采用垂直绿化;小路和活动场所可采用棚架绿化;阳台窗台可以摆放花木等,以增加绿化面积,提高生态效益和景观质量。

6. 尽量保存原有树木和古树名木

古树名木是珍贵的绿化资源,可以增添小区的人文景观,使居住环境更富有特色,需要加强保护。将原有树木保存还可使居住区较快达到绿化效果,并节省绿化费用。

7. 植物配置位置

居住环境植物配置要考虑种植的位置与建筑、地下管线等设施的距离,避免妨碍植物的生长和管线的使用与维修(表7-12)。

表7-12　种植树木与建筑、地下管线等设施的水平距离

建筑物名称	最小间距/m		管线名称	最小距离/m	
	至乔木中心	至灌木中心		至乔木中心	至灌木中心
有窗建筑物外墙	3.0	1.5	给水管、闸井	1.5	不限
无窗建筑物外墙	2.0	1.5	污水管、雨水管	1.0	不限
挡土墙顶内和墙脚外	2.0	0.5	煤气管	1.5	1.5
围墙	2.0	1.0	电力电缆	1.5	1.0
道路路面边缘	0.75	0.5	电信电缆、管道	1.5	1.0
排水沟边缘	1.0	0.5	热力管(沟)	1.5	1.5
体育用场地	3.0	3.0	地上杆柱(中心)	2.0	不限
测量水准点	2.0	1.0	消防龙头	2.0	1.2

8. 植物栽植间距规定

为了满足植物生长的需要,根据居住区规划设计的相关规范要求,居住环境植物配置时要考虑种植的绿化带最小宽度与植物栽植间距(表7-13)。

表 7-13　绿化带最小宽度与植物栽植间距　　　　　　　　　　m

名　　称	最小宽度	名　　称	不宜小于	不宜大于
一行乔木	2.00	一行行道树	4.00	6.00
两行乔木（并列栽植）	6.00	两行行道树（棋盘式栽植）	3.00	5.00
两行乔木（棋盘式栽植）	5.00	乔木群栽	2.00	不限
一行灌木带（小灌木）	1.50	乔木与灌木	0.50	不限
一行灌木带（大灌木）	2.50	灌木群栽（大灌木）	1.00	3.00
一行乔木与一行绿篱	2.50	灌木群栽（中灌木）	0.75	1.50
一行乔木与两行绿篱	3.00	灌木群栽（小灌木）	0.30	0.80

第8章 单位附属绿地规划设计

8.1 工厂企业附属绿地规划设计

8.1.1 工厂企业绿化的意义和特点

1. 工矿企业绿化的意义

工矿企业用地是城市用地中所占比例较大的一类,一般在 20% ~30% 之间,甚至更多,提高和改善工矿企业用地,对企业自身和城市建设都具有重要意义。

(1)美化自然环境,营造良好的生产氛围

自然环境和人的精神状态有着潜移默化的联通关系。实践证明,一个良好和谐的工厂自然环境,有利于培养工人健康而愉悦的精神面貌,对提高生产质量和效益有着不可忽视的作用。

(2)弘扬企业文化,提高企业的社会地位和竞争实力

社会的发展,不仅是事物本身量的增长,同时也需要质的飞跃。工厂生产的是物质产品,一方面,在物质产品日益丰富和齐全的今天,人们对产品本身的选择不再是惟一,隐藏在产品生产全过程中的精神因素往往成为左右人们选择心理的重要因子,就像人们不相信一位个人卫生极差的厨师能烹制出美味佳肴一样,人们不敢相信脏、乱、差的工厂环境能生产出好产品。另一方面,现代产品的品牌效应是有目共睹的。品牌效应是企业在提供物质产品的同时,提供给人们的精神产品,是产品在生产、销售和服务过程中给用户的安全、信任和认知心理满足,是企业的综合实力表现,是蕴藏在产品中的文化现象。人们相信,一个重视环境建设的工厂不会不重视产品的质量与信誉。所以,工厂绿化在一定程度上可以说是企业经营的示范窗口,对提高企业的社会地位和竞争实力具有不可低估的作用和影响。当前蓬勃发展的花园式工厂、园林式工厂、生态式工厂就是最好的证明。

(3)改善生态环境,形成可持续发展的良性循环

产品的生产离不开一个优质的小环境,重视工厂的生态系统建设,净化空气和水质,降低噪声及污染,避免水土流失,必将保证和提高产品的质量。让用户放心,产品才能有稳定的市场,企业才能得以继续生产和发展。所以说,良好的生态环境是工厂生产和发展的保障,环境建设和产品生产是相得益彰的两个层面,是能相互促进和演变的。

(4)呼应内部功能,形成内部良好而安全的生产防护措施

企业内部的生产单元有许多对外部环境的要求。如精密仪器厂需要无飞尘的高纯度空气的环境,食品厂需要无病菌的高净度空气的环境,炼钢厂需要防火和降温,纺织厂需要降低飞絮,而这些要求不是什么机器设备可以完全提供和保障的。植物本身具备的滞尘、杀菌、降噪、防火和降温等功能,是不可比拟和取代的;通过合理的绿化规划,能形成符合工厂内部生产功能需要的外部环境。

（5）丰富经营手段，辅助性拓展企业经营渠道

通过工厂内部非生产用地的绿地，能提供一定木材或种养植等林副产品，获得一定的直接经济效益或间接经济效益，也可利用工厂环境来吸引投资，或满足职工的休闲游览需要，为辅助性的开拓企业经营方向和渠道提供可靠的物质基础和精神空间。

2. 工厂企业绿化的特点

工厂绿化由于工业生产而有着与其他用地上绿化不同的特点，不同性质、类型的工厂，对环境的影响及要求也不相同。工厂绿化概括起来有以下特点。

① 环境恶劣，立地条件复杂。工厂在生产过程中常常会排放、逸出各种对人体健康、植物生长有害的气体、粉尘、烟尘及其他物质，使空气、水、土壤受到不同程度的污染。土壤条件差，有大量的上、下管道，频繁的交通运输、特殊的生态环境（高温、有毒气体、大量尘埃等），以及较为严重的人为破坏（堆料、搬运、维修管道等），都给绿化造成许多困难。

② 绿地的使用对象固定，持续时间较短，加上面积小、受环境条件限制，是工厂绿化中特有的问题。这就要求工厂绿地必须在有限的绿化面积内，发挥最大的使用效率，以调剂精神、减少疲劳。

③ 工厂绿化设计是工厂总体规划的有机组成部分，在决定总体设计时应给予综合的考虑和合理的安排，以充分发挥园林绿化在改善环境卫生、防护、保障生产、创造舒适优美的休息环境等方面的综合功能。

④ 工厂绿化设计必须从实际出发，不要强求平面构图的完整性，本着对工人健康有利、对生产有利的原则，进行树种选择，植物种类不宜过多过杂，要根据企业的特点、环境条件、植物的生态要求、工人的喜好等各方面因素，做到因地制宜、适地适树。

⑤ 工厂绿化中最突出的问题就是处理好地上构筑物、地下管线与树木之间的关系，因此在设计前应详细调查工厂各种构筑物和地下管线的性质、走向、位置、断面尺寸以及管线上部土层厚度等，作为设计的依据。

8.1.2 工厂绿化的基本原则和设计程序

1. 工厂绿地规划的基本原则

工矿企业绿化关系到全厂各区、各车间内外生产环境和厂区容貌，绿地规划设计时应遵循以下基本原则。

（1）满足生产和环境保护的要求，把保证安全生产放在首位

工厂绿化应根据工厂的性质规模、生产和使用特点、环境条件对绿化的不同功能要求进行。在设计中不能因绿化任意延长生产流程和交通运输路线，影响生产的合理性。如厂区内道路两旁的绿地要服从交通功能的需要，服从管线使用与检修的要求，在某些一地多用或者兼作交通、堆放、操作等用途的地方尽量布置大乔木，用最小绿化占地获得最大绿化覆盖率，以充分利用树下空间。

车间周围的绿化必须注意与建筑朝向、门窗位置以及风向等的关系，充分保证车间对通风和采光的要求。在无法避开的管线处进行绿化设计时，必须考虑各类植物距各种管线的最小净间距，不能妨碍生产的正常进行。

工矿企业绿化只有从生产的工艺流程出发，根据环境的特点，明确绿地的主要功能，确定适合的绿化方式、方法，合理地进行规划，科学地进行布局，才能达到预期的绿化效果。

（2）应充分体现企业的特色和风格

工矿企业绿化是以厂内建筑为主体的环境净化、绿化和美化，要有自己的特色和风格，充分发挥绿地的整体效果，植物应与工厂特有建筑的形态、体量、色彩相互衬托、对比、协调，形成别具一格的工业景观和独特优美的厂区环境。如电厂高耸入云的烟囱和造型优美的双曲线冷却塔，纺织厂锯齿形天窗的生产车间，炼油厂、化工厂的烟囱，各种反应塔，银白色的贮油罐，纵横交错的管道等。这些建筑物、装置与植物形成形态、轮廓和色彩的对比变化，刚柔相济，从而体现各个工厂的特点和风格。

同时，工矿企业绿化还应根据工厂实际，在植物的选择和配置、绿地的形式和内容等方面，应体现出工厂宽敞明朗、洁净清新、整齐一律、宏伟壮观、简洁明快的时代气息和精神风貌。

（3）应充分体现"为生产服务、为职工服务"的宗旨

工矿企业绿化要充分体现"为生产服务、为职工服务"的宗旨。在设计时首先要体现为生产服务，具体的做法是：充分了解工厂及其车间、仓库、料场等区域的特点，综合考虑生产工艺流程、防火、防爆、通风、采光以及产品对环境的要求，使绿化服从和满足这些要求，有利于生产。其次，要体现为职工服务，具体的做法是：在了解工厂及各个车间生产特点的基础上，创造有利于职工工作和休息的环境，有益于工人的身体健康。尤其是生产区和仓库区，占地面积大，又是职工生产劳动的场所，环境的好坏直接影响厂容厂貌和工人的身体健康，应作为工厂绿化的重点之一。应根据实际情况，从树种选择、布置形式，到栽培管理上多下工夫，充分发挥绿地在净化美化环境、消除疲劳、振奋精神、增进健康等方面的作用。

（4）坚持多层次绿化，增加绿地面积，提高绿地率

工矿企业绿地面积的大小，直接影响到绿化功能和绿化效果，因此要通过多种途径、多种形式增加绿地面积，以提高绿地率、绿视率。由于工矿企业的性质、规模、所在地的自然条件以及对绿化要求的不同，绿地面积差异悬殊。目前我国大多数工矿企业绿化用地不足，特别是一些位于旧城区的工厂绿化用地更加紧张。

我国一些学者提出为了保证工矿企业实行文明生产，改善厂区环境质量，必须有一定的绿地面积：重工业类企业厂区绿地面积应占厂区面积的 10%，化学工业类企业为 20%～25%，轻工业、纺织工业类企业为 40%～50%，精密仪器工业类企业为 50%，其他工业类企业为 30% 左右。

世界上许多国家都非常注重工厂绿化美化。一些工厂绿树成荫，芳草萋萋，不仅技术先进，产品质量高，而且以环境优美而闻名。

总之，在进行工厂绿化时，应尽可能地通过多种途径，积极扩大绿地面积，坚持多层次绿化，充分利用地面、墙面、屋顶、棚架、水面等形成全方位的绿化空间。

（5）统一规划、合理布局，形成点、线、面相结合的厂区绿地系统

工矿企业绿化要纳入厂区总体规划中，在工厂建筑、道路、管线等总体布局时，要把绿化结合进去，做到全面规划，合理布局，形成点、线、面相结合的厂区绿地系统。点是厂前区绿化和游憩性游园，线是厂内道路、铁路、河渠绿化及防护林带，面就是车间、仓库、料场等生产性建筑、场地的周边绿化。从厂前区到生产区、仓库、作业场、料场，到处是绿树红花青草，让工厂掩映在绿荫丛中。同时，也要使厂区绿化与市区街道绿化衔接起来，过渡自然。

（6）应与全厂的分期建设协调，并适当结合生产

工矿企业绿化应与全厂的分期建设紧密结合，并适当结合生产。如在各分期建设用地中，预留绿化用地可以设置成苗圃的形式，既起到绿化、美化、保护环境的作用，又可为下一期的绿

地建设提供苗木。

2. 工厂绿化的设计程序

（1）认真调查,科学分析

工厂绿地设计的前期调查工作非常关键,要围绕工厂的自然条件、生产性质和规模、工厂总体规划布局和社会文化等方面进行认真调查,并加以科学分析,用于指导绿地设计。

1）自然条件的调查。现场调查和资料查阅相结合,针对工厂的土壤、地形地势、气候、风向和光照等因素进行认真调查,摸清各部位绿地的生境,为后期设计中的植物配置提供科学依据。

2）生产性质和规模的调查。走访调查、资料查阅和现场踏勘相结合,完整地了解工厂的生产性质和规模,为后期绿化设计的景观效果体现、生态效益的发挥以及生产的保障提供依据。

3）工厂总体规划布局资料的调查。认真阅读工厂总体规划图纸及资料,同时结合现场的考察复核,一方面摸清工厂内部各功能地块和设施的具体位置及功能性质,掌握工厂的建设现状,为绿化设计在工厂内部各功能地块和设施的合理方案提供决策依据。其中,要重视对工厂现状地形和管线布局图纸资料的收集、查阅及分析;另一方面,要摸清工厂发展建设的步骤和方向,分清工厂未来建设的顺序和地块,使绿化设计做到近期与远期相结合。

4）工厂社会文化资料的调查。认真阅读工厂发展纲要方面的文件,与工厂领导人员就企业文化、经营理念、未来展望、投资计划等方面进行交流,为绿化设计如何结合企业文化和经营理念寻找创作灵感;为如何合理布局形成符合发展规模的绿化景观,如何在投资计划的框架下进行具有可实施性的绿化设计,如何以最少的投资,产出最大的绿化环境效益、社会效益和经济效益,如何营造好工厂整体景观提供依据。

（2）方案的构思、筛选和确定

在前期调查和分析的基础上,从宏观到局部、从整体到个案进行方案的规划构思。本着以适用和经济为根本,筛选并确定科学合理而又美观的设计方案。

（3）绘制图纸

根据设计深度要求绘制相应的图纸。一般情况下:

① 在总规阶段,要绘制现状分析图、总体规划平面图、功能分区图、景观分析图、道路方案图、竖向控制图、植物方案图、管线方案图和必要的景观效果图等。

② 在详规阶段,要绘制详细规划平面图、道路系统图、竖向设计图、场地横纵剖(断)面图、园林建筑单体平面图和立面图、种植设计图和必要的景观效果图等。

③ 在施工设计阶段,要绘制准确的场地道路施工放样图、植物种植放样图、竖向施工图、场地和道路横纵剖面(断)面图、管线施工图、园林建筑结构图和施工图、水景施工图等。

（4）编制规划设计文本

根据设计深度要求,围绕基础资料的收集、分析和评价,并对绿化设计方案的设计思想和原则、功能分区、分区详述、道路设计、场地及竖向设计、植物配置、管线设计及园林建筑和设施设计等方面进行文字描述说明,并绘制必要的设计技术参数图表文件和进行投资的概(预)算。

8.1.3 工厂绿地的规划设计

1. 工矿企业绿地的组成

工矿企业绿地一般由以下几部分组成。

（1）厂前区绿地

厂前区由道路、广场、出入口、门卫收发、办公楼、科研试验室、食堂等组成,既是全厂行政、生产、科研、技术、生活的中心,也是职工活动和上下班集散的中心,还是联系市区与厂区的纽带。厂前区面貌体现了工厂的形象和特色,是工厂绿化美化的重点地段。

(2)生产区绿地

生产区分布着车间、道路、各种生产装置和管线,是工厂的核心,也是工人生产劳动的区域。生产区绿地比较零碎分散,呈条带状和团片状分布在道路两侧或车间周围。

(3)仓库、堆场区绿地

该区是原料和产品堆放、保管和储运的区域,分布着仓库和露天堆场,绿地与生产区基本相同,多为边角地带。

(4)道路绿地

主要指工厂内部道路周围的绿化地段。

(5)绿化美化地段

厂区周围的防护林带,厂内的小游园、花园等。

工厂绿化既要重视厂前区和厂内绿化美化地段,提高园林艺术水平,体现绿化美化和游憩观赏功能,也不能忽视生产区和仓库区绿化,以改善和保护环境为主,兼顾美化、观赏功能。

2. 工矿企业各分区绿地设计要点

(1)厂前区绿地设计

厂前区是工厂对外联系的中心,要满足人流集散及交通联系的要求。厂前区也代表工厂形象,体现工厂面貌,是工厂文明生产的象征。厂前区往往与城市道路相邻,其环境直接影响城市的面貌。因此厂前区绿地设计要点如下:

1)厂前区的绿化要美观、整齐、大方、开朗明快,给人以深刻印象。

2)可因地制宜地设置林荫道、行道树、绿篱、花坛、草坪、喷泉、水池、假山、雕塑等,但要保证方便车辆通行和人流集散。

3)绿地设置应与广场、道路、周围建筑及有关设施(光荣榜、画廊、阅报栏、黑板报、宣传牌等)协调,一般多采用规则式或混合式。

4)植物配置要和建筑立面、形体、色彩协调,与城市道路联系,多用对植和行列式种植。

5)入口处的布置要富于装饰性和观赏性,并注意入口景观的引导性和标志性,以起到强调作用。

6)建筑周围的绿化还要处理好空间艺术效果、通风采光、各种管线的关系。花坛、草坪及建筑周围的基础绿带用修剪整齐的常绿绿篱围边,点缀色彩鲜艳的花灌木、宿根花卉,或植草坪,用低矮的色叶灌木形成模纹图案。

7)如用地宽余,厂前区绿地设计还可与小游园的布置相结合,设置山泉水池、建筑小品、园路小径,放置园灯、凳椅,配置观赏花木和草坪,形成恬静、清洁、舒适、优美的环境。

8)要通过多种途径,积极扩大绿地面积,坚持多层次绿化,充分利用地面、墙面、屋面、棚架、水面等形成全方位的绿化空间。

9)为丰富冬季景色,体现雄伟壮观的效果,厂前区绿化常绿树种应有较大的比例,一般为30% ~50% 。

(2)生产区绿地设计

生产区的环境具有如下特点:污染严重,管线多;绿地面积小,绿化条件差;占地面积大,发展绿地的潜力大,对环境保护的作用突出。

生产区是工矿企业绿地设计的重点部位,绿地设计是否合理直接关系着职工的身体健康和环境的改善效果。

生产区绿地设计要点如下:了解生产车间职工生产劳动的特点;了解职工对绿化布局及植物的喜好;将车间出入口作为重点美化地段;注意合理地选择绿化树种,特别是有污染的车间附近;注意车间对通风、采光以及环境的要求;绿化设计要满足生产运输、安全、维修等方面的要求;处理好植物与各种管线的关系;绿化设计要考虑四季的景观效果与季相变化。

进行工矿企业绿地设计时,通常根据污染情况和对环境的要求把生产区分为以下三种基本类型。

1)有污染车间周围的绿地设计。这类车间在生产过程中会对周围环境产生不良影响和严重污染,如散发有害气体、烟尘、粉尘、噪声等。设计时应首先掌握车间的污染物成分以及污染程度,有针对性地进行设计。植物种植形式采用开阔草坪、地被、疏林等,以利于通风、及时疏散有害气体。在污染严重的车间周围不宜设置休息绿地,应选择抗性强的树种并在与主导风向平行的方向留出通风道。在噪声污染严重的车间周围应选择枝叶茂密、分枝点低的灌木,并多层密植形成隔声带。

2)无污染车间周围的绿地设计。这类车间周围的绿地与一般建筑周围的绿地一样,只需考虑通风、采光的要求,并妥善处理好植物与各类管线的关系即可。

3)对环境有特殊要求的车间周围的绿地设计。对于像精密仪器车间、食品车间、医药卫生车间、易燃易爆车间、暗室作业车间等对环境有特殊要求的车间,在绿地设计时应特别注意,具体做法参考表8-1。

表8-1　各类生产车间周围绿化特点及绿地设计要点

车 间 类 型	绿 化 特 点	绿地设计要点
精密仪器车间、食品车间、医药卫生车间、供水车间	对空气质量要求较高	以栽植藤本、常绿树种为主,铺设大块草坪,选用无飞絮、种毛、落果及不易落叶的乔灌木和杀菌能力强的树种
化工车间、粉尘车间	有利于有害气体、粉尘的扩散、稀释或吸附,起隔离、分区、遮蔽作用	栽植抗污、吸污、滞尘能力强的树种,以草坪、乔灌木形成空间立体屏障
恒温车间、高温车间	有利于改善和调节小气候	以草坪、地被植物、乔灌木混交,形成自然式绿地,以常绿树种为主,花灌木应色淡味香,可配置园林小品
噪声车间	有利于减弱噪声	选择枝叶茂密、分枝低、叶面积大的乔灌木,组成复层混交结构
易燃易爆车间	有利于防火、防爆	栽植防火树种,以草坪和乔木为主,不栽或少栽花灌木,以利于可燃气体稀释、扩散,并留出消防通道和场地
露天作业区	起隔声、分区、遮阳作用	栽植冠大的乔木
工艺美术车间	创造美好的环境	栽植姿态优美、色彩丰富的树木花草,配置水池、喷泉、假山、雕塑等园林小品,铺设园路小径
暗室作业车间	形成幽静、隐蔽的环境	搭荫棚或栽植枝叶茂密的乔木,以常绿乔木为主

3. 仓库、堆物场绿地设计

仓库区绿地设计要考虑消防、交通运输和装卸方便等要求,选用防火树种,禁用易燃树种,疏植高大乔木,间距7～10m,绿化布置宜简洁。在仓库周围留出5～7m宽的消防通道。应选择病虫害少、树干通直、分枝点高的树种。

装有易燃物的贮罐周围应以草坪为主,防护堤内不种植物。

露天堆场绿地设计,在不影响物品堆放、车辆进出和装卸的条件下,周边栽植高大、防火、隔尘效果好的落叶阔叶树,以利于夏季工人休息,外围加以隔离。

4. 厂内道路、铁路绿化

(1)厂内道路绿化

厂区道路是工厂组织生产、工艺流程、原材料及成品运输、企业管理、生活服务的重要通道,是厂区的动脉。满足生产要求、保证厂内交通运输的畅通和职工安全既是厂区道路规划的第一要求,也是厂区道路绿化的基本要求。

厂内道路是连接内外交通运输的纽带,职工上下班时人流集中,车辆来往频繁,地上地下的管线纵横交叉,都给绿化带来了一定的困难。因此在进行绿化设计时,要充分了解这些情况,选择生长健壮、适应性强、抗性强、耐修剪、树冠整齐、遮阳效果好的乔木作行道树,以满足遮阳、防尘、减噪、交通运输安全及美观等要求。

绿化形式和植物的选择配置应与道路的等级、断面形式、宽度、两侧建筑物、构筑物,地上地下的各种管线和设施,人车流量等结合,协调一致。主要道路及重点部位绿化还要考虑建筑周围空间环境和整体效果,特别是主干道的绿化,栽植整齐的乔木作行道树,体态高耸雄伟,其间配置花灌木,繁花似锦,为工厂环境增添美景。大型工厂道路有足够宽度时,可增加园林小品,布置成花园式林荫道。绿化设计要充分发挥植物的形体美和色彩美,在道路两侧有层次地布置乔、灌、花草,形成层次分明、色彩丰富、多功能的绿色长廊。

(2)厂内铁路绿化

在钢铁、石油、化工、煤炭、重型机械等大型厂矿内除一般道路外,还有铁路专用线,厂内铁路两侧也需要绿化。铁路绿化有利于减弱噪声,保持水土,稳固路基;还可以形成绿篱、绿墙,阻止人流,防止行人乱穿铁路而发生交通事故。

厂内铁路绿化设计时,植物距标准轨道外轨的最小距离为8m,离轻便窄轨的距离不小于5m。一般前排密植灌木,起隔离作用,中后排再种乔木。铁路与道路交叉口每边至少留出20m的地方,不能种植高于1m的植物。铁路弯道内侧至少留出200m的视距,在此范围内不能种植阻挡视线的植物。铁路边装卸原料、成品的场地,可在周边大株距栽植一些乔木,不种灌木,以保证装卸作业的进行。

5. 工厂小游园设计

(1)小游园的功能及设计要求

大、中型企业建筑密度比较小,道路两侧、车间周围往往留有大片空地,有的厂内还有山丘、水塘、河道等自然山水地貌。因此,根据各厂的具体情况和特点,在工厂内因地制宜地开辟小游园,运用园林艺术手法,布置园路、广场、水池、假山及建筑小品,栽植花草树木,组成优美的环境,既美化了厂容厂貌,又给厂内职工提供了良好的活动场所,有利于职工工余休息、谈心、观赏、消除疲劳,深受广大职工欢迎。

厂内休息性小游园面积一般不会很大,因此要精心布置,小巧玲珑,并结合本厂特点,设置标志性雕塑或建筑小品,与工厂建筑物、构筑物协调,形成不同于城市公园、街道、居住小区游园的格调和风貌。如果工厂远离市区,面积较大,可将小游园建成功能较齐全的工厂小花园、小公园。

（2）小游园的布局形式

小游园的布局形式可分为规则式、自然式和混合式三种。设计时可根据其所在位置、功能、性质、场地形状、地势及职工爱好,因地制宜,灵活选择,合理布局,不拘形式,并与周围环境协调。

（3）小游园的内容

1）出入口。出入口应根据游园规模、周围道路情况合理确定数量与位置,并且在出入口设计时做到自成景观,而且有景可观。

2）场地。主要考虑一些休息、活动场地。由于工厂内的职工年龄基本在18～60岁之间,都属于成年人,因此一般不用考虑儿童活动。

3）园路。园路是小游园的骨架,既是联络休息活动场地和景点的脉络,又是分隔空间和游人散步的地方。设计时应做到以下几个方面:主次分明,宽窄适宜;处理精细,独自成景;园林景观沿园路合理展开。

4）建筑小品。在设计中一般根据游园大小和经济条件,适当设置一些建筑小品,如亭廊花架、宣传栏、雕塑、园灯、座椅、水池、喷泉、假山、置石等。

5）植物。工厂小游园应以植物绿化美化为主,乔、灌、花草结合,常绿树种与落叶树种结合,种植类型可以是树林、树群、树丛,也可以是花坛、行列式种植,以草坪铺底,或绿篱围边,并且有层次、色彩变化。

（4）小游园在厂区设置的位置

1）结合厂前区布置。厂前区是职工上下班必经场所,也是来宾首到之处,又邻近城市街道,小游园结合厂前区布置,既方便职工游憩,也美化了厂前区和街道侧旁。

2）结合厂内自然地形布置。工厂内若有自然起伏的地形或天然池塘、河道等水体,则是布置游园的好地方,既可丰富游园的景观,又增加了休息活动的内容,还改善了厂内水体的环境质量,可谓一举多得。如首都钢铁公司利用厂内冷却水池修建了游船码头,开展水上游乐活动。

3）布置在车间附近。车间附近是工人业余休息最便捷到达的地方,车间附近可根据本车间工人喜好,布置成各有特色的小游园,结合厂区道路和车间出入口,创造优美的园林景观,使职工在花园化的工厂中工作和休息。

4）结合公共福利设施、人防工程布置。游园若与工会、俱乐部、阅览室、食堂、人防工程结合布置,则能更好地发挥各自的作用。根据人防工程上的土层厚度选择植物,土层厚2m以上可种大乔木,1.5～2m可种小乔木或大灌木,0.5～1.5m可种灌木、竹子,0.3～0.5m可栽植地被植物和草坪。注意人防设施出入口附近不能种植有刺或蔓生伏地植物。

6. 工厂防护林带设计

（1）功能作用

工厂防护林带是工厂绿地的重要组成部分,尤其是对产生有害排出物或产品要求卫生防护很高的工厂更显得重要。

工厂防护林带的主要作用是滤滞粉尘、净化空气、吸收有毒气体、减轻污染、保护改善厂区乃至城市环境。

（2）防护林带的结构（图8-1）

图8-1 防护林带的常见结构

1）通透结构。通透结构的防护林带一般由乔木组成,株行距因树种而异,一般为3m×3m。气流一部分从林带下层树干之间穿过,一部分滑升从林冠上面绕过。在林带背风一侧树高7倍处,风速为原风速的28%;在树高52倍处,恢复原风速。

2）半通透结构。半通透结构的防护林带以乔木构成林带主体,在林带两侧各配置一行灌木。少部分气流从林带下层的树干之间穿过,大部分气流则从林冠上部绕过,在背风林缘处形成涡旋和弱风。据测定,在林带两侧树高30倍的范围内,风速均低于原风速。

3）紧密结构。紧密结构的防护林带一般由大、小乔木和灌木配置而成,形成复层林相,防护效果好。气流遇到林带,在迎风处上升扩散,由林冠上方绕过,在背风处急剧下沉,形成涡旋,有利于有害气体的扩散和稀释。

4）复合式结构。如果有足够宽度的地带设置防护林带,可将三种结构结合起来,形成复合式结构。在邻近工厂的一侧为通透结构,邻近居住区的一侧为紧密结构,中间为半通透结构。复合式结构的防护林带可以充分发挥作用。

（3）防护林带的断面形式

防护林带由于构成的树种不同,林带横断面的形式也不同。防护林带的横断面形式有矩形、凹槽形、梯形、屋脊形、背风面和迎风面垂直的三角形（图8-2）。矩形横断面的林带防风效果好,屋脊形、背风面和迎风面垂直的三角形林带有利于气体上升,结合道路设置的防护林带迎风梯形和屋脊形的防护效果较好。

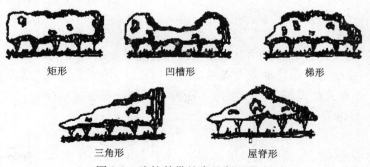

图8-2 防护林带的常见断面形式

（4）防护林带的位置

通常情况下，防护林带常布置在以下位置：

① 工厂区与生活区之间。

② 工厂区与农田交界处。

③ 工厂内分区、分厂、车间、设备场地之间的隔离防护林带。如厂前区与生产区之间，各生产系统为减少相互干扰而设置的防护林带，防火、防爆车间周围起防护隔离作用的林带。

④ 结合厂内、厂际道路绿化布置。

（5）工厂防护林带的设计

工厂防护林带的设计首先根据污染因素、污染程度和绿化条件，综合考虑，确立林带的条数、宽度和位置。

烟尘和有害气体的扩散，与其排出量、风速、风向、垂直温差、气压、污染源的距离及排出高度有关，因此设置防护林带也要综合考虑这些因素，才能使其发挥较大的卫生防护效果。

通常在工厂上风方向设置防护林带，防止风沙侵袭及邻近企业污染。在下风方向设置防护林带，必须根据有害物排放、降落和扩散的特点，选择适当的位置和种植类型。一般情况下，污物排出并不立即降落，在厂房附近地段不必设置林带，而应将其设在污物开始密集降落和受影响的地段内。防护林带内不宜布置散步休息的小道、广场，在横穿林带的道路两侧加以重点绿化隔离。

在大型工厂中，为了连续降低风速和污染物的扩散程度，有时还要在厂内各区、各车间之间设置防护林带，起隔离作用。因此，防护林带还应与厂区、车间、仓库、道路绿化结合起来，以节省用地。

防护林带应选择生长健壮、病虫害少、抗污染能力强、树体高大、枝叶茂密、根系发达的树种。在树种搭配上，常绿树与落叶树结合，乔、灌木结合，阳性树与耐阴树结合，速生树与慢生树结合，净化与绿化结合。

8.1.4　工厂绿化中的特殊问题

1）工厂绿地的土壤成分和其环境条件一般较为恶劣，对植物的生长极为不利。就绿化设计本身而言，应选择能适应不同环境条件，能抗御有害污染物质的树种，这种树种的选择范围极为狭小，经常见到的有夹竹桃、刺槐、柳、海桐、白杨、珊瑚树等少数树种，参见抗毒树种表。由于树种的单一，致使绿化栽植易于单调。为避免单调感，除注意能显示不同季节变换的特点外，还应结合不同绿地的使用要求，采取多种形式栽植。不仅种植乔木、灌木，也种植花卉，铺以苔藓、草皮；不仅种植在园中，也可采用盆栽、水栽。在实际中，由于工厂绿化受到采光、地下埋设物、空中管线等多方面的限制，以混合栽植的方式较为适宜。

2）工厂前区入口处和一些主要休憩绿地是工厂绿化的重点，应结合美化设施和建筑群体组合加以统一考虑。而车间周围和道路旁边的某些空地的绿化却是工厂绿化的难点，因此在条件不允许的情况下，不能勉强绿化，而改用矿物材料加植地被苔藓等作物来铺设这些地区，结合点缀小量盆栽植物来组织空间、美化环境。

3）对防尘要求较高的工业企业，其绿化除一般的要求外，还应起到净化空气、降低尘埃的特殊作用。在这类工厂盛行风向的上风区应设置防风绿带，厂区内的裸露土面都应覆以地被植物，以减少灰尘。树种不应选择有绒毛种子，且易散播到空中去的树木。另外还要及早种树，才有较好的防尘效果。

4）工厂绿化植物的选择除上述各特殊要求外，一般在防护地带内常栽植枝叶大而密的树木，并可采用自由式或林荫道式的植树法，以构成街心绿地和绿岛。厂内休憩绿地亦可采用阔叶树隔开或单独种植在草坪上，增加装饰效果。休憩绿地宜采用自由式的布置，这样较为轻松活泼，较能满足调剂身心和达到休息的目的。

5）对于大型工厂的绿化宜采用生态种植方式加以布置。

8.1.5　工厂绿化树种的选择

粉尘、二氧化硫、氟化氢、氮气、氯气等有害物质是城市的主要污染物，其中二氧化硫数量多、分布最广、危害最大。要使工厂绿地创造较好的绿化效果和生态效益，必须认真地选择适应本厂生长的树种。

1. 工厂绿化树种选择的一般原则

工厂绿化树种选择的一般原则有：

① 应选择观赏和经济价值高、有利环境卫生的树种。

② 生产过程中若排放有害气体、废水、废渣等，要选择适应当地气候、土壤、水分等自然条件的乡土树种，特别重视选择对有害物质抗性强，或净化能力较强的树种。

③ 沿海工厂选择的绿化树种要兼有抗盐、耐潮、抗风、抗飞沙等特性。

④ 土壤瘠薄的地方，要选择能耐瘠薄又能为改良土壤创造良好条件的树种。

⑤ 树种选择要注意速生和慢生相结合、常绿和落叶树相结合，以满足近、远期绿化效果的需要，及冬、夏景观和防护效果的需要。

⑥ 因工厂土地利用颇多变化，还应选择容易移植的树种。

2. 工厂绿化常用树种

（1）抗二氧化硫树种

抗性强的树种有：大叶黄杨、雀舌黄杨、瓜子黄杨、海桐、蚁母、山茶、女贞、小叶女贞、凤尾兰、夹竹桃、枸骨、枇杷、金橘、构树、无花果、白蜡、木麻黄、十大功劳、侧柏、银杏、广玉兰、柽柳、梧桐、重阳木、合欢、刺槐、槐树、紫穗槐、黄杨等。

抗性较强的树种有：华山松、白皮松、云杉、杜松、罗汉松、龙柏、桧柏、侧柏、石榴、月桂、冬青、珊瑚树、柳杉、栀子花、臭椿、桑树、楝树、白榆、朴树、腊梅、毛白杨、丝棉木、木槿、丝兰、桃树、枫杨、含笑、杜仲、七叶树、八角金盘、花柏、粗榧、丁香、卫矛、板栗、无患子、地锦、泡桐、槐树、银杏、刺槐、连翘、金银木、紫荆、柿树、垂柳、枫香、加杨、旱柳、紫薇、乌柏、杏树、小叶朴等。

反应敏感的树种有：苹果、梨、郁李、悬铃木、雪松、马尾松、云南松、白桦、毛樱桃、贴梗海棠、梅花、玫瑰、月季等。

（2）抗氯气树种

抗性强的树种有：龙柏、侧柏、大叶黄杨、海桐、蚁母、山茶、女贞、夹竹桃、凤尾兰、棕榈、构树、木槿、紫藤、无花果、樱花、枸骨、臭椿、榕树、小叶女贞、丝兰、广玉兰、柽柳、合欢、皂荚、槐树、黄杨、白榆、红棉木、沙枣、椿树、白蜡、杜仲、桑树、柳树、枸杞等。

抗性较强的树种有：桧柏、珊瑚树、樟树、栀子花、青桐、楝树、朴树、板栗、无花果、罗汉松、桂花、石榴、紫荆、紫穗槐、乌柏、悬铃木、水杉、银杏、柽柳、丁香、白榆、细叶榕、枇杷、瓜子黄杨、山桃、刺槐、铅笔柏、毛白杨、石楠、榉树、泡桐、云杉、柳杉、太平花、梧桐、重阳木、小叶榕、木麻黄、杜松、旱柳、小叶女贞、卫矛、接骨木、地锦、君迁子、月桂等。

反应敏感的有：池杉、薄壳山核桃、枫杨、木棉、樟子松、赤杨等。

（3）抗氟化氢树种

抗性强的树种有：大叶黄杨、海桐、蚊母、山茶、凤尾兰、瓜子黄杨、龙柏、构树、朴树、石榴、桑树、丝棉木、青冈栎、侧柏、皂荚、槐树、柽柳、黄杨、木麻黄、白榆、夹竹桃、棕榈、杜仲、厚皮香等。

抗性较强的树种有：桧柏、女贞、白玉兰、珊瑚树、无花果、垂柳、桂花、樟树、青桐、木槿、楝树、榆、枳橙、臭椿、刺槐、合欢、杜松、白皮松、柳、山楂、胡颓子、楠木、紫茉莉、白蜡、云杉、广玉兰、榕树、柳杉、丝兰、太平花、银桦、梧桐、乌桕、小叶朴、泡桐、小叶女贞、油茶、含笑、紫薇、地锦、柿、月季、丁香、樱花、凹叶厚朴、银杏、天目琼花、金银花等。

反应敏感的树种有：葡萄、杏、梅、山桃、榆叶梅、金丝桃、池杉等。

（4）抗乙烯树种

抗性强的树种有：夹竹桃、棕榈、悬铃木、凤尾兰等。

抗性较强的树种有：黑松、女贞、榆树、枫杨、重阳木、乌桕、红叶李、柳、樟树、岁汉松、白蜡等。

反应敏感的树种有：月季、十姐妹、大叶黄杨、刺槐、臭椿、合欢、玉兰等。

（5）抗氨气树种

抗性强的树种有：女贞、樟树、丝棉木、腊梅、柳杉、银杏、紫荆、杉木、石楠、石榴、朴树、无花果、皂荚、木槿、紫薇、玉兰、广玉兰等。

反应敏感的树种有：紫藤、小叶女贞、杨树、悬铃木、薄壳山核桃、杜仲、珊瑚树、枫杨、木芙蓉、栎树、刺槐等。

（6）抗二氧化氮树种

龙柏、黑松、夹竹桃、大叶黄杨、棕榈、女贞、樟树、构树、广玉兰、臭椿、无花果、桑树、栎树、合欢、枫杨、刺槐、丝棉木、乌桕、石榴、酸枣、旱柳、糙叶树、垂柳、泡桐等。

（7）抗臭氧树种

枇杷、悬铃木、枫杨、刺槐、银杏、柳杉、日本扁柏、黑松、樟树、青冈栎、日本女贞、夹竹桃、海州常山、冬青、连翘、八仙花等。

（8）抗烟尘树种

香榧、粗榧、樟树、黄杨、女贞、青冈栎、楠木、冬青、珊瑚树、桃叶珊瑚、广玉兰、石楠、枸骨、桂花、大叶黄杨、夹竹桃、栀子花、槐树、厚皮香、银杏、刺楸、榆、朴、木槿、重阳木、刺槐、苦栎、臭椿、构树、三角枫、桑、紫薇、悬铃木、泡桐、五角枫、乌桕、皂荚、榉树、青桐、麻栎、樱花、腊梅、木绣球等。

（9）滞尘能力强的树种

臭椿、槐树、栎树、刺槐、白榆、麻栎、白杨、柳树、悬铃木、樟树、榕树、凤凰木、海桐、黄杨、青冈栎、女贞、冬青、广玉兰、珊瑚树、石楠、夹竹桃、枸骨、榉、朴、银杏等。

（10）防火树种

山茶、油茶、海桐、冬青、蚊母、八角金盘、女贞、杨梅、厚皮香、交让木、白榄、珊瑚树、枸骨、罗汉松、银杏、槲栎、栓皮栎、榉等。

8.2 学校绿地规划设计

8.2.1 学校绿化的作用与特点

1. 校园绿化的作用

优美的校园绿化为师生创造了优美、安静、清洁的学习和工作环境，为广大师生提供休息、文化娱乐和体育活动的场所。通过绿化和美化,可以陶冶学生情操,激发学习热情,通过在校园内建造有纪念意义的雕塑、小品,种植纪念树,可对学生进行爱国爱校教育。校园内大量的植物材料,可以丰富学生的科学知识,提高学生认识自然的能力,使校园成为生物学知识的学习园地。

2. 学校绿化的特点

校园林绿化要根据学校自身的特点,因地制宜地进行规划设计,才能形成特色,取得良好的效果。学校绿化要符合以下特点:

(1)绿化与学校性质相适应

学校绿化除遵循一般的园林绿化原则之外,还要与学校性质、级别、类型相结合,与学校教学、学生年龄、科研及试验生产相结合。如大专院校,要与专业设施建设结合;中小学校园的绿化则要内容丰富,形式灵活,以体现少年学生活泼向上的特点。

(2)满足学校建筑功能的多样性

校园内建筑功能多样,建筑环境差异较大,或以教学楼为主,或以实验楼为主,或以办公楼为主,或以体育场馆为主,也有集教学楼、实验楼和办公楼为一体的;新建学校建筑比较一致,老学校往往规划不合理,建筑形式多样,校园环境较差;一些高等院校中还有现代建筑环境与传统建筑环境并存的情况。学校园林绿化要符合各种建筑功能,通过绿化,使功能、风格不同的建筑统一,使建筑景观与绿化景观协调,达到艺术性、功能性与科学性相协调一致的整体美,创造优美的校园环境。

(3)满足师生员工集散要求

在校学生活动频繁集中,需要有适合大量人员集散的场地。校园绿化要适应这种特点,有一定的集散活动空间,避免因为不适应学生活动需要而遭到破坏。学校绿化建设应以绿化植物造景为主,树种选择无毒无刺、无污染或无刺激性异味,对人体健康无损害的树木花草为宜,创造彩化、香化、季相变化丰富的景观,陶冶学生情操,促进学生身心健康的发展。

(4)符合学校地理位置、自然条件、历史条件的要求

各地学校的地理位置、气候条件、历史年代各不相同,学校绿化应根据各自的特点,因地制宜地进行规划、设计和植物种类的选择。如南方的学校选用亚热带喜温植物,北方学校选择适合于温带生长环境的植物;在干旱气候条件下应选择抗旱、耐旱的树种,在低洼地区则要选择耐湿、抗涝的植物,积水之处应就地挖池,种植水生植物;具有纪念性、历史性的校园环境,应设立纪念性景观,如雕塑、种植纪念树,或维持原貌,使其成为教育园地。

(5)绿地指标高

国家确定的校园绿地指标较高,需要合理分配绿化用地指标,统一规划,新建和扩建的学校都要努力达标。新建院校的绿化规划,应与全校各功能分区规划及建筑规划同步进行,并且可把扩建预留地临时用来绿化;对扩建或改建的院校,也应保证绿化指标,创建优良的校园环境。如果校园绿化结合学校教学、实习园地,绿地率可以达到30% ~50%的指标。

8.2.2 幼儿园绿地规划设计

幼儿园及托儿所一般布置在住宅小区中的独立地段,或设在住宅的低层,周围环境要安静。托幼用地周围除了有墙垣、篱栅作隔离外,在园地周围必须种植成行的乔灌木和植篱,形成一个浓密的防尘土、噪声、风沙的防护带。幼儿园用地应该包括室内活动用地及室外活动用地两部分。

根据幼儿园的活动要求,室外活动场地安置有公共活动场地、自然科学基地及生活杂务用地等。整个室外活动场地,应尽量铺设草坪,在周围种植成行的乔灌木,形成浓密的防护带,起防风、防尘和隔离噪声作用,有条件的还可设棚架,供夏日庇荫。

公共活动场地是全体儿童活动游戏场,是幼儿园的重点绿化区,场地上应布置有各种活动器械、沙坑等,并可适当地布置一些小亭、花架、涉水池等;在活动器械的附近,以种植庇荫的落叶乔木为主,在场地的角隅适当地点缀开花灌木,其余场地应开阔通畅,不宜过多种植,以免影响儿童的活动。

自然科学基地包括菜园、果园及小动物饲养地,是培养儿童热爱劳动、热爱科学的基地。有条件的幼儿园可将其设置在全园一角,用绿篱隔离,里面种植少量果树、油料、药用等经济植物,或饲养少量小动物。

幼儿园绿化植物的选择,要考虑儿童的心理特点和身心健康,选择形态优美、色彩鲜艳、适应性强、便于管理的植物,禁用有飞絮、毒、刺、异味及引起过敏的植物,如花椒、黄刺梅、漆树、凌霄、凤尾兰等。植物选择宜多样化,不仅可使环境丰富多彩,气氛活泼,还可以成为儿童认识自然的直观教材。

8.2.3　中小学绿地规划设计

中小学用地分为建筑用地(包括建筑、广场道路及生活杂务场地)、体育场地和自然科学实验用地等。

学校建筑用地的绿化,是为了在学校建筑周围形成一个安静、清洁、卫生的环境,其布置形式应与建筑相协调,并方便人流通行。

建筑物四周的绿化应服从建筑使用需要。建筑物的出入口、门厅前及庭院,可作为绿化重点,结合建筑、广场及主要道路进行绿化布置,注意色彩、层次的对比变化,设置花坛,铺设草坪,配置四季花木,衬托大门及建筑物入口空间和正立面景观,丰富校园景色。建筑的南面,应考虑到室内通风、采光的需要,植物高度不应超过底层窗户,在离建筑5m之外,才允许种大乔木;建筑东西两侧,离建筑物3～4m处,可种高大乔木,以防日晒。

学校出入口可以作为校园绿化布置的重点,在主要通道两侧种植绿篱或花灌木。校园道路绿化,以遮阳为主,种植乔灌木,沿道路两侧呈条带状分布。学校杂务院一般都在建筑物的背面或一侧,可用粗放的绿篱相隔。

体育场地主要供学生开展各种体育活动。一般小学操场较小,只要有一块空旷平坦的场地即可。若运动场地较大,可划分为标准运动跑道、足球场、篮球场及其他体育活动用地。为了避免噪声干扰,运动场地与教学用房之间要有不少于15m的隔离带。运动场地要求地面干燥,阳光充沛,最好选择在建筑物的南面,冬天可利用建筑物挡风。运动场地周围可以种植高大庇荫的落叶乔木,尽量少种灌木,以便留出较多空地以供活动用,空间要通视良好,保证学生安全和体育比赛的进行。

自然科学试验用地,应选择阳光充足、土地平坦、接近水源、易于排水的位置。可以根据自然条件、栽培管理要求及教学大纲决定,分别规划出种植、饲养与气象的内容,使学生增加自然科学及生产劳动的知识。在实验园地周围,应设矮小的围栅或用小灌木作绿篱以便于管理。

学校用地的周围应种植绿篱或乔灌木林带,与外界环境有所隔离,既可以减少学校场地的尘土飞扬,又可以减少学校的噪声对附近居民的干扰。

中小学校绿化在植物材料选择上,应尽可能做到多样化,其中应该有不同种类与品种、不同生态习性的乔灌木、攀缘植物与花卉等,并力求有不同的种植方式,以便于扩大学生在植物方面的知识,并使校园生动活泼、丰富多彩。中小学校种植的树木,应该选择适应性强、容易管理的树种,不宜选用有刺、有异味、有毒或易引起过敏的树种。

8.2.4 高等院校绿地规划设计

高等院校是科教兴国的主要阵地,是促进社会技术经济、科学文化繁荣与发展的园地,是我国高科技发展的动力。

优美的校园环境不仅有利于师生的工作、学习和身心健康,同时也为社区乃至城市增添一道道亮丽的风景。我国许多环境优美的校园,都令国内外广大来访者赞叹不已,流连忘返。

1. 高等院校的特点

（1）面积与规模

高等院校一般规模大、面积广、建筑密度小,尤其是重点院校,相当于一个小城镇,需要占据相当规模的用地,其中包含着丰富的内容和设施。校园内部具有明显的功能分区,各功能区以道路分隔和联系,不同道路选择不同树种,形成鲜明的功能区标志和道路绿化网络,也成为校园绿化的主体和骨架。

（2）师生学习工作的特点

高等院校是以课时为基本单元组织教学工作的,学生一般没有固定的教室,一天之中要多次往返穿梭位于校园内各处的教室、实验室之间,匆忙而紧张,是一个从事繁重脑力劳动的群体。

高等院校中教师的工作包括教学和科研两个部分,没有固定的八小时工作制,工作时间比较灵活。

（3）学生特点

高等院校的学生正处在青年时代,其人生观和世界观正处于树立和形成时期,各方面逐步走向成熟。他们精力旺盛,朝气蓬勃,思想活跃,开放活泼,可塑性强,又有独立的个人见解,掌握一定的科学知识,具有较高的文化修养。他们需要良好的学习、运动环境和高品质的娱乐与交往空间,从而获得德、智、体、美、劳全面发展。

2. 高等院校绿地规划设计的原则

大学生是具有一定文化素养和道德素养,朝气蓬勃、活力四射的年轻一代,他们是祖国的未来,也是民族的希望。高等院校是培养全面发展的人才的园地。因此,高等院校的园林绿地规划设计应遵循以下原则。

（1）"以人为本"的设计理念

校园环境生活的主体是人,是广大师生员工。园林绿地作为校园的重要组成部分,其规划设计应树立人文空间的规划思想,处处体现以人为主体的规划形态,使校园环境和景观体现对人的关怀。在校园绿地设计过程中设计者一定要深入研究师生员工的工作、学习、休息、交往及文化活动的规律和需要,深入分析他们的心理和行为,研究各种空间层次与校园生活的关系,从而发现他们的需求,并满足他们的需求。

因此,校园绿地规划设计应根据不同部位、不同功能,因地制宜地创造多层次、多功能的绿地空间,供师生员工学习、交往、休息、观赏、娱乐、运动和居住。

（2）绿地设计应突出校园的文化特色

高等院校的环境设计应充分挖掘学校历史文化内涵,利用校区中独特的环境特色和文化因素,通过景观元素的提供、组合、搭配,塑造自然环境与人文环境完美结合的校园景观,从而

190

突出校园景观的文化特色,陶冶学生的情操并培养其健康向上的人生观。

（3）营造优美的校园环境,突出景观的育人作用

环境是无声的课堂,优美的校园环境对青年学子高尚品格的塑造、健康的心理状态和精神结构的形成,将起着潜移默化的重要作用,正所谓校园环境中"一草一木都参与教育"。

在进行设计时,应以富于情感特质的场所来实现环境与人的互动,实现环境对师生的美育和艺术功能,做到山水明德、花木移性、诗意景观、人文绿地,静赏如画、动观似乐、花团锦簇、水意朦胧。

（4）突出校园景观的艺术特色

高等院校校园是高文化环境,是社会文明的橱窗。校园环境理应具有更深层次的美学内涵和艺术品位,因为追求校园景观的艺术特色是众望所归。

首先,校园景观应具有整体美。凡能形成撼人心灵的建筑群体和园林佳景,无不是其整体美的体现,校园整体美的内涵是十分丰富的,如建筑个体通过形状、体量、材质、色彩的对比与协调、统一与变化,所形成的总体美学效果,建筑群所形成的校园空间的整体性,以及校园空间序列的起、承、转、开、合、围、透所构成的整体效果,建筑群体与绿化、小品所形成的整体效果,园林绿地中造景素材协调配置所形成的整体效果,人工环境与自然环境所构成的随机、和谐、整体的效果,校园环境与周边环境所构成的整体效果。总之,人们所感受的是校园的整体,局部只有处在整体脉络中才能使人认同。

在校园中,建筑群形成主体骨架,道路显示出整体的脉络,广场及标志形成校园的核心和节点,边缘划分出校园的范围,园林绿地衬托美化建筑、体现自然美和园林美,这些构成因素共同交织,形成校园环境整体美的生动形象。

其次,校园景观应具有特色美。没有特色的校园,不能引起人的深切感知,也最容易被人遗忘。校园中不同院系的建筑、道路、绿地,在总体环境协调的前提下,也应具有各自的特点和个性。

校园环境既要传承文脉,显示出历史久远的印痕,又要体现时代特色。校园环境的特色主要通过形式与内容的特色、自然环境特色、地方民族文化特色和技术材料特色来体现,其中自然环境特色往往成为影响最大的因素。校园绿地以表现自然景观为主题,将自然环境引入城市和校园,与建筑、道路等人工环境协调,其特色表现在园林绿地的形式与内容的独创性、乡土植物的季相变化等方面。如南京林业大学校园内参天的鹅掌楸行道树、武汉大学春季盛开的樱花等。

第三,校园景观应具有朴素、自然的美。世界上许多大学校园都保持着基地原有的自然地形地貌植被和生态印痕,体现自然、朴素的美,形成校园环境特色。校园绿地规划设计应该注意顺应自然,尊重和发掘自然美,寻求与自然的交融;强化自然,以人工手段组织改造空间形态,突出自然特色;改造自然,筑山理水,使自然与人工一体化;再现自然,追求真趣,抒发灵性。

（5）创造宜人的多层次空间环境

随着我国高等教育的发展以及各种新规定的出台,特别是大学教育取消年龄限制等相关政策的出台,使大学校园里学生的年龄跨度大大增大,因此,在进行校园绿地设计时,一定要注意满足不同服务对象各方面的需求。因此,大学校园中应该为学生创造多层次、多功能的环境空间。在大学校园中符合生态学、美学原理的私密空间里,宜人的尺度、优美的环境可以满足学生思考、交流等多方面的需求,个性化的半开放空间有利于调节情绪、活跃思维、陶冶情操,良好的开放性交往场所往往是智慧碰撞、科技创新的摇篮。

一般情况下,凡是围合、隐蔽、依托、开敞的空间环境,都会使人们渴望在其中滞留。因此,在校园绿地规划设计时要注重创造具有可容性、围蔽性、开放性及领域感、依托感等环境氛围

的校园绿地空间,让人们在各种清新幽静、充满温馨的环境中感到轻松,得到休息,或调整思绪,静心思考,或潜心读书,或散步赏景,或聚会谈心,相互交流沟通,开展各种活动。为满足人们休息、遮阳、避雨等需求,可在园林绿地中适当点缀园林建筑和小品,使绿地更具实用性、人情味、亲切感和鲜明的时代特征。

(6)以自然为本,创造良好的校园生态环境

大学校园绿地作为城市园林绿地系统的构成部分,对学校和城市气候的改善和环境的保护,发挥着重要的功能作用。因此,校园应是一个富有自然生机的、绿色的生态环境。校园绿地规划设计要结合其总体规划进行,强调绿色环境与人的活动及建筑环境的整合,体现人与自然共存的理念,形成人的活动能融入自然的有机运行的生态机制。充分尊重和利用自然环境,尽可能保护原有的生态环境。在建设中树立不再破坏生态环境的意识,坚决反对"先破坏,后治理"的错误观点。对已被破坏的生态环境,要尽可能使其恢复到原有的平衡状态。对于坡地、台地、山地,要随形就势进行布局,尽量减少填挖土方量。对原有的水面,尽可能结合校园环境设计,使其成为校园一景。

校园绿地应以植物绿化美化为主,园林建筑小品辅之。在植物选择配置上要充分体现生物多样性原则,以乔木为主,乔、灌、草结合,使常绿树种与落叶树种,速生树种与慢生树种,观叶树种、观花树种与观果树种,地被物与草坪草地保持适当的比例。注意选择乡土树种,突出特色。尽可能保留原有树木,尤其是古树名木。对于成材的树木,则伐不如移,移不如不移。

另外,农、林、师范院校还可以把树木标本园的建设与校园绿地结合起来,这样校园中的树木花草既是校园景观和生态环境的组成部分,又是教学实习的活标本。

3. 高等院校绿地组成及各分区规划设计要点

(1)高等院校绿地的组成

高等院校一般面积较大,总体布局形式多样。由于学校规模、专业特点、办学方式以及周围社会环境的不同,其功能分区的设置也不尽相同。一般情况下可分为教学科研区、学生生活区、体育运动区、后勤服务区及教工生活区。根据校园的功能分区通常将校园绿地分为以下几类(表8-2)。

表8-2　高等院校绿地组成

绿 地 组 成	说　　　明
教学科研区绿地	该区是高等院校的主体,主要包括教学楼、试验楼、图书馆以及行政办公楼等建筑,常与学校大门主出入口综合布置,体现学校的面貌和特色
学生生活区绿地	该区为学生生活、活动区域,主要包括学生宿舍、学生食堂、浴室、商店等生活服务设施及部分体育活动器械,与学生生活关系密切
教工生活区绿地	该区为教工生活、居住区域,主要是居住建筑和道路,一般单独布置,或者位于校园一隅,其绿地布置与普通居住区无区别
休息游览绿地	在校园的重要地段设置的集中绿化区或景区,供学生休息、散步、自学、交往,另外还起着陶冶情操、美化环境、树立学校形象的作用
休息活动区绿地	该区主要包括大型体育场和操场、游泳池(馆)、各类球场及器械运动场等
校园道路绿地	分布于校园内的道路系统中,对各功能区起着联系与分隔的双重作用,且具有交通运输功能
后勤服务区绿地	该区分布着为全校提供水、电、热力及各种气体的动力站及仓库、维修车间等设施,占地面积大,管线设施多

（2）高等院校各分区绿地规划设计要点

1）校前区绿地。校前区主要是指学校大门、出入口与办公楼、教学主楼之间的空间，有时也称作校园的前庭，是大量行人、车辆的出入口，具有交通集散功能，同时起着展示学校标志、校容校貌及形象的作用，一般有一定面积的广场和较大面积的绿地，是校园重点绿化美化地段之一。校前空间绿化要与大门建筑形式协调，以装饰观赏为主，衬托大门及立体建筑，突出庄重典雅、朴素大方、简洁明快、安静优美的校园环境。

校前区的绿地主要分为两部分，即门前空间（主要指城市道路到学校大门之间的部分）和门内空间（主要指大门到主体建筑之间的空间）。

门前空间一般使用常绿花灌木形成活泼而开朗的入口景观，两侧花墙用藤本植物进行配置。在四周围墙处选用常绿乔灌木自然式带状布置，或以速生树种形成校园外围林带。另外，门前绿地既要与街景有一致性，又要体现学校特色。

门内空间绿化一般以规划式为主，以校门、办公楼或教学楼为轴线，在轴线上布置广场、花坛、水池、喷泉和雕塑。轴线两侧对称布置装饰或休憩性绿地。在开阔的草地上种植树丛，点缀花灌木，显得自然活泼。或植草坪及整形修剪的绿篱、花灌木，低矮开朗，富有图案装饰效果。在主干道两侧植高大挺拔的行道树，外侧适当种植绿篱、花灌木，形成开阔的林荫大道。校前区绿地要与教学科研区衔接过渡，为体现庄重效果，常绿树应占较大比例。

2）教学科研区绿地。教学科研区绿地主要是指教学科研区周围的绿地，其主要功能是满足全校师生教学、科研的需要，为教学科研工作提供安静优美的环境，也为学生创造课间进行适当活动的绿色室外空间。

教学科研主楼前的广场设计一般以大面积铺装为主，结合花坛、草坪，布置喷泉、雕塑、花架、园灯等园林小品，体现简洁、开阔的景观特色，有的学校也将校前区和其结合起来布置。

为满足学生休息、集会、交流等活动的需要，教学楼之间的广场空间应注意体现其开放性、综合性的特点，并具有良好的尺度和景观，以乔木为主，花灌木点缀。绿地平面布局要注意其图案构成和线型设计，以丰富的植物及色彩，形成适合师生在楼上俯视的鸟瞰画面，立面要与建筑主体协调，并衬托美化建筑，使绿地成为该区空间的休闲主体和景观的重要组成部分。教学楼周围的基础绿带在不影响楼内通风、采光的条件下，多种植落叶乔灌木。

大礼堂是集会的场所，正面入口前一般设置集散广场，绿化同校前区，由于其周围绿地空间较小，内容相应简单。礼堂周围基础栽植以绿篱和装饰性树种为主。礼堂外围根据道路和场地大小，布置草坪、树林或花坛，以便人流集散。

实验楼的绿化基本与教学楼相同，另外，还要注意根据不同实验室的特殊要求，在树种选择时综合考虑防火、防爆及空气洁净程度等因素。

图书馆是图书资料的储藏场所，为师生教学、科研服务，也是学校的标志性建筑，其周围的布局与绿化基本与大礼堂相同。

3）学生生活区绿地。高等院校为方便师生学习、工作和生活，校园内设置有生活区和各种服务设施。该区与学生的生活联系紧密，是丰富多彩、生动活泼的区域。生活区绿化应以校园总体规划设计的基调为前提，根据场地大小，兼顾交通、休息、活动、观赏等功能，因地制宜进行设计。食堂、浴室、商店、银行、邮局前要留有一定的交通集散及活动场地，周围可留基础绿带，种植花草树木，活动场地中心或周边可设置花坛或种植庭荫树。

学生宿舍区绿地可根据楼间距大小，结合楼前道路进行设计。楼间距较小时，在楼梯口只进行基础栽植或硬质铺装。场地较大时,可结合行道树,形成封闭式的观赏性绿地,或布置成庭院式休闲绿地,铺装地面,花坛、花架、基础绿带和庭荫树池结合,形成良好的学习、休闲场地。

4）教工生活区绿地。教工生活区绿地与普通居住区的绿地相同,设计时可参阅居住区绿地中的相关内容。

5）休息游览绿地。高等院校一般面积较大,在校园的重要地段设置花园式或游园式绿地,供师生休闲、观赏、游览和读书。另外,高等院校中的花圃、苗圃、气象观测站等科学实验园地以及植物园、树木园也可布置成休息游览绿地。

休息游览绿地的构图形式、内容及设施,要根据场地地形地势、周围道路、建筑等综合考虑,因地制宜地进行设计。

6）体育活动区绿地。体育活动区一般在场地四周栽植高大乔木,下层配置耐阴的花灌木,形成一定层次和密度的绿荫,能有效地遮挡夏季阳光的照射和冬季寒风的侵袭,减弱噪声对外界的干扰。

室外运动场的绿化不能影响体育活动和比赛,而且不能因为绿化影响观众的视线通透,应严格按照体育场地及设施的有关规范进行。为保证运动员及其他人员的安全,运动场四周可设围栏。在适当之处设置座凳,供人们观看比赛,设座凳处可种植落叶乔木遮阳。体育馆建筑周围应因地制宜地进行基础绿化。

7）校园道路绿化。校园道路两侧行道树应以落叶乔木为主,构成道路绿地的主体和骨架,浓荫覆盖,有利于师生工作、学习和生活,在行道树外还可以种植草坪或点缀花灌木,形成色彩、层次丰富的道路侧旁景观。校园道路绿化设计可参阅城市道路与广场绿地中的相关内容。

8）后勤服务区绿地。后勤服务区绿地与生活区绿地基本相同,不同的是还要考虑水、电、热力及各种气体动力站、仓库、维修车间等管线和设施的特殊要求,在选择配置树种时,综合考虑防火、防爆等因素。

8.3 医疗机构绿地规划设计

8.3.1 医疗机构绿地功能

随着科学技术的发展和人们物质生活水平的提高,人们对医院、疗养院绿地功能的认识也逐渐深化,而且医院绿地的功能也在多样化。总的来说,医院、疗养院绿地的功能集中体现在以下几个方面:

① 改善医院、疗养院的小气候条件。主要体现在调节温度、湿度、防风、防尘、净化空气。

② 为病人创造良好的户外环境。医疗机构绿地可以创造良好的户外环境,为病人提供观赏、休息、健身、交往、户外接待、疗养的多功能绿色空间,有利于病人早日康复。同时,还能提高医院的知名度和美誉度,塑造良好的形象。

③ 对病人心理产生良好的作用。医疗单位幽雅安静的环境对病人的心理、精神状态和情绪起着良好的安定作用,具有一定的辅助医疗作用。

④ 在医疗卫生保健方面具有积极的意义。植物可大大降低空气中的含尘量,吸收、稀释地面 3～4m 高范围内的有害气体。许多植物的芽、叶、花粉分泌大量的杀菌素,可杀死空气中

的细菌、真菌和原生动物。科学研究证明,景天科植物的汁液能消灭流感类病毒,松林放出的臭氧和杀菌素能抑制杀灭结核菌,樟树、桉树的分泌物能杀死蚊虫、驱除苍蝇,银杏可以分泌一种叫氢氰酸的物质,对人体有保健作用。

⑤ 卫生防护隔离作用。在医院,一般病房、传染病房、制药间、解剖室、太平间之间都需要隔离,传染病医院周围也需要隔离。园林绿地中经常利用乔、灌木的合理配置,起到有效的卫生防护隔离作用。

8.3.2 医疗机构绿地的规划设计

1. 大门区绿化

大门绿化应与街景协调一致,也要防止来自街道和周围的尘土、烟尘和噪声污染,所以最好能在医院用地的周围密植 10~15m 宽的乔灌木防护林带。

2. 门诊区绿化

为了便于病人候诊,医院的门诊部一般都安排在主要出入口附近,人流比较集中,一般均临街,是城市街道和医院的结合部,需要有较大面积的缓冲场地。场地及周边作适当的绿化布置,以美化装饰为主,布置花坛、花台,有条件的可设喷泉、主题性雕塑,形成开朗、明快的格调。广场周围种植整形绿篱、开阔的草坪和花灌木,但花木的色彩对比不宜强烈,应以常绿素雅为宜。在节日期间还可用一二年生花卉作重点装饰,广场周围还应种植高大乔木以遮荫,可在树荫下、花丛间设置座椅,供病人候诊和休息使用。

门诊楼建筑前的绿化布置应以草坪为主,丛植乔灌木,乔木应离建筑 5m 以外栽植,以免影响室内通风、采光及日照。在门诊楼与总务性建筑之间应保持 20m 的间距,并以乔灌木隔离。医院临街的围墙以通透式的为好,使医院庭园内碧绿草坪与街道上绿荫如盖的树木交相辉映。

植物选择应选用一些能分泌杀菌素的树种,如雪松、白皮松、悬铃木等乔木作为遮荫树;还可种植一些具有药用价值的乔灌木和花卉,如银杏、杜仲、七叶树、连翘、金银花、木槿、玉簪、紫茉莉、蜀葵等。

3. 住院区绿化

住院区常位于医院比较安静的地段。在住院楼的周围,庭园应精心布置,以供病员室外活动和辅助医疗之用。根据用地的大小来决定园林绿地采用的形式。在中心部分可有较整形的广场,设花坛、喷泉,放置座椅、棚架作休息之用。这种广场也可兼作日光浴场,也是亲属探望病人的室外接待处。面积较大时可采用自然式布置,有少量园林建筑、装饰性小品、水池、雕塑等,形成优美的自然式庭园。有条件的还可利用原地形挖堆山,配置植物,形成优美的自然景观。

植物布置要有明显的季节性,使长期住院的病员能感到自然界季节的变换,使之在情绪上比较兴奋,可提高疗效。常绿树与开花灌木应保持一定的比例,一般为 1:3 左右,树种也应丰富多彩,还可多栽些药用植物,使植物布置与药物治病联系起来,增加药用植物知识,减弱病人对疾病的精神负担,是精神治疗的一个方面。

根据医疗的需要,在绿地中布置室外辅助医疗地段,如日光浴场、空气浴场、体育医疗场等,各以树木作隔离,形成相对独立的空间。在场地上以铺草坪为主,以保持空气清洁卫生,还可以设有棚架作遮荫及休息之用。一般病房与传染病房应有 30m 以上的绿化隔离地段,传染病人与非传染病人不能使用同一花园。

4. 辅助区绿化

辅助区主要由手术部、供应部、药房、X光室、理疗室和化验室等部分组成。大型医院中可按门诊部和住院部各设一套辅助医疗用房,中小型医院则合用。这部分应单独设立,周围密植常绿乔灌木,形成完整的隔离带。特别是手术室、化验室、放射科等,四周的绿化必须注意不种有绒毛和飞絮的植物,防止东西日晒,保证通风和采光。

5. 服务区绿化

服务区包括洗衣房、晒衣场、锅炉房、商店等。晒衣场与厨房等杂务院可单独设立,周围密植常绿乔灌木作隔离,形成完整的隔离带。医院太平间、解剖室应有单独出入口,并在病员视野以外,有绿化作隔离。有条件时可以有一定面积的苗圃、温室。

医疗机构的绿化,除了要考虑其各部分的使用要求外,绿化还应起到隔离作用,保证各分区不相干扰。在植物种类的选择上应尽可能选择有净化空气、杀菌作用、医疗效果好的种类。在隔离带中可以选用杀菌能力较强的树种,如松、柏、樟、桉树等,有条件还可选种些经济树种、果树、药用植物,如核桃、山楂、海棠、柿、梨、杜仲、槐、白芍药、牡丹、抗白菊、垂盆草、麦冬、枸杞、长春花等,使绿化同医疗结合起来,成为医院绿化的特色。

8.3.3 特殊性质医院的绿化

1. 传染病医院绿化

传染病医院主要收治各种急性传染病患者,为了避免传染,因此更应突出绿地的防护和隔离作用。

传染病医院的防护林带要宽于一般医院,同时常绿树种的比例更大,使冬季也具有防护作用。不同病区之间也要相互隔离,避免交叉感染。由于病人活动能力小,以散步、下棋、聊天为主,各病区绿地不宜太大,休息场地距病房近一些,以方便利用。

2. 精神病医院绿化

精神病医院主要收治精神病患者。由于艳丽的色彩容易使病人精神兴奋,神经中枢失控,不利于治病和康复,因此,精神病医院绿地设计应突出"宁静"的气氛,以白、绿色调为主,多种植乔木和常绿树种,少种花灌木,并选种如白丁香、白碧桃、白月季、白牡丹等白色花灌木。在病房区周围面积较大的绿地中,可布置休息庭园,让病人在此感受阳光、空气和自然气息。

3. 儿童医院绿化

儿童医院主要收治14岁以下的儿童患者。其绿地除具有综合性医院的功能外,还要考虑儿童的一些特点。如绿篱高度不超过80cm,以免阻挡儿童视线,绿地中适当设置儿童活动场地和游戏设施。在植物选择上注意色彩效果,避免选择对儿童有伤害的植物。

儿童医院绿地中设计的儿童活动场地、设施、装饰图案和园林小品,其形式、色彩、尺度都要符合儿童的心理和需要,富有童趣,要以优美的布局形式,创造活泼、轻松的气氛,减少医院和疾病给病儿造成的心理压力。

4. 疗养院绿化

疗养院是具有特殊治疗效果的医疗保健机构,主要治疗各类慢性病,疗养期一般较长,为一个月到半年。

疗养院具有休息和医疗保健双重作用,多建于环境优美、空气新鲜并有一些特殊治疗条件(如温泉)的地段。

疗养院的疗养手段以自然因素为主,如气候疗法(日光浴、空气浴、海水浴、沙浴等)、矿泉疗法、泥疗、理疗与中医相结合。因此,在进行环境和绿化设计时,应结合各种疗养方法布置相应的场地和设施,并与环境融合。

疗养院与综合性医院相比,一般规模与面积较大,尤其有较大的绿化区,因此更应发挥绿地的功能作用,院内不同功能区应以绿化带加以隔离。疗养院内树木花草的布置要衬托美化建筑,使建筑内阳光充足,通风良好,并防止西晒,留有风景透视线,供病人在室内远眺观景。为了保持安静,在建筑附近不应种植如毛白杨等树叶声大的树木。疗养院内的露天运动场地、舞场、电影场等周围也要进行绿化,形成整洁、美观、大方、宁静、清新的环境。

目前,我国人口老龄化速度进一步加快,为适应当前社会老龄化的现状,满足老年人日益增长的生活需求,在很多城市逐渐出现了带有疗养性质的老年人公寓,而且随着人们观念的转变,老年人公寓逐渐成为一种被人们普遍接受的集生活居住、休闲娱乐、保健强身为一体的老年人修养场所。

老年人公寓在规划设计时应注意用生态原则指导绿地设计,创造环境幽雅、空气清新的户外活动空间。另外,在设计中应注重人性化,所有的设计内容必须以老年人的生理、心理特点为出发点,处处体现对老年人的关爱。

8.4　机关单位绿地规划设计

8.4.1　机关单位绿地设计基础知识

1. 机关单位绿地的功能

① 为工作人员创造良好的户外活动环境,使工作人员在工休时间得到身体放松和精神享受。

② 给前来联系公务和办事的客人留下美好印象,从而提高单位的知名度和荣誉。

③ 机关单位绿化是提高城市绿化覆盖率的一条重要途径,对于绿化美化市容、保护城市生态环境的平衡起着举足轻重的作用。

④ 机关单位绿化是机关单位乃至整个城市管理水平、文明程度、文化品位、面貌和形象的反映。

2. 机关单位绿地的规划设计特点

机关单位绿地与其他类型绿地相比,规模比较小,分布较为分散。因此机关单位绿地在规划设计时要突出两个方面:

① 绿化设计在“小”字上做文章。机关单位的绿化用地面积一般都比较有限,因此在规划设计时,要针对这一特点,综合运用各种造景手法,以取得以小见大的艺术效果,打造精致、精巧、功能齐全的绿色景观。

② 绿化设计在“美”字上下功夫。机关单位的环境是单位管理水平、文明程度、文化品位的象征,直接影响到机关单位的面貌和形象,因此在进行设计的时候一定要在“美”字上下功夫,绿化设计、立意构思要与单位的性质紧密结合,打造品位高雅、特色分明的个性化绿色景观。

机关单位往往位于街道侧旁,其建筑物又是街道景观的组成部分,因此,在进行绿化时一定要结合文明城市、园林城市、卫生和旅游城市的创建工作,结合城市建设和改造,逐步实施“拆墙透绿”工程,拆除沿街围墙或用透花墙、栏杆墙代替,使单位绿地与街道绿地相互融合、渗透、补充、统一和谐。

对于新建和改造的机关单位,在规划阶段就应进行控制,尽可能扩大绿地面积,提高绿地效率。在建设过程中,通过审批、检查、验收等环节,严格把关,确保绿化美化工程得以实施。大力发展垂直绿化和立体绿化,使机关单位在有限的绿地空间内取得较好的绿化效果,增加绿量。

8.4.2 机关单位绿地设计要点

1. 大门入口处绿地设计

大门入口处是单位形象的缩影,是单位对外宣传的窗口,入口处绿地也是单位绿化的重点之一。入口处绿地设计时应注意以下几点:

① 入口处绿地的形式、色彩和风格要与入口空间、大门建筑统一协调,以形成机关单位的特色及风格。

② 一般大门外两侧采用规则式种植,以树冠规整、耐修剪的常绿树种为主,与大门形成强烈对比,或对植于大门两侧,衬托大门建筑,强调入口空间。

③ 为了丰富景观效果,可在入口处的对景位置设置花坛、喷泉、假山、雕塑、树丛及影壁等。

④ 大门外两侧绿地应与街道绿地中人行道绿化带的风格协调。入口处及临街的围墙要通透,也可用攀缘植物绿化。

2. 办公楼前绿地设计

办公楼前绿地可分为办公楼前装饰性绿地、办公楼入口处绿地以及办公楼周围的基础绿地。

(1)办公楼前装饰性绿地

一般情况下,在大门入口至办公楼前,根据空间和场地大小,往往规划成广场,供人流集散和停车,绿地位于广场两侧。若空间较大,也可在楼前设置装饰性绿地,绿地两侧为集散和停车广场。大楼前的场地在满足人流、交通、停车等功能的条件下,可设置雕塑、喷泉、假山、花坛等,作为入口的对景。

办公楼前绿地以规则式、封闭型为主,对办公楼及空间起装饰衬托和美化作用。通常的做法是以草坪铺底,绿篱围边,点缀常绿树和花灌木,低矮开敞,或做成模纹图案,富有装饰效果。办公楼前广场两侧绿地视场地大小而定,场地面积小时一般设计成封闭型绿地,起绿化美化作用;场地面积较大时常建成开放型绿地,可适当考虑休闲功能。

(2)办公楼入口处绿地

办公楼入口处绿地的处理手法有以下三种:结合台阶,设花台或花坛;用耐修剪的花灌木或者树形规整的常绿针叶树,对植于入口两侧;用盆栽植物摆放于大门两侧。常用的植物有苏铁、棕榈、南洋杉、鱼尾葵等。

(3)办公楼周围基础绿带

办公楼周围基础绿带位于办公楼与道路之间,呈条带状,既美化衬托建筑,又起隔离作用,保证室内安静,还是办公楼与楼前绿地的衔接过渡带。绿地设计应简洁明快,绿篱围边,草坪铺底,栽植常绿树与花灌木,低矮、开敞、整齐,富有装饰性。在建筑物的背阴面要选择耐阴植物。为保证室内通风采光,高大乔木可栽植在距建筑物 5m 之外,为防日晒,可在建筑两山墙处结合行道树栽植高大乔木。

3. 小游园设计

如果机关单位内的绿地面积较大,可考虑设计休息性的小游园。游园中一般以植物造景为主,结合道路、休闲广场布置水池、雕塑以及亭、廊、花架、桌椅、园凳等园林建筑小品和休息设施,满足人们休息、观赏、散步等活动的需要。

4. 附属建筑绿地

机关单位内的附属建筑绿地主要是指食堂、锅炉房、供变电室、车库、仓库、杂物堆放等建筑及围墙内的绿地。

这些地方的绿化只需把握一个原则:在不影响使用功能的前提下,进行绿化、美化,并且对影响环境的地方做到"俗则屏之"。

5. 道路绿地

道路绿地也是机关单位绿化的重点,它贯穿于机关单位各组成部分之间,起着交通、空间和景观的联系和分隔作用。

道路绿化应根据道路及绿地宽度,采用行道树及绿化带种植方式。行道树的种植要注意处理好与各种管线的关系,且应注意行道树种不宜繁杂。如果机关单位道路较窄且与建筑物之间空间较小,行道树应选择观赏性较强、分枝点较低、树冠较小的中小乔木,株距3～5m。

第9章 风景名胜区与森林公园规划设计

9.1 风景名胜区概况

9.1.1 风景名胜区概述

风景名胜区也称风景区,是指风景资源集中、环境优美、具有一定规模和游览条件,可供人们游览欣赏、休憩娱乐或进行科学文化活动的地域。

现代英语中的 National Park,即"国家公园",相当于我国的国家重点风景名胜区。

中国自古以来崇尚山水,"师法自然"的优秀文化传统闻名于世界。"风景名胜"历史悠久、形式多样,它们荟萃了华夏大地壮丽山河的精华,不仅是中华民族的瑰宝,也是全人类珍贵的自然与文化遗产。1982 年,以国务院公布第一批 24 个国家级重点风景名胜区为标志,我国正式建立了风景名胜区管理体系。1985 年国务院发布了《风景名胜区管理暂行条例》。至本世纪初,我国各级风景名胜区的总面积,约占国土总面积的 1%。其中,国家级重点风景名胜区共 177 个,从空间上基本覆盖了全国风景资源最典型、最集中、价值最高的区域。截至 2008年 7 月,共有 14 处风景名胜区被联合国教科文组织列入《世界遗产名录》(表 9-1)。

表 9-1 被列入世界遗产名录的中国风景名胜区

遗产名称	入选时间	遗产类型	风景名胜区类型
泰山	1987 年 12 月	文化与自然双遗产	泰山风景名胜区
长城	1987 年 12 月	文化遗产	八达岭—十三陵风景名胜区
黄山	1990 年 12 月	文化与自然双遗产	黄山风景名胜区
九寨沟风景名胜区	1992 年 12 月	自然遗产	黄龙寺—九寨沟风景名胜区
黄龙风景名胜区	1992 年 12 月	自然遗产	
武陵源风景名胜区	1992 年 12 月	自然遗产	武陵源风景名胜区
承德避暑山庄和外八庙	1994 年 12 月	文化遗产	承德避暑山庄和外八庙风景名胜区
武当山古建筑群	1994 年 12 月	文化遗产	武当山风景名胜区
庐山	1996 年 12 月	文化景观遗产	庐山风景名胜区
峨眉山和乐山大佛	1996 年 12 月	文化与自然双遗产	峨眉山风景名胜区
武夷山	1999 年 12 月	文化与自然双遗产	武夷山风景名胜区
青城山—都江堰	2000 年 12 月	文化遗产	青城山—都江堰风景名胜区
龙门石窟	2000 年 12 月	文化遗产	洛阳龙门风景名胜区
三江并流	2003 年 7 月	自然遗产	三江并流风景名胜区
中国高句丽王城、王陵及贵族墓葬	2004 年 7 月	文化遗产	五女山城、国内城、丸都山城等风景名胜区

遗产名称	入选时间	遗产类型	风景名胜区类型
澳门历史城区	2005年7月	文化遗产	澳门历史城区风景名胜区
四川大熊猫栖息地	2006年7月	自然遗产	卧龙风景名胜区
安阳殷墟	2006年7月	文化遗产	河南安阳风景名胜区
开平碉楼	2007年6月	文化遗产	广东开平风景名胜区
中国南方喀斯特	2007年6月	自然遗产	云南石林、贵州荔波、重庆武隆风景名胜区
福建土楼	2008年7月	文化遗产	福建土楼风景名胜区
江西三清山	2008年7月	自然遗产	江西三清山名胜区

风景名胜区一般具有独特的地质地貌构造、优良的自然生态环境、优秀的历史文化积淀，具备游憩审美、教育科研、国土形象、生态保护、历史文化保护、带动地区发展等功能。

国际上，很多国家有类似的国家公园与保护区体系。与西方的国家公园体系相比较，我国风景名胜区的特点在于：地貌与生态类型多样，发展历史悠久，具有人工与自然和谐共生的文化传统。

9.1.2 风景名胜区的保护与开发

1. 风景区的保护

风景区的保护包括对风景资源的保护和对风景区整体环境的保护。风景区的保护应贯穿于规划、设计、建设和管理的各个过程。在风景区总体规划中，对用地布局，景观资源的保护、开发、利用，旅游项目的设置，游线组织、服务区的设置等方面，都应把对景观环境的保护放在第一位。

风景区的保护，通常从以下几个方面考虑：

（1）风景区人口总容量

为了风景区合理、有序、良性、健康的发展，必须对风景区环境容量进行控制。景区人口总容量为游人容量、当地居住人口容量、服务人员容量三者之和。

1）游人容量。游人容量是在保持景观稳定性，保障游人游赏质量和舒适安全，以及合理利用资源的限度内，单位时间内一定规划单元所能容纳的游人数量，是限制某时、某地游人过量集聚的警戒值。

2）当地居住人口容量（景区内村寨、居民点人口）。居民容量在保持生态平衡与环境优美、依靠当地资源维护风景区正常运转的前提下，一定地域范围内允许分布的常住居民数量。它是限制某个地区过量发展生产或聚居人口的特殊警戒值。

3）服务人员容量。服务人员容量是指景区内服务人员（主要为景区管理、维护人员）数量。规划接待设施原则上不在景区内布局，而是依托景区外围现有的城镇、村寨布置，景区内尽量少安排接待设施，以控制服务人员的数量。

（2）风景区保护培育规划

保护范围及措施如下：

1）一级保护区

保护范围：为各风景区的重要景点群和核心区，以一级景点的视域范围为主要划分依据。

保护措施：

① 保护区内可以安置必需的步行游览道路和相关设施。

② 不得安排旅宿床位。

③ 机动交通工具不得进入此区。

2）二级保护区

保护范围：为风景区范围内，一级保护区外。

保护措施：

① 可以安排少量旅宿设施。

② 必须限制与风景游赏无关的建设。

③ 应限制机动交通工具进入本区。

3）三级保护区

保护范围：为风景区范围之内，一、二级保护区之外的地区。

保护措施：

① 应有序控制各项建设与设施。

② 各项建设与设施应与风景区环境相协调。

（3）风景区生态、环境保护

1）保护对象。原始森林和稀有植物，珍稀濒危动物及其栖息地，植物种类丰富的地区，重要的水源保护地。具有美学价值的自然及人文景观的地区，具有特殊地质地貌的地区。

2）生态保护原则。为维护生态良性循环，在整个风景区规划中，应贯彻始终的三项基本原则是：

① 消除对自然环境的人为消极作用，控制和降低人为负荷，应分析游览时间、空间范围、游人容量、项目内容、开发强度等因素，并提出限制性或控制性指标。

② 保护和维持原有生物种群、结构及其功能特征，保护典型而有示范性的自然综合体。

③ 提高自然环境的复苏能力，提高氧、水、生物量的再生能力与速度，提高其生态系统或自然环境对人为负荷的适应性或承载力。

（4）环境质量标准及规定

1）《环境空气质量标准》（GB 3095—2012）中规定的一级浓度限值。

2）地面水环境质量一般应按《地表水环境质量标准》（GB 3838—2002）中规定的一级标准执行，游泳用水应执行《游泳场所卫生标准》（GB 9667—1996）中规定的标准，生活饮用水标准应符合《生活饮用水卫生标准》（GB 5749—2006）中的规定。

3）风景区室外允许噪声级应低于《声环境质量标准》（GB 3096—2008）中规定的环境噪声标准。

4）辐射防护标准应符合《电离辐射防护与辐射源安全基本标准》（GB 18871—2002）中规定的有关标准。

（5）生态、环境保护措施

1）对于原始状态植物群落，要严格予以保护，维护群落中物种的自然状态，防止因人为干预而造成的群落结构的变化。对于被破坏的生态环境进行恢复。

2）禁止采伐现有的天然林木，采取自然更新的方法更新森林、保护次森林，使次森林的天然树种结构得到恢复。对某些林区实行长期封山育林措施，加快森林植被恢复、重建。

3）保护生物多样性资源，严禁对生物多样性资源进行掠夺性开发。重要的濒危物种，要对其生态环境进行严格保护。加强执法力度，严禁各种猎杀行为。

4）不允许再开垦荒地，坡度在25°以上的耕地实行退耕还林、还草。保护区内禁止各种对资源有严重破坏性的建设行为。必要的修建项目应将对地形地貌、生物资源的破坏减少到最低程度。

5）对重要的水源地进行环境保护，对其流域进行治理活动，建设保护好生态防护林，减少泥沙沉积，有效地遏制江河湖岸倒塌、农田冲毁和水土流失。

6）加强森林防火、防虫体系建设，采取必要的防护措施。加强护林的管理，防止火灾、虫灾的出现。

7）重视矿产开发及森林砍伐基地的生态重建。对保护区内必须维持的矿产企业，要开展环境影响评价，加强环境监测与管理，防止环境污染。

8）对较大型旅游集散地、县城进行大气环境污染治理，推广清洁型能源，减少生产、生活对环境的污染。

9）搬迁各景区内分散的住户，使之相对集中，减少对环境的污染；控制人口数量，减少因人口过剩而造成的资源威胁；提高居民文化素质，加强居民对环境的保护意识。

10）对游人数量进行控制，合理分流，减少因旅游对资源造成的破坏。

11）建立、健全管理机构和管理机制，加强政府在保护资源方面的力度，做到责任明确、目标清楚、分工细致、管理有序、稳步发展。

（6）风景区植物景观保护

1）保护原则

① 维护原生种群和区系，保护古树名木和现有大树。培育地带性物种和特有植物群落。

② 因地制宜地恢复、提高植被覆盖率，以适地适树的原则扩大林地，发挥植物的多种功能优势，改善风景林区的生态和环境。

③ 利用和创造多种类型的植物景观或景点，重视植物的科学意义，组织专题游览活动。

④ 植物景观分布应同其他内容的规划分区相互协调；在旅游设施和居民社会用地范围内，应保持一定比例的高绿地率或高覆盖率控制区。

2）保护措施

① 首先应加强自然保护区的管理，更好地保护和利用自然资源。

② 保护好现有天然林，大力种树种草，恢复和增加植被，对核心景区外围实行封山育林。

③ 景区内应注意风景林的营造，与此同时，综合考虑水土保持、发展经济等功能，全面发展经济林、水土保持林等林种。

2. 风景区的开发

从一定意义上看，人类社会的发展，就是合理利用自然资源的过程。社会的活力，也表现在如何智慧地吸取外在的物质和精神资源，不断地充实自身，并创造出新的物质和精神文明。但在努力推进经济社会的持续发展过程中，在国内外旅游迅速兴起的进程中，在各种人均资源渐趋紧缺的当今，如何更好地利用风景区的资源，无疑是非常重要的。

（1）充分发挥景源的综合潜力，正确选择发展方向与目标

大多数资源和景源，通常都具有多种利用价值，也就是资源利用的多重性或多功能性。在资源利用中，追求一物多用、综合利用、循环利用中，要想景尽其用、地尽其利、充分发挥景源的综合潜力，首先要选择好景源的利用方向，并提出适当的发展目标。这种选择的基本依据，就是景源的属性特征、景观特征及其评价级别。

（2）因时因地制宜，正确处理开发与保护、开发与节约的关系

20 世纪80 年代以来，人、财、物流对景源和风景区造成了空前的压力与冲击，所形成的恶果既

表现在对景源的直接破坏或侵占方面,也表现在"破坏性建设"方面。同时。"要把保护放在工作首位"的呼声很高,包括那些公认的正在搞"破坏性建设"的人,往往也在高呼这个原则,但事实是"破坏性开发"的现象有增无减。分析其中的直接原因有三:一是单纯经济利益驱动和短期行为所产生的掠夺性开发;二是决策者的一厢情愿和武断瞎指挥所形成的乱开发;三是不胜任专业人员的败笔或不合格作品。面对这种状况,正确处理开发与保护、开发与节约的关系就成为各方关注的热点。

在开发与保护的关系上,既然有着复杂的社会矛盾现象,就不宜简单地概括为以谁为主或两者并重而到处套用。重要的是针对个体的时间、空间特点和实际矛盾,提出与之相适应的保护或开发措施。

可以说,保护与开发的关系,在不同的时间与空间(地点)条件下,针对不同的景源特点,有着动态变化关系。两者既互相制约,又互相联系,也可以互相促进。

开发的目标应当使景源的综合潜力得到合理的永续利用,并使风景环境得到不断改善。对可再生、可更新景源,应努力使其增质、增量和增效,防止退化、破坏和流失。对不可再生景源,要在分级保护的前提下探讨适度利用、节约利用、综合利用,合理调节有限景源的耗竭速度。

应把开发与保护结合起来,使开发强度的分级控制与保护措施的分级管理协调起来。开发要有利于景源的培育,有利于独特景源和生物多样性的保护,有利于改变粗放型管理,并逐步实现集约型与科学化管理。

有度、有序、有节律地运用开发与保护这两手措施,实现景源的有效保护、合理利用、科学管理才是我们的根本目的。

(3)发挥规划的龙头作用,搞好配套设计、施工和管理

景源开发利用必将涉及许多相关因素和矛盾,这就需要用合乎法规要求的规划来统筹安排。风景区是人与自然协调发展的典型地域单元,是有别于城市和乡村的人类第三生活游憩空间。因此,其规划特点也有别于通常的城乡规划。如果说城乡规划是根据社会需要出发,去寻求发展用地及其相关条件的话,风景区规划则主要是从景源及其相关条件(包括用地条件)出发,去寻找适应社会需要的有关接口,并有序控制其容量和开发程度。规划对景源的合理利用起着重要的龙头作用和保障作用。然而,仅有这种整体性控制还不能算完善,还需要有精心的设计与施工环节来配套,才能实现整体合理与细部魅力兼备的目标。

为发挥规划的龙头作用,还要有严格的管理措施配合。诸如:坚持按规划有计划地制定建设程序,没有规划和可行性报告不得立项;严格履行建设项目的审批手续,严格控制建设规模;坚决制止违章建设行为。

9.1.3 风景名胜区的分类及评价

1. 风景名胜区的类型

我国的风景名胜区往往具有多种景观,根据其主要特色,可以分为以下八类(表9-2)。

表9-2 风景名胜区的类型

风景名胜区类型	主 要 特 点
山景风景区	以山体为主形成美学价值极高的山岳、奇峰、石林、峡谷和植物、动物、水体等组成的风景
水景风景区	以水为主体形成的湖泊、瀑布、天池、溪流、海滨等秀丽风光
山水结合风景区	以青山绿水、海峡波涛等结合形成的山水风景
历史古迹风景区	以历史古迹、陵墓、陵园等为主形成的风景区

风景名胜区类型	主　要　特　点
历史地质遗迹风景区	以造山、火山、冰川和气候形成的地质风景区
近代革命圣地	以具有纪念意义的近代革命战争发生地为旅游风景区
现代工程风景区	由颇具观赏和游览价值的现代化建筑形成的独特的人文景观
风俗风情风景区	以宗教礼仪、民族歌舞、民风风俗、神话传说等民族地方特色内容为主要旅游项目的风景区

2. 风景名胜区的评价

（1）风景资源的定性评价

风景资源的定性评价也就是狭义的风景资源评价，是指对风景资源本身的评价。主要包括以下几种目前较公认的学派评价类型和我国标准评价方法。

1）学派评价方法

① 经验学派。经验学派的主要代表人物是罗文塔尔（Lowenthal）。经验学派的研究方法一般是通过考证文学艺术家们关于风景审美的文学、艺术作品，考察名人的日记等来分析人与风景的相互作用及某种审美评判所产生的背景。同时，经验学派也通过心理测试、调查、访问等方式，记述现代人对具体风景的感受和评价，但这种心理调查方法同心理物理学常用的方法是不同的。在心理物理学方法中被试者只需就风景打分或将其与其他风景比较即可；而在经验学派的心理调查中，被试者不是简单地给风景评出优劣，而要详细地描述他的个人经历、体会及关于某风景的感觉等。其目的也不是为了得到一个具有普遍意义的风景美景度量表，而是为了分析某种风景价值所产生的背景、环境。

经验学派的研究方法还不能算作是对风景进行评价的方法，它并不研究风景本身的优劣，因而也很少能提供直接为风景规划及管理服务的信息。

② 专家学派。专家学派的指导思想是认为凡是符合形式美原则的风景都具有较高的风景质量。所以，风景评价工作都由少数训练有素的专业人员来完成。它把风景用四个基本元素来分析，即线条、形体、色彩和质地。强调诸如多样性、奇特性、统一性等形式美原则在决定风景质量分级时的主导作用。

这一方法，首先是要划分风景类型，然后由专家按照形式美的原则以及生态原则对风景要素进行分级打分。并请专家给出风景要素的权重，最后的加权总和，就是风景的得分。

美国土地管理局的风景管理系统对于自然风景质量评价，选定了 7 个评价因子进行分级评分（表9-3），然后将 7 个单项因子的得分值相加作为风景质量总分。将风景质量划分为三个等级：A 级（特异风景）—总分 19 分以上；B 级（一般风景）—总分 12～18 分；C 级（低劣风景）—总分 0～11 分。

表 9-3　风景质量分级评价

评价因子	评 价 分 级 标 准 和 评 分 值		
地形	断崖、顶风或巨大露头的高而垂直的地形起伏；强烈的地表或高度冲蚀的构造；具有支配性和非常显眼而又有趣的细部特征（5）	险峻的峡谷、台地、孤丘、火山丘和冰丘；有趣的冲蚀形态或地形的变化；虽不具有支配性，但具有趣味性的细部特征（3）	低而起伏的丘陵、山麓小丘或平坦之谷底，有趣的细部景观特征稀少或缺乏（1）
植物	植物在种类和形态上有趣且富有变化（5）	有某些植物种类的变化，但仅有一二种重要形态（3）	缺少或没有植物的变化或对照（1）

评价因子	评价分级标准和评分值		
水体	干净、清澈或瀑状的水流,其中任何一项都是景观上的支配因子(5)	流动或平静的水面,但并非景观上的支配因子(3)	缺少或虽存在但不明显(1)
色彩	丰富的色彩组合,多变化或生动的色彩,有岩石、植物、水体或雪原在颜色上的愉悦对比(5)	土壤、岩石和植物的色彩与对比具有一定程度的变化,但非景观的支配因子(3)	微小的颜色变化,具有对比性,一般而言都是平淡的色调(1)
邻近景观的影响	邻近的景观大大地提升了视觉美感质量(5)	邻近的景观一定程度地提升了视觉美感质量(3)	邻近的景观对于整体视觉美感质量只有少许影响或没有影响
稀有性	仅存性种类,非常有名或区域内非常稀少;具有观赏野生动物和植物花卉的一致机会(6)	虽然和区域某些东西有相似之处,但仍是特殊的(2)	在其立地环境内具有趣味性,但在本区域非常普通(1)
人为改变	未引起美感上的不愉悦或不和谐;或装饰有利于感觉上的变化性(2)	景观被不和谐干扰,质量有某些减损,但非很广泛致使景观质量完全抹杀或装饰,只对本区增加少许视觉的变化或根本没有(0)	装饰过于广泛,致使景观质量大部分丧失或实质上降低(-4)

注:括号内的数字代表每个标准的分数。

③ 心理物理学派。该学派的主要思想是把风景与风景审美的关系理解为刺激—反应的关系,即景观刺激和人类反应的关系。于是,把心理物理学的信号检测方法应用到风景评价中来,通过测量公众对风景的审美态度,得到一个反映风景质量的量表,然后将该量表与各风景成分之间建立起数学关系。

审美态度的测量方法目前公认为较好的有两种。其一是评分法,该方法是让被试者按照自己的标准,给每一风景(常以幻灯为媒介)进行评分(0~9分),各风景之间不经过充分的比较;另一种审美态度测量法则主要通过让被试者比较一组风景(照片或幻灯)来得到一个美景度量表。由此将景观要素按照某种标准进行分解,得出不同等级的要素值后,利用多元数量化模型程序等计算机辅助手段,建立起以评价标准为因变量、景观要素值为自变量的评价模型。得出的评价模型,可以应用于同一类型的景观质量评价。

心理物理学方法应用得最为成熟的风景类型就是森林风景,它通过对森林风景的评价,建立美景度量表与林分各自然因素之间的回归方程,直接为森林的风景管理服务。

④ 认知学派。以上介绍的两大学派(专家学派和心理物理学派)都有一个共同的特点,都是通过测量各构成风景的自然成分(如植被、山体、水体等)来评价风景质量(当然,在评价的标准上各有不同)。认知学派则不然,它把风景作为人的生存空间、认知空间来评价,强调风景对人的认知及情感反应上的意义,试图用人的进化过程及功能需要去解释人对风景的审美过程。它认为,人在风景审美过程中,总是以"猎人"和"猎物"的双重身份出现的。作为一个"猎人",他需看到别人;作为一个"猎物",他不希望别人看到自己。也就是说,人们总是用人的生存需要来解释、评价风景的。同时,它还认为,人为了生存的需要和为了生活得更安全、舒适,他必须了解其生活的空间和该空间以外的存在,他必须不断地去获取各种信息,并根据这些信息去判断和预测面临着的和即将面临着的危险,也正是凭借这些信息,去寻求更适合于生存的环境。在风景审美过程中,它认为当风景既具有可以被辨识和理解的特性——"可解性",又具有可以不断地被探索和包含着无穷信息的特性——"可索性"时,风景质量才高。

2)国家标准评价方法

这一标准的评价对象是旅游资源单体。评价项目有资源要素价值、资源影响力和附加值。

其中,资源要素价值项目中,含观赏游憩使用价值,历史文化科学艺术价值,珍稀奇特程度,规模、丰度与几率,完整性五项评价因子;资源影响力项目,含知名度和影响力,适游期或使用范围两项评价因子;附加值,含环境保护与环境安全一项评价因子。旅游资源评价赋分标准,见表9-4。

表9-4　旅游资源评价赋分标准

评价项目	评价因子	评价依据	赋值/分
资源要素价值（85分）	观赏游憩使用价值（30分）	全部或其中一项具有极高的观赏价值、游憩价值、使用价值	30～22
		全部或其中一项具有很高的观赏价值、游憩价值、使用价值	21～13
		全部或其中一项具有较高的观赏价值、游憩价值、使用价值	12～6
		全部或其中一项具有一般的观赏价值、游憩价值、使用价值	5～1
	历史文化科学艺术价值（25分）	同时或其中一项具有世界意义的历史价值、文化价值、科学价值、艺术价值	25～20
		同时或其中一项具有全国意义的历史价值、文化价值、科学价值、艺术价值	19～13
		同时或其中一项具有省意义的历史价值、文化价值、科学价值、艺术价值	12～6
		历史价值、或文化价值、或科学价值、或艺术价值具有地区意义	5～1
	珍稀奇特程度（15分）	有大量珍稀物种,或景观异常奇特,或此类现象在其他地区罕见	15～23
		有较多珍稀物种,或景观奇特,或此类现象在其他地区少见	12～9
		有少量珍稀物种,或景观奇特,或此类现象在其他地区少见	8～4
		有个别珍稀物种,或景观比较突出,或此类现象在其他地区多见	3～1
	规模、丰度与几率（10分）	独立型旅游资源单体规模、体量巨大;集合型旅游资源单体结构完美,疏密较好;自然景象和人文活动周期性发生或频率很高	10～8
		独立型旅游资源单体规模、体量较大;集合型旅游资源单体结构很和谐,疏密良好;自然景象和人文活动周期性发生或频率很高	7～5
		独立型旅游资源单体规模、体量中等;集合型旅游资源单体结构和谐,疏密较好;自然景象和人文活动周期性发生或频率很高	4～3
		独立型旅游资源单体规模、体量较小;集合型旅游资源单体结构较和谐,疏密一般;自然景象和人文活动周期性发生或频率很低	2～1
	完整性（5分）	形态与机构保持完整	5～4
		形态与结构有少量变化,但不明显	3
		形态与结构有明显变化	2
		形态与结构有重大变化	1
资源影响力（15分）	知名度和影响力（10分）	在世界范围内知名,或构成世界承认的名牌	10～8
		在世界范围内知名,或构成全国性的名牌	7～5
		在本省范围内知名,或构成省内的名牌	4～3
		在本地区范围内知名,或构成本地区名牌	2～1

评 价 项 目	评 价 因 子	评 价 依 据	赋 值 /分
资源影响力 (15 分)	适游期或 使用范围(5 分)	适宜游览的日期每年超过 300 天,或适宜所有游客使用和参与	5 ~ 4
		适宜游览的日期每年超过 250 天,或适宜 80%左右的游客使用和参与	3
		适宜游览的日期每年超过 150 天,或适宜 60%左右的游客使用和参与	2
		适宜游览的日期每年超过 100 天,或适宜 40%左右的游客使用和参与	1
附加值	环境保护与 环境安全	已受到严重污染,或存在严重的安全隐患	− 5
		已受到严重污染,或存在严重的安全隐患	− 4
		已受到严重污染,或存在严重的安全隐患	− 3
		已受到严重污染,或存在严重的安全隐患	3

对于风景资源单位的评价,先将以上 8 个因子进行分级评分,然后将这 8 个因子的得分值相加作为单体风景资源的总分值,最后将风景质量归入五个等级,从高级到低级依次为:

五级旅游资源,得分值域≥90 分。

四级旅游资源,得分值域 75 ~ 89 分。

三级旅游资源,得分值域 60 ~ 74 分。

二级旅游资源,得分值域 45 ~ 59 分。

一级旅游资源,得分值域 30 ~ 44 分。

得分≤29 分的风景资源列为未获等级旅游资源。

其中,五级旅游资源被称为特品级旅游资源,五级、四级、三级旅游资源被通称为优良级旅游资源,二级、一级旅游资源被通称为普通级旅游资源。

旅游适宜性评价,是对旅游资源各要素对于旅游者从事特定旅游活动的适宜程度的评估。大量技术性指标的运用是这类评价的基本特征。这些指标,是长期以来实际工作中逐步积累起来的经验值。

(2)风景资源的定量评价

风景资源的定量评价也就是广义的风景资源评价,是指对风景资源的综合评价,着眼于风景区的整体开发利用价值。评价因子包括风景资源本身,还包括风景区的区域条件和区位特征。风景资源综合评价的目的是着眼于不同地域旅游资源价值的比较,或规划与管理意义上的重要度排序。评价范围包括已开发的和未开发的全部资源,也包括其开发价值。

风景资源的综合评价模型是基于消费者决策模型菲什拜因—罗森伯格模型建立的。公式为:

$$E = \sum_{i=1}^{n} Q_i P_i$$

式中 E——旅游资源综合性评价结果值;

Q_i——第 i 个评价因子的权重;

P_i——第 i 个评价因子的得分;

n——评价因子的数目。

到目前为止,世界上许多国家在对风景区进行综合性评估时,大都使用这一模型。实践证明,只要取得评价因子权重值和评估的方法适当,评价结果就具有很高的应用价值。

1)评价因子的选取。评价因子应包括评价内容中的全部因素,即包括三个方面:风景资源本身;风景区所在的区域条件;风景区的区位特征。在评价不同类型的风景区时,对于风景资源中评价因子的选择可能有较大的差异。

2)确定评价因子的权重。迄今为止,对权重的确定问题已进行了大量的研究,有以根据研究人员的实践经验和主观判断为主来确定权重的,也有以用各种数学方法为主确定权重的,如有经验权数法、专家咨询法、统计平均值法、指标值法、抽样权数法、比重权数法、逐步回归法、灰色关联法、主成分分析法、层次分析法等。由于用数学方法确定权重,可以对其准确性进行检验。以减小权重确定的主观随意性,因此采用各种学方法确定权重逐渐广泛。但另一方面,任何数学方法本身在应用时都有一定的要求和局限性,在选择何种数学方法及原始数据的收集和应用上也带有人的主观性。而且最主要的是在灵活性和可操作性的原则下,应用专家咨询和层次分析法进行权重赋值,这种方法最大的优点是能把有形和无形、可定量与不可定量的众多因素统一起来,采用相对标度的形式,充分发挥人的经验和判断能力,较客观地确定出因子权重。

9.2　风景名胜区的规划

9.2.1　风景名胜区规划特点

1. 风景名胜区要有鲜明的个性

在风景区中大自然是主体,规划设计是对其的修饰。应善于从大千世界中,从浩瀚的自然景观中,获取具有特色的特别是个性鲜明的奇观异景和自然现象,并加以渲染和修饰。风景区规划只不过是通过衬托、渲染、组织游览程序等手法,使其特点更加突出,特色更加明显,以引起游人的猎奇、遐想和注意。

2. 风景名胜区要有良好的旅游环境

大自然的幽静、美妙、奇特是久居都市的旅游者猎奇、向往的地方,浩瀚的林海、绿茵茵的草地、落英缤纷的溪流以及幽谷深涧、奇景怪石给游客以遐想和憧憬。民风民俗、民间艺术、神话传说等也是旅游者猎奇的内容。因此,人与自然、人与人的关系是风景名胜区规划一种很重要的环境要素。另外,风景名胜区要有良好的服务功能,给游客以方便的休息购物环境,要建一些必要的生活服务设施,提供食宿交通等方面的条件。风景区的构筑物应在环境气氛、形体特征、比例尺度等方面与自然环境融洽,至少不能影响主景,如可修建专为旅游者服务的旅游村等。

3. 处理好旅游和生产的关系

许多风景区面积很大,大量从事农副业生产的农村人口耕地被占、伐木被禁,影响了农民的收入,带来一些损失。因此,必须按照国家有关政策给予补助,并妥善解决当地群众的就业问题,有些生产企业可逐步转型成为旅游服务的农副产品基地和食品、手工艺加工工厂等。

9.2.2 风景名胜区规划程序

1. 规划编制程序

风景名胜区的规划一般要分两个阶段进行编制,即编制规划大纲、编制总体规划(图 9-1、图 9-2)。

2. 规划阶段及主要内容

风景区的规划不是孤立的,有其纵向与横向的联系,是区域性规划系统的一个组成部分。一个风景名胜区的规划工作一般可分成以下阶段进行:

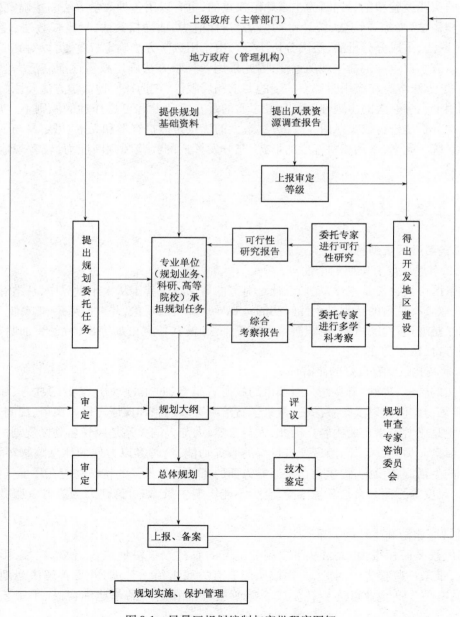

图 9-1 风景区规划编制与审批程序图解

210

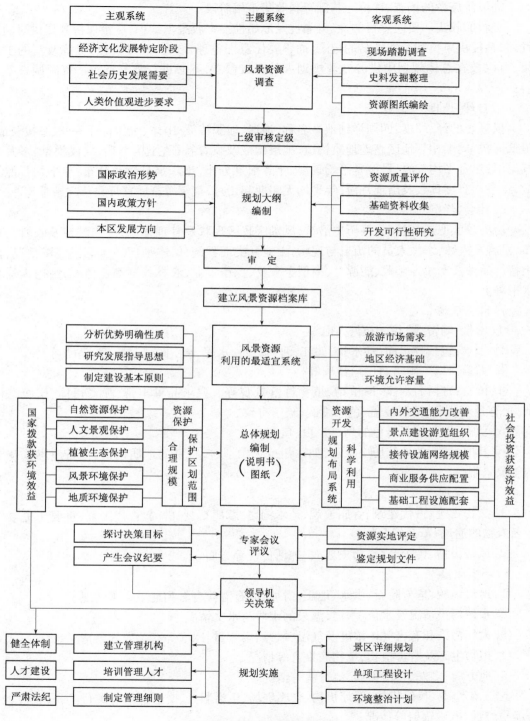

| 主观系统 | 主题系统 | 客观系统 |

经济文化发展特定阶段
社会历史发展需要
人类价值观进步要求

风景资源
调查

现场踏勘调查
史料发掘整理
资源图纸编绘

上级审核定级

国际政治形势
国内政策方针
本区发展方向

规划大纲
编制

资源质量评价
基础资料收集
开发可行性研究

审　定

建立风景资源档案库

分析优势明确性质
研究发展指导思想
制定建设基本原则

风景资源
利用的最适宜系统

旅游市场需求
地区经济基础
环境允许容量

国家拨款获环境效益

资源保护

自然资源保护
人文景观保护
植被生态保护
风景环境保护
地质环境保护

合理规模

保护区划范围

总体规划
编制
（说明书
图纸）

资源开发

规划布局系统

科学利用

内外交通能力改善
景点建设游览组织
接待设施网络规模
商业服务供应配置
基础工程设施配套

社会投资获经济效益

探讨决策目标
产生会议纪要

专家会议
评议

资源实地评定
鉴定规划文件

领导机关决策

健全体制
人才建设
严肃法纪

建立管理机构
培训管理人才
制定管理细则

规划实施

景区详细规划
单项工程设计
环境整治计划

图 9-2　风景名胜区规划系统

211

（1）资源调查

即风景旅游的调查、评价与基础资料收集汇编阶段。

资料的收集。要注意目的性、可靠性及原始性。在收集汇编中,尽量保持其提供时的原始性,包括提供单位和个人姓名的记录,而不要任意去整理、取舍,经过查核、提炼改写的工作成果,可以放在总体规划中供各专业规划人员直接参考,不必进行重复调查。资源调查基本内容:

1）自然、地理

风景区的经、纬度,四周详细地区名称,地形、地貌特征,山体、水体特征,一般海拔及最高、最低海拔,周围相邻地区高差地质构造,地层构成及发育特征,土壤类型,气候类型,各月平均气温,最热月平均气温,最冷月平均气温,年降雨量分布,年降水日数及分布,年平均日照小时数,年平均有雾日数及出现月份,年平均无霜期起始月,全年游览适宜日数及起始月等。

2）社会、经济

历史政区变迁,隶属关系历史沿革,风景区政区现状及管理体制,区内城镇及农村人口分布,民族及人数,宗教人员的历史与现状,土地分类面积统计,本地区历年国民经济情况,传统土特产品种及产量。矿藏、能源、大中型企事业、乡镇事业,农林牧副渔业情况,区内人均收入水平等。

3）自然景观

① 山景:峰峦、峡谷、山岩、火山等。

② 水景:包括静水面、动水景,如江、河、湖、海、水库、溪、泉、潭、瀑、潮、岛屿等。

③ 天景:云雾、雨雪、日月、星辰等。

④ 植物:古树名木、珍稀植物、植物群落景观等。要求品种丰富、配置得体、层次结构复杂、垂直景观错落、浓荫覆盖、色彩绚丽、疏密有致。

⑤ 动物:能为景观增色的鸟、兽、虫、鱼等。

⑥ 其他:奇特的地球历史景观,如冰川或火山遗迹、特殊的地质构造、化石地层以及奇特的气象景观。

4）人文景观

① 文物古迹:古代建筑、寺庙道观、艺术洞窟、摩崖石刻、碑碣、古代工程、重要历史事件和著名人物的遗迹、革命纪念物等。

② 风俗民情、传统节会、历史典故、神话传说等方面。

5）环境质量

① 地形地貌:危岩险石、洪水、地震、滑坡、泥石流等自然和地质灾害情况。

② 水体污染情况及水位、水温、温泉的水质与水文情况。

③ 大气污染和有害气体浓度及气温、风速、雨雪量、冰冻等有关的气象情况。

④ 植物生态及有害植物、植物病虫害等情况。

⑤ 地方病、多发病、传染病、流行病等情况。

⑥ 工矿企业、科研机构、医疗机构、仓库堆场、生活服务、交通运输等单位的排污、放射性、易爆易燃性、电磁辐射等情况。

6）旅游条件

包括交通、水电、通信、食宿、服务、医疗、物资供应等方面的情况。

7）综合评价

① 景象特征：风景名胜素材内容与数量丰富程度、质量高低、观赏价值、组合特点、文物历史价值、科学艺术价值、规模大小等。

② 环境质量：要求安全、卫生、未经污染、生态系统平衡，有优美的游憩空间。

③ 开发条件：要求地理位置有利，气候环境宜人，时间效率较高，交通设施方便，从社会、经济、时间、技术等方面，分析其开发利用功能价值和经济效果。

总之，要根据艺术特点、自然规律、经济效果综合分析评价风景资源的开发价值。

（2）编制规划大纲

规划大纲的主要任务，是在充分研究了基础资料的情况下，对风景区开发过程中的几个重大问题进行分析、论证，其内容主要由下列部分组成：

1）风景名胜资源基本情况和开发利用条件的调查及评价报告。

2）风景名胜性质、类型和基本特色，开发指导思想与规划基本原则。

3）风景名胜区的构成、管辖范围和保护地带划定情况的说明。

4）风景旅游环境容量的分析和规划期游人规模的预测。

5）专项规划：

① 风景名胜区保护规划。

② 景区划分、依据和特色及开发建设的设想。

③ 参观路线的组织和交通设施规划。

④ 旅游基地、接待点与休疗养设施的规模、布局和建设要点。

⑤ 自然植被抚育和绿化规划，实现规划的技术措施要点。

⑥ 各项事业综合发展安排的意见。

⑦ 各项公用设施和工程设施的规划要点及对各类建设的要求。

⑧ 开发建设投资匡算和经济效益估算。

⑨ 实施规划的组织、管理措施与建议。

3. 风景区总体规划内容

风景区总体规划应当包括下列内容：

1）分析风景区的基本特征，提出景源评价报告。

2）确定规范依据、指导思想、规划原则、风景区性质与发展目标，划定风景区范围及其外围保护地带。

3）确定风景区的分区、结构、布局等基本构架，分析生态调控要点，提出游人容量、人口规模及其分区控制。

4）制定风景区的保护、保存或培育规划。

5）制定风景游览欣赏和典型景观规划。

6）制定旅游服务设施和基础工程规划。

7）制定居民社会管理和经济发展引导规划；

8）制定土地利用协调规划；

9）提出分期发展规划和实施规划的配套措施。

4. 风景区总体规划纲要

在编制国家重点风景区总体规划前应当先编制规划纲要,其他较重要或较复杂的风景区总体规划,也宜参考这种做法。

(1)规划纲要的主要内容

1)景源综合评价与规划条件分析。

2)规划焦点与难点论证。

3)确定总体规划的方向与目标。

4)确定总体规划的基本框架和主要内容。

5)其他需要论证的重要或特殊问题。

6)风景区总体规划原则。

(2)风景区总体规划原则

1)基本原则。风景区规划必须符合我国国情,因地制宜地突出本风景区特性。并应遵循下列原则:

① 应当依据资源特征、环境条件、历史情况、现状特点以及国民经济和社会发展趋势。统筹兼顾,综合安排。

② 应严格保护自然与文化遗产,保护原有景观特征和地方特色,维护生物多样性和生态良性循环,防止污染和其他公害,充实科教审美特征,加强地被和植物景观培育。

③ 应充分发挥景源的综合潜力,展现风景游览欣赏主体,配置必要的服务设施与措施。发挥风景区运营管理机能。防止人工化、城市化、商业化倾向,促使风景区有度、有序、有节律地持续发展。

④ 应合理权衡风景环境、社会、经济三方面的综合效益。权衡风景区自身健全发展与社会需求之间关系,创造风景优美、设施方便、社会文明、生态环境良好、景观形象独特、有游赏魅力、人与自然协调发展的风景游憩境域。

2)风景区规划应与国土规划、区域规划、城市总体规划、土地利用总体规划及其他相关规划相互协调。

9.2.3 风景名胜区的规划布局

风景名胜区的规划布局,是一个战略统筹过程。该过程在规划界线内,将规划对象和规划构思通过不同的规划策略和处理方式,全面系统地安排在适当位置,为规划对象的各组成要素、组成部分均能共同发挥应有的作用,创造最优整体。

风景区的规划布局形态,既反映风景区各组成要素的分区、结构、地域等整体形态规律,也影响着风景区的有序发展及其与外围环境的关系。

规划布局应遵循以下原则:

1)正确处理规划区局部、整体、外围三层次的关系。

2)风景区的总体空间布局与职能结构有机结合。

3)调控布局形态对风景区有序发展的影响,为各组成要素和部分共同发挥作用创造满意条件。

4)规划构思新颖,体现地方和自身特色。

风景名胜区的规划布局一般采用的形式有:集中型(块状)、线形(带状)、组团状(集团)、链珠形(串状)、放射形(枝状)、星座形(散点)等形态。

1. 风景名胜区的人口构成

风景名胜区的人口构成如图 9-3 所示。

图 9-3　风景名胜区人口构成

其中,住宿旅游人口是指在规划区内留宿一天以上的游客;当日旅游人口指当天离去的游客;直接服务人口指规划区内从事游览接待服务的职工;维护管理人口是指从事风景名胜区的环境卫生、市政公用、文化教育等工作的职工;职工抚养人口是指由职工抚养的家属及其他非劳动人口;居民是指规划区范围内未从事游览服务工作的本地居民。

2. 风景区的规模与容量

(1)当地居民

在预测当地居民的规模时,不仅要考虑到居民自身的发展,还要充分考虑到风景区整体的发展要求。根据有关规划规范,当规划地区的居民人口密度在 50～100 人/平方公里时,就宜测定用地的居民容量;当规划地区的居民人口密度超过 100 人/平方公里时,就必须测定用地的居民容量。据统计,我国大多数风景区的居民密度超过 100 人/平方公里,需测定其范围内的居民容量。

测定风景区的居民容量,关键是要抓住影响最大的要素,如居民生活所必需的淡水、用地、相关设施等。可首先测算这些要素的可能供应量,再预测居民对这些要素的需求方式与数量,然后对两列数字进行对应分析估算,可以得知当地的淡水、用地、相关设施所允许容纳的居民数量。一般在上述三类指标中取最小指标作为当地的居民容量。

风景区的居民容量是一个动态的数值,在一定的社会经济和科技发展条件下,当淡水资源与调配、土壤肥力与用地条件、相关设施与生产力发生变化时,会影响容量数值。

(2)游客

游客量的预测,需要根据统计资料,分析风景区历年的游客规模、结构、增长速率、时间和空间分布等,结合风景区发展目标、旅游市场趋向,进行市场分析和规模预测。对于新兴的风景名胜区,如果没有历年的统计资料,则可采取类比法进行预测,即选择基本条件比较类似的其他较成熟的风景名胜区,根据这些风景区的客源发展情况,进行类推预测。为了提高类比法的准确性,应选择多个类似风景区进行比较。

游客量的预测中,除了年游客总人次、高峰日游客量等主要指标以外,一个关键问题是确定床位数。床位数是影响服务设施规模的主要因素。床位数的确定一般采用下面的计算公式:

$$床位数 = 平均停留天数 \times 年住宿人数 / 年旅游天数 \times 床位利用率$$

在缺乏基础数据的情况下,可以采用下面的近似计算公式,作粗略估算:

$$床位数 = 现状高峰日住宿游人数 + 年平均增长率 \times 规划年数$$

(3)职工

风景区的直接服务人口可根据床位数进行测算,计算公式为:

$$直接服务人员 = 床位数 \times 直接服务人员与床位数比例$$

式中,直接服务人口与床位数比例一般取 1:2～1:10。

风景区的维护管理人员以及职工抚养人口的规模测算,则可以借鉴城市规划中的劳动平衡法,即把直接服务人口看作城市的"基本人口",然后确定一定的系数,推算出维护管理人员和职工抚养人口的数量。这个系数的确定,可以通过分析历年的人口统计资料,并结合其他风景区的经验数据来获得。

9.2.4 风景名胜区的游览规划

风景游赏规划是风景区规划的主体部分。风景游赏规划通常包括景观特征分析和景象展示构思、游赏项目组织、风景结构单元组织、游线与游程安排等内容。

1. 景观特征分析和景象展示构思

风景名胜区内景观丰富多样、各具特点,需要通过景观特征分析,发掘和概括其中最具特色与价值的景观主体,并通过景象展示构思,找到展示给观赏者的最佳手段和方法。风景名胜区内一般常见的景观主题可分为以下几类:

(1)以眺望为主的景观

这类景观以登高俯视远望为主。

(2)以水景为主的景观

这类景观主要指包括溪水、泉水、瀑布、水潭等景观主题。

(3)以山景为主的景观

这类景观以突出的山峰、石林、山洞等作为主要的观赏主题。

(4)以植物为主的景观

这类景观以观赏富有特色的植物群落或古树名木为主题。

(5)以珍奇的自然景观为主

主要指由于古地质现象遗留的痕迹或者由于气象原因形成的独特景观。

(6)以历史古迹为主的景观

我国的风景名胜区,拥有丰富的历史文化遗存,具有重要的文化价值。

2. 游赏项目组织

游赏项目的组织,应遵循"因地因时因景制宜"和突出特色这两个基本原则。同时,充分考虑风景资源特点、用地条件、游客需求、技术要求和地域文化等因素,选择协调、适宜的游赏活动项目。

风景名胜区内通常开展的游赏项目见表9-5。

表9-5 风景名胜区游赏项目

游 赏 类 别	游 赏 项 目
1. 野外小憩	1)休闲散步;2)郊游野游;3)垂钓;4)登山攀岩;5)骑驭
2. 审美欣赏	1)览胜;2)摄影;3)写生;4)寻幽;5)仿古;6)寄情;7)鉴赏;8)品评;9)写作;10)创作
3. 科技教育	1)考察;2)探胜探险;3)观测研究;4)科普;5)教育;6)采集;7)寻根回归;8)文博展览;9)纪念;10)宣传
4. 娱乐体育	1)游戏娱乐;2)健身;3)演艺;4)体育;5)水上水下运动;6)冰雪活动;7)沙草场活动;8)其他体智技能运动
5. 休养保健	1)避暑避寒;2)野营露营;3)休养;4)疗养;5)温泉浴;6)海水浴;7)泥沙浴;8)日光浴;9)空气浴;10)森林浴
6. 其他	1)民俗节庆;2)社交聚会;3)宗教礼仪;4)购物商贸;5)劳动体验

3. 风景单元组织

对于风景单元的组织,我国传统的方法是选择与提炼若干个景致,作为某个风景区的典型与代表,并命名为"某某八景","某某十景"或"某某廿四景"等。这个方法的好处是形象生动,特色鲜明,容易产生较好的宣传效果,但是往往也缺乏科学性和合理性,不能很好地发挥实际的景观组织作用。

风景单元的组织可划分为两个层次。对于景点的组织,应包括景点的构成内容、特征、范围、容量;景点的主、次、配景和游赏序列组织;景点的设施配备;景点规划一览表等内容。对于景区组织,主要应包括:景区的构成内容、特征、范围、容量;景区的结构布局、主景、景观多样化组织;景区的游赏活动和游线组织;景区的设施和交通组织要点等内容。

4. 游览组织与线路设计

风景资源的美,需要有人进入其中直接感受才能获得。要使游人获得良好的游览效果,需要精心进行游览组织和线路设计。

在游览组织中,不同的景象特征要选择与之相适应的游览方式。这些游赏方式可以是静赏、动观、登山、涉水、探洞,也可以是步行、乘车、坐船、骑马等,需要根据景观的特点、游人的偏好和自身条件来选择。在游览组织中,还要注意调动各种手段来突出景象高潮和主题区段的感染力,注意空间上的层层进深、穿插贯通,景象上的主次景设置、借景配景,时间速度上的景点疏密、展现节奏,景感上的明暗色彩、比拟联想,手法上的掩藏显露、呼应衬托等。

9.2.5 风景名胜区旅游设施规划

1. 规划内容

风景区的旅行游览接待服务设施,是风景区的有机组成部分。各项游务设施配备的直接依据是游人数量。因而,游务设施系统规划的基本内容要从游人与设施现状分析入手,然后分析预测客源市场,并由此选择和确定游人发展规模,进而配备相应的游务设施与服务人口。

旅行游览接待服务设施规划应包括:

① 游人与游务设施现状分析。

② 客源分析预测与游人发展规模的选择。

③ 游务设施配备与直接服务人口的估算。

④ 旅游基地组织与相关基础工程。

⑤ 游务设施系统及其环境分析。

2. 游人现状分析

游人现状分析,应包括游人的规模、结构、递增率、时间和空间分布及其消费状况。

游人现状分析,主要是掌握风景区内的游人情况及其变化态势,既为游人发展规模的确定提供内在依据,也是风景区发展对策和规划布局调控的重要因素。其中,年递增率积累的年代越久、数据越多,其综合参考价值也越高;时间分布主要反映淡、旺季和游览高峰变化;空间分布主要反映风景区内部的吸引力调控;消费状况对设施标准调控和经济效益评估有意义。

3. 设施现状分析

游务设施现状分析,主要是掌握风景区内设规模、类别、等级等状况,找出供需矛盾关系。掌握各项设施与风景及其环境的关系是否协调。它既为设施增减配套和更新换代提供现状依据,也是分析设施与游人关系的重要因素。

游务设施现状分析,应表明供需状况、设施与景观及其环境的相互关系。

4. 客源分析与游人发展规模选择

不同性质的风景区,因其特征、功能和级别的差异,而有不同的游人来源地。其中,还有主要客源地、重要客源地和潜在客源地等区别。客源市场分析的目的,在于更加准确地选择和确定客源市场的发展方向和目标,进而预测、选择和确定游人发展规模和结构。

客源市场分析包括:

首先,要求对各相关客源地游人的数量、结构、空间和时间分布进行分析。包括游人的年龄、性别、职业和文化程度等因素。

第二,分析客源地游人的出游规律或出游行为包括社会、文化、心理和爱好等因素。

第三,分析客源地游人的消费状况,包括收入状况、支出构成和消费习惯等因素。

在上述分析的基础上,依据本风景区的吸引力、发展趋势和发展对策等因素,进而分析和选择客源市场的发展方向和目标,确定主要、重要、潜在等三种客源地,并预测三者相互转化、分期演替的条件和规律。

利用游人统计资料,分别预测本地游人、国内游人、海外游人的变化状态,进而判断、选择、确定合理的游人发展规模和结构。当然。确定的游人发展规划均不得大于相应的游人容量。

在进行客源分析与游人发展规模选择时应符合以下规定:

① 分析客源地的游人数量与结构、时空分布、出游规律、消费状况等。

② 分析客源市场发展方向和发展目标,确定主要、重要、潜在等三种客源地。

③ 预测本地区游人、国内游人、海外游人递增率和旅游收入。

(4)合理的年、日游人发展规模不得大于相应的游人容量。

5. 设施配备

游务设施是风景区旅行游览接待服务设施的总称。这些直接为游人服务的设施项目,经过历史的分化组合,特别是近几十年的演变,可以按其功能与行为习惯,统一归纳为八个类型,即旅行、游览、饮食、住宿、购物、娱乐、保健和其他。

游务设施配备应依据风景区、景区、景点的性质与功能,游人规模与结构,以及用地、淡水、环境等条件,配备相应种类、级别. 规模的设施项目。

① 旅宿床位应是游务的调控指标,必须严格限定其规模和标准,应做到定性、定量、定位、定用地范围,并按下式计算。

床位数 = (平均停留天数×年住宿人数)/(年旅游天数×床位利用率)

218

② 直接服务人员估算应以旅宿床位或饮食服务两类旅游设施为主,其中,床位直接服务人员估算可按下式计算。

$$直接服务人员 = 床位数 \times 直接服务人员与床位数比例$$

(直接服务人 1:3 与床位数比例为 1:10~1:2)

6. 设施单元组织与布局

游务设施要发挥应有的效能,就要有相应的级配结构和合理的单元组织及其布局,并能与风景游赏和居民社会两个职能系统相互协调。据其设施内容、规模大小、等级标准的差异,通常可以组成六级旅游设施基地。其中包括:

(1)服务部

服务部的规模最小,其标志性特点是没有住宿设施,其他设施也比较简单,可以据需要而灵活配置。

(2)旅游点

旅游点的规模虽小,但已开始有住宿设施,其床位常控制在数十个以内,可以满足简易的宿食游购需求。

(3)旅游村或度假村

旅游村或度假村已有比较齐全的行游食宿购娱健等各项设施,其床位常以百计,可以达到规模经营,已需要比较齐全的基础工程与之相配套。旅游村可以独立设置,可以三五集聚而成旅游村群又可以依托在其他城市或村镇。

(4)旅游镇

旅游镇已相当于建制镇的规模,有着比较健全的行、游、食、宿、购、娱、健等各类设施,其床位常在数千以内,并有比较健全的基础工程相配套,也含有相应的居民社会组织因素。旅游镇可以独立设置,也可以依托在其他城镇或为其中的一个镇区。

(5)旅游城

旅游城已相当于县城的规模,有着比较完善的行、游、食、宿、购、娱、健等类设施,其床位规模可以过万,并有比较完善的基础工程配套,所包含的居民社会因素常自成系统。所以旅游城已很少独立设置,常与县城并联或合为一体,也可能成为大城市的卫星城或相对独立的一个区。

(6)旅游市

旅游市已相当于省辖市的规模,有完善的旅游设施和完善的基础工程,其床位可以万计,并有健全的居民社会组织系统及其自我发展的经济实力。它同风景游览欣赏对象的关系也比较复杂。既相互依托,也相互制约。

总之,游务设施布局应采用相对集中与适当分散相结合的原则,应方便游人。利于发挥设施效益,便于经营管理与减少干扰。应依据设施内容、规模、等级、用地条件和景观结构等,分别组成服务部、旅游点、旅游村、旅游镇、旅游城、旅游市六级旅游服务基地,并提出相应的基础工程原则和要求。

7. 旅游基地选择

旅游基地选择应符合以下原则:

① 应有一定的用地规模,既应接近游览对象又应有可靠的隔离。应符合风景保护的规定。

② 严禁将住宿、饮食、购物、娱乐、保健、机动交通等设施布置在有碍景观和影响环境质量的地段。

③ 应具备相应的水、电、能源、环保、抗灾等基础工程条件，靠近交通便捷的地段，依托现有游务设施及城镇设施。

④ 避开有自然灾害和不利于建设的地段。

旅游基地选择的四项原则中，用地规模应与基地的等级规模相适应。这在景观密集而用地紧缺的山地风景区，有时实难做到。因而将被迫缩小或降低设施标准，甚至取消某些设施基地的配置，而用相邻基地的代偿作用补救。

设施基地与游览对象的有效隔离。常以山水地形为主要手段。也可用人工物隔离。或两者兼而用之，并充分估计各自的发展余地同有效隔离的关系。

基础工程条件在陡峻的山地或海岛上难以满足常规需求时，不宜勉强配置旅游基地，宜因地因时制宜，应用其他代偿方法弥补。例如：邻近、临时、流动设施等。

8. 分级配置原则

依风景区的性质、布局和条件的不同，各项游务设施既可配置在各级旅游基地中，也可以配置在所依托的各级居民点中。其总量和级配关系应符合风景区规划的需求，应符合表9-6的规定。

表9-6　游务设施与旅游基地分级配置表

设施类型	设施项目	服务部	旅游点	旅游村	旅游镇	旅游城	备　　　注
旅游	非机动交通	▲	▲	▲	▲	▲	步道、马道、自行车道、存车、修理
	邮电通信	△	△	▲	▲	▲	话亭、邮亭、邮电所、邮电局
	机动车船	×	△	△	▲	▲	车站、车场、码头、油站、道班
	火车站	×	×	×	△	△	对外交通，位于风景区外缘
	机场	×	×	×	×	△	对外交通，位于风景区外缘
游览	导游小品	▲	▲	▲	▲	▲	标志、标示、公告牌、解说图片
	休憩庇护	△	▲	▲	▲	▲	座椅、桌、风雨亭、避难屋、集散点
	环境卫生	△	▲	▲	▲	▲	废弃物箱、公厕、盥洗处、垃圾站
	宣讲咨询	×	△	△	▲	▲	宣讲设施、模型、影院、游人中心
	公安设施	×	△	△	▲	▲	派出所、公安局、消防站、巡警
饮食	饮食点	▲	▲	▲	▲	▲	冷热饮料、乳品、面包、糕点、糖果
	饮食店	△	▲	▲	▲	▲	包括快餐、小吃、野餐、烧烤点
	一般餐厅	×	△	▲	▲	▲	饭馆、饭铺、食堂
	中级餐厅	×	×	△	△	▲	有停车车位
	高级餐厅	×	×	△	△	▲	有停车车位
住宿	简易旅宿点	×	▲	▲	▲	▲	包括野营点、公共卫生间
	一般旅馆	×	△	▲	▲	▲	六级旅馆、团体旅馆
	中级旅馆	×	×	▲	▲	▲	四、五级旅馆
	高级旅馆	×	×	△	△	▲	二、三级旅馆
	豪华旅馆	×	×	△	△	△	一级旅馆

设施类型	设施项目	服务部	旅游点	旅游村	旅游镇	旅游城	备　　注
购物	小卖部、商亭	▲	▲	▲	▲	▲	
	商摊、集市、墟场	×	△	△	▲	▲	集散有时、场地稳定
	商店	×	×	△	▲	▲	包括商业买卖街、步行街
	银行、金融	×	×	△	△	▲	储蓄所、银行
	大型综合商场	×	×	×	△	▲	
娱乐	文博展览	×	△	△	▲	▲	文化、图书、博物、科技、展览等馆
	艺术表演	×	△	△	△	▲	影剧院、音乐厅、杂技场、表演场
	游乐娱乐	×	×	△	△	▲	游乐场、歌舞厅、俱乐部、活动中心
	体育运动	×	×	△	△	▲	室内外各类体育活动健身竞赛场地
	其他游娱文体	×	×	×	△	△	其他游娱文体台站团体训练基地
保健	门诊所	△	△	▲	▲	▲	无床位
	医院	×	×	△	▲	▲	有床位
	救护站	×	×	△	▲	▲	无床位
	休养度假	×	×	△	△	▲	有床位
	疗养	×	×	△	△	▲	有床位
其他	审美欣赏	▲	▲	▲	▲	▲	景观、寄情、鉴赏、小品类设施
	科技教育	△	△	▲	▲	▲	观测、试验、科教、纪念设施
	社会民俗	×	△	△	△	▲	民俗、节庆、乡土设施
	宗教礼仪	×	×	△	△	△	宗教设施、坛庙堂祠、社交礼制设施
	宜配新项目	×	×	△	△	△	演化中的德、智、体技能和功能设施

注：▲须配置；△可配置；×不配置。

9.2.6　风景名胜区生态保护与环境管理

风景名胜区具有重要的科学和生态价值。随着城市化和工业化进程的日益加快和自然生态环境冲突的加剧，风景名胜区的生态保育功能更加凸现出其重要性。风景名胜区的生态保护和环境管理是风景区规划的关键内容。

1. 分类保护

在生态保护规划中，最常用的规划和管理方法是分类保护和分级保护。分类保护是依据保护对象的种类及其属性特征，并按土地利用方式来划分出相应类别的保护区。在同一个类型的保护区内，其保护原则和措施基本一致，便于识别和管理，便于和其他规划分区相衔接。

风景保护的分类主要包括：生态保护区、自然景观保护区、史迹保护区、风景恢复区、风景游览区和发展控制区等，并应符合下述规定。

（1）生态保护区的划分与保护规定

1）对风景区内有科学研究价值或其他保存价值的生物种群及其环境，应划出一定的空间范围作为生态保护区。

2）在生态保护区内，可以配置必要的研究和安全防护性设施，应禁止游人进入，不得搞任何建筑设施，严禁机动交通及其设施进入。

（2）自然景观保护区的划分与保护规定

1）对需要严格限制开发行为的特殊天然景源和景观,应划出一定的范围与空间作为自然景观保护区。

2）在自然景观保护区内,可以配置必要的步行游览和安全防护设施,宜控制游人进入,不得安排与其无关的人为设施,严禁机动交通及其设施进入。

（3）史迹保护区的划分与保护规定

1）在风景区内各级文物和有价值的历代史迹遗址的周围,应划出一定的范围与空间作为史迹保护区。

2）在史迹保护区内,可以安置必要的步行游览和安全防护设施,宜控制游人进入,不得安排旅宿床位,严禁增设与其无关的人为设施,严禁机动交通及其设施进入,严禁任何不利于保护的因素进入。

（4）风景恢复区的划分与保护规定

1）对风景区内需要重点恢复、培育、抚育、涵养、保持的对象与地区,例如森林与植被、水源与水土、浅海及水域生物、珍稀濒危生物、岩溶发育条件等,宜划出一定的范围与空间作为风景恢复区。

2）在风景恢复区内,可以采用必要技术措施与设施,应分别限制游人和居民活动,不得安排与其无关的项目与设施,严禁对其不利的活动。

（5）风景游览区的划分与保护规定

1）对风景区的景物、景点、景群、景区等各级风景结构单元和风景游赏对象集中地,可以划出一定的空间范围作为风景游览区。

2）在风景游览区内,可以进行适度的资源利用行为,适宜安排各种游览欣赏项目,应分级限制机动交通及旅游设施的配置,分级限制居民活动进入。

（6）发展控制区的划分与保护规定

1）在风景区范围内,对上述五类保护区以外的用地与水面及其他各项用地,均应划为发展控制区。

2）在发展控制区内,可以准许原有土地利用方式与形态,可以安排同风景区性质与容量相一致的各项旅游设施及基地,可以安排有序的生产、经营管理等设施,应分别控制各项设施的内容与规模。

2. 分级保护

在生态保护规划中,分级保护也是常用的规划和管理方法。这是以保护对象的价值和级别特征为主要依据,结合土地利用方式而划分出相应级别的保护区。在同一级别保护区内,其保护原则和措施应基本一致。风景保护的分级主要包括特级保护区、一级保护区、二级保护区和三级保护区等。其中,特别保护区也称科学保护区,相当于我国自然保护区的核心区,也类似分类保护中的生态保护区。

（1）特级保护区的划分与保护规定

1）风景区内的自然保护核心区以及其他不应进入游人的区域应划为特级保护区。

2）特级保护区应以自然地形地物为分界线,其外围应有较好的缓冲条件,在区内不得搞任何建筑设施。

（2）一级保护区的划分与保护规定

1）在一级景点和景物周围应划出一定范围与空间作为一级保护区,宜以一级景点的视域

222

范围作为主要划分依据。

2）一级保护区内可以安置必须的步行游赏道路和相关设施，严禁建设与风景无关的设施，不得安排旅宿床位，机动交通工具不得进入此区。

（3）二级保护区的划分与保护规定

1）在景区范围内，以及景区范围之外的非一级景点和景物周围应划为二级保护区。

2）二级保护区内须谨慎安排接待设施，必须限制与风景游赏无关的建设，应限制机动交通工具进入本区。

（4）三级保护区的划分与保护规定

1）在风景区范围内，对以上各级保护区之外的地区应划为三级保护区。

2）在三级保护区内，应有序控制各项建设与设施，并应与风景环境相协调。

分类保护和分级保护这两种方法在风景区规划中都得到广泛应用，但其侧重点和特点有所不同。分类保护强调保护对象的种类和属性特点，突出其分区和培育作用；分级保护强调保护对象的价值和级别特点，突出其分级作用。

在实际的规划工作中，应针对风景区的具体情况、保护对象的级别、风景区所在地域的条件，选择分类或分级保护方法，或者以一种为主另一种为辅结合使用，形成综合分区，使保护培育、开发利用、经营管理三者有机结合。

3. 环境容量与环境管理

（1）环境容量的概念与分类

早在1838年，环境容量的概念就出现于生态学领域，后被应用于人口、环境等许多领域。1971年，里蒙（Lim）和史迪科（Stankey）提出，游憩环境容量是指某一地区在一定时间内，维持一定水准给旅游者使用，而不破坏环境和影响游客体验的利用强度。

风景区的环境容量，是与风景保护和利用有关的一些具体容量概念的总称。根据这些容量的性质，可以划分出以下几个容量类型。

1）心理容量。游人在某一地域从事游憩活动时，在不降低活动质量的前提下，地域所能容纳的游憩活动的最大量，也称为感知容量。

2）资源容量。保持风景资源质量的前提下，一定时间内风景资源所能容纳的旅游活动量。

3）生态容量。在一定的时间内，保证自然生态环境不至于退化的前提下。风景区所能容纳的旅游活动量。其大小取决于自然生态环境净化与吸收污染物的能力，以及在一定时间内每个游人产生的污染量。

4）设施容量。一定时间一定区域范围内，基础设施与游览服务设施的容纳能力。

5）社会容量。当地居民社区可以承受的游人数量。这主要取决于当地社区的人口构成、宗教信仰、民情风俗、生活方式等社会人文因素。

容量不是固定的数值，而是根据条件的变化而不断变化的。其中，设施容量、社会容量、感知容量等变化较快，而资源容量、生态容量变化较慢。另外，游憩活动的特性对容量具有一定的影响，尤其是对于资源容量、生态容量具有非常关键的影响。

（2）资源容量和心理容量的测算

资源容量主要取决于基本空间标准和资源空间规模。

根据环境心理学理论，个人空间受到三个方面影响：活动性质与活动场所的特性、个人的社会经济属性、人际因素。其中,游憩活动的性质和类型是决定基本空间标准的关键。基本空间标准的制定主要来自于长期经验积累或者专项研究结果。表9-7所列的基本空间标准可供参考。

表9-7　基本空间参考标准

用　地　类　型	允　许　容　量　和　用　地　指　标	
	（人/公顷）	（m²/人）
针叶林地	2～3	3300～5000
阔叶林地	4～8	1250～2500
森林公园	小于20	大于500
疏林草地	20～25	400～500
草地公园	小于70	大于140
城镇公园	30～200	5～330
专用浴场	小于500	大于20
浴场水域	1000～2000	10～20
浴场沙滩	1000～2000	5～10

按照环境心理学,个人空间的值也等于基本空间标准,即游人平均满足程度最大的值。其计算公式可以表达为:

$$C = A/A_0 \cdot T/T_0$$

式中　A——空间规模;

　　　A_0——基本空间标准;

　　　T——每日开放时间;

　　　T_0——人均每次利用时间。

在实际的规划工作中,资源容量的测算方法主要有三种:面积法、线路法、卡口法。卡口法适用于溶洞类及通往景区、景点必须对游客量具有限制因素的卡口要道;线路法适用于游人只能沿某通道游览观光的地段;游人可进入游览的面积空间,均可采取面积法。

上述三种计算方法常根据实际情况,组合使用。通常采用的计算指标和具体方法如下:

① 线路法:以每个游人所占平均道路面积计,5～10m²/人。

② 面积法:以每个游人所占平均游览面积计。其中:

主景景点:50～100m²/人(景点面积)。

一般景点:10～100m²/人(景点面积)。

浴场海域:10～20m²/人(海拔0～－2米以内水面)。

浴场沙滩:5～10m²/人(海拔0～＋2米以内沙滩)。

③ 卡口法:实测卡口处单位时间内通过的合理游人量。单位以"人次/单位时间"表示。

（3）生态容量的测算

生态容量的测算,必须把握住生态环境中的关键因子。根据生态学的知识,在一定的生态环境中,不同的环境因子,其脆弱性不同,基于其承载力的生态环境阈值也不相同。计算每一种环境因子承载力的生态环境阈值,过于复杂。风景区内的某些关键性的局部、位置和空间联系,对维护或控制某种生态过程有着异常重要的意义。在生态容量测算中,需要抓住这些起关键作用的环境因子,计算其生态环境阈值,从而得出总体生态环境的容量值。例如,在很多山

224

岳型的风景名胜区,水资源往往是环境中最关键最脆弱的因子,对这类风景区的水资源的生态环境阈值进行研究,可得到相应的生态容量值。

(4) 设施容量的测算

设施容量主要取决于设施的规模,在风景区中,住宿接待设施和餐饮设施等的规模,是其他服务设施配置的关键依据。

(5) 风景名胜区的容量

风景名胜区的容量,由资源容量、生态容量、设施容量等各种容量中的较小数值来确定。一般而言,起决定作用的往往是资源容量和设施容量。

(6) 容量方法的局限性

容量方法从根本上来说,是一个复杂的概念体系,而不是简单的应用工具。各种容量的确定涉及很多因素,而这些因素本身是不断变化的。在这样的情况下,如果局限于计算出精确的容量数字,用于规划和管理,往往难以成功。

容量的确定很大程度上依赖于各种基本空间标准的确定,需要大量的经验数据支持。而在实际应用中,还需要根据具体地域特点,进行修正调整。

容量从本质上来说,是一种极限的活动量。它包括两个方面:游人数量以及游人的活动。其中,游人活动的性质与强度对于环境的影响非常关键。即使是在游客人数相同的情况下,不同的游客行为、小组规模、游客素质、资源状况、时间和空间等因素对资源环境的影响也会有很大的区别。然而,在具体的研究与应用中,一般都把容量等同于游人数量,严重忽视了游人的活动性质与强度,从而产生误差。

4. LAC 理论

环境容量提出了"极限"这一概念,即任何一个环境都存在一个承载力的极限。但是,这一极限并不能局限于游客数量的极限,考虑到游人的活动性质与强度千差万别,问题可以转化为环境受到影响的极限。

针对容量方法的不足,有关学者提出并发展了 LAC(Limits of Acceptable Change)理论。史迪科 1980 年提出了解决环境容量问题的三个原则:第一,首要关注点应放在控制环境影响方面,而不是控制游客人数方面。第二,应该淡化对游客人数的管理,只有在非直接的方法行不通时,再来控制游客人数。第三,准确的环境监测指标数据是必需的,这样可以避免规划的偶然性和假定性。如果允许一个地区开展旅游活动,那么资源状况下降就是不可避免的,关键是要为可容忍的环境改变设定一个极限,当一个地区的资源状况到达预先设定的极限值时,必须采取措施,以阻止进一步的环境变化。

9.2.7 风景名胜区基础工程规划

1. 规划内容

由于风景区的地理位置和环境条件十分丰富,因而所涉及的基础工程项目也异常复杂,各种形式的交通运输、道路桥梁、邮电通信、给水排水、电力热力、燃气燃料、太阳能、风能、沼气、潮汐能、水力水利、防洪防火、环保环卫、防震减灾、人防军事和地下工程等数十种基础工程均可直接遇到。同时,其中大多数已有各自专业的国家或行业技术标准与规范。基于上述情况,风景区规划中的基础工程专项规划,应有三项原则:

① 规划项目选择要适合风景区的实际需求。

② 各项规划的内容和深度及技术标准应与风景区规划的阶段要求相适应。

③ 各项规划之间应在风景区的具体环境和条件中协调起来。

为此,本规范选择应用最多、必要性最强、并需先期普及的四项基础工程,作为风景区规划中应提供的配套规划,并对四项规划的基本内容作了规定。又对四项规划作了特定技术要求。以适应风景区环境的特定需要,当然,除此仍应以本专业的技术规范为准。

所以,风景区基础工程规划,应包括交通道路、邮电通信、给水排水、供电能源等内容。根据实际需要,还可进行防洪、防火、抗灾、环保、环卫等工程规划。

2. 规划原则

风景区基础工程规划,应符合下列规定。

① 符合风景区保护、利用、管理的要求。

② 同风景区的特征、功能、级别和分区相适应,不得损坏景源、景观和风景环境。

③ 要确定合理的配套发展目标和布局,并进行综合协调。

④ 对需要安排的各项工程设施的选址和布局提出控制性建设要求;

⑤ 对于大型工程或干扰性较大的工程项目及其规划,应进行专项景观论证、生态与环境敏感性分析,并提交环境影响评价报告。

在风景区的基础工程规划中,一些大型工程或干扰性较大的工程项目常常引起各方关注和争议。例如铁路、公路、桥梁、索道等交通运输工程,水库、水坝、水渠、水电、河闸等水利、水电、水运工程。这些工程有时直接威胁景源的存亡,有时引起景物和景观的破坏与损伤,有时引起游赏方式和内容的丧失,有时引起环境质量和生态的破坏,有时引起民族与文化精神创伤。因此,对这类工程和项目,必须进行专项景观论证和敏感性分析,提交环境影响评价报告。

3. 交通规划

风景区交通规划的内外要求相差甚远,因而才有"旅要快、游要慢"、"旅要便捷、游要委婉"之类概括的说法。

风景区对外交通,是为了使客流和货流快捷流通,因而要求快速便捷,这个原则在到达风景区入口或边界时即行终止。当然,有时从交通规划本身需要出发又可将其分为两段,即对外交通和中继交通;但就风景区简而言之,其外界交通的基本要求是一致的。

风景区内部交通,虽然也要解决客货流运输任务,然而,它还兼有客流游览的任务。而且在多数情况下,客、货流难以分开,客流的游览意义一般大于货流的运输意义,因而内部交通要求方便可靠和适合风景区特点。在流量上要与游人容量相协调,在流向上要沟通主要集散地。交通方式或工具要适合景观要求,输送速度要考虑游赏需要,交通网络要适应风景区整体布局的需求并与风景区特点相适应。

所以,风景区交通规划,应分为对外交通和对内交通两方面内容。应进行各类交通流量和设施的调查、分析、预测,提出各类交通存在的问题及其解决措施等内容。

① 对外交通应要求快速便捷,布置于风景区以外或边缘地区。

② 内部交通应具有方便可靠和适合风景区特点,并形成合理的网络系统。

③ 对内部交通的水、陆、空等机动交通的种类选择、交通流量、线路走向、场站码头及其配套设施,均应提出明确而有效的控制要求和措施。

4. 道路规划

风景区道路规划,应在交通网络规划的基础上形成路网规划,并依据各种道路的使用任务和性质,选择和确定道路等级要求。进而合理利用现有地形,正确运用道路标准,进行道路线路规划设计。

在路网规划、道路等级和线路选择三个主要环节中,既要满足使用任务和性质的要求,又要合理利用地形,避免深挖高填,不得损伤地貌、景源、景物、景观,并要同当地风景环境融为一体。

风景区道路规划,应符合以下规定:

① 合理利用地形,因地制宜地选线,同当地景观和环境相配合。

② 对景观敏感地段,应用直观透视演示法进行检验,提出相应的景观控制要求。

③ 不得因追求某种道路等级标准而损伤景源与地貌,不得损坏景物和景观。

⑤ 应避免深挖高填,因道路通过而形成的竖向创伤面的高度和竖向砌筑面的高度,均不得大于道路宽度,并应对创伤面提出恢复性补救措施。

5. 邮电通信

风景区邮电通信规划,需要遵循两个基本原则:一是风景区的性质和规模及其规划布局的多种需求;二是迅速、准确、安全、方便等邮电服务要求。其中,国家级风景名胜区要求配备同海外联系的现代化邮电通信设施,各级风景区均应配备同国内联系的邮电通信设施;同时,人口规模和用地规模及其规划布局的差异,对邮电通信规划的需求也不相同,应依据风景区规划布局和服务半径、服务人口、业务收入等基本因素,分别配置相应的一、二、三等邮电局、所,并形成邮电服务网点和信息传递系统。邮电通信规划,应提供风景区内外通信设施的容量、线路及布局,并应符合以下规定:

① 各级风景区均配备能与国内联系的通信设施。

② 国家级风景名胜区还应配备能与海外联系的现代化通信设施。

③ 在景点范围内,不得安排架空电线穿过,宜采用隐蔽工程。

6. 给水排水

风景区的给水排水规划,需要正确处理生活游憩用水(饮用水质)、工业和交通(生产)用水、农林(灌溉)用水之间的关系,满足风景区生活和经济发展的需求,有效控制和净化污水,保障相关设施的社会、经济和生态效益。

在水资源分析和给水排水条件分析的基础上,实施用地评价分区,划分出良好、较好和不良等三级地段。

在分析水源、地形、规划要求等因素基础上,按三种基本用水类型预测供水量和排水量。包括:

① 生活用水包括浇灌和消防用水在内。

② 工业和交通生产用水,依据生产工艺要求确定。

③ 农林灌溉用水,包括畜牧草场的需求。

为了保障景点景区的景观质量和用地效能,不应在其中布置大体量的给水和污水处理设施;为方便这些设施的维护管理,将其布置在居民村镇附近是易于处理的。

风景区给水排水规划。应包括现状分析、给水排水量预测、水源地选择与配套设施、给水排水系统组织、污染源预测及污水处理措施、工程投资匡算。给水排水设施布局还应符合以下规定:

① 在景点和景区范围内,不得布置暴露于地表的大体量给水和污水处理设施。

② 在旅游村镇和居民村镇宜采用集中给水排水系统,主要给水设施和污水处理设施可安排在居民村镇及其附近。

7. 供电能源

风景区的供电和能源规划,在人口密度较高和经济社会因素发达的地区,应以供电规划为主,并纳入所在地域的电网规划。在人口密度较低和经济社会因素不发达并远离电力网的地区,可考虑其他能源渠道,例如:风能、地热、沼气、水能、太阳能、潮汐能等。

风景区供电规划,应提供供电及能源现状分析、负荷预测、供电电源点和电网规划三项基本内容,并应符合以下规定:

① 在景点和景区内不得安排高压电缆和架空电线穿过。

② 在景点和景区内不得布置大型供电设施。

③ 主要供电设施宜布置于居民村镇及其附近。

8. 供水供电及床位用地标准

由于我国风景区的区位差异较大,在具体规划时,可根据当地气候、生活习惯、设施类型级别及其他足以影响定额的因素来确定供水、供电及床位用地标准。

风景区内供水、供电及床位用地标准,应在表9-8中选用,并以下限标准为主。

表 9-8　供水、供电及床位用地标准

类　别	供水/(L/床·d)	供电/(W/床)	用地/(m²/床)	备　注
简易宿点	50～100	50～100	50以下	公用卫生间
一般旅馆	100～200	100～200	50～100	六级旅馆
中级旅馆	200～400	200～400	100～200	四、五级旅馆
高级旅馆	400～500	400～1000	200～400	二、三级旅馆
豪华旅馆	500以上	1000以上	300以上	一级旅馆
居民	60～150	100～500	50～150	
散客	10～30			

9.3　森林公园简介

9.3.1　森林公园的概念

森林公园是指以自然森林为主构成各种自然景观和气候特征,供人们进行旅游观赏、避暑疗养、科学研究、文化娱乐、艺术美育、军事体育等活动,对改善人类环境、促进生产、科研、文化、教育、卫生等事业的发展起着重要作用的大型旅游区和室外空间。森林公园是一种以森林景观为主体、融合其他自然景观和人文景观的生态型郊野公园。森林公园与风景名胜区在性质、任务上并无本质上的区别,我国大片森林也是风景区和风景名胜区,风景区中也往往具有自然森林和人工森林,有些森林公园是由国营林场或苗圃等改建而成,同时承担着森林抚育及森林采伐的任务。

9.3.2　森林公园的功能

目前世界各地的森林资源正日趋减少,人类的生存环境正在受到威胁。面对这种情况,各国的林业工作者正在做出积极努力,一方面采取各种措施大力保护森林,另一方面寻求合理利用森林资源的途径,使森林尽可能产生多的效益。森林作为一种自然资源,它不仅能为社会提供木材和林副产品,而且还具有多种功能,尤其是在防止污染、保护和美化环境方面更为突出。森林中风景秀丽、气候宜人,一些针叶林中含有大量的负离子,能消除人们的精神疲劳,促进新陈代谢,提高人体的免疫能力,一些植物的芳香物质可以杀菌和治疗某些疾病。森林美丽、幽静的环境给人以美的遐想、精神享受、性情陶冶,森林中千姿百态的大自然生物景观可以激发人的想象力和创造力。所以,森林不仅有益于人们的身心健康,丰富人们的精神生活,而且发展森林旅游业是一项繁荣经济的有效措施。

9.3.3 森林公园、风景名胜区及自然保护区三者的关系

① 就我国森林公园性质而言,是以森林自然景观为主体,兼融了部分人文景观,并利用森林环境向人们提供旅游服务的特定生态区域,虽然它的管理目标是开发旅游,但这种旅游是一种生态旅游,是以保护和持续利用森林自然景观为前提,在客观和主观上都有自然保护的性质。因此,它应属于自然保护区范畴。不仅如此,我国众多的风景名胜区中也有许多是以自然景观为主体。有些风景名胜区虽然包含了相当多的人文社会成分,但也包含了明显的自然背景,上述这些风景名胜区也都属于自然保护区范畴。

② 目前全国就地保护设施主要有自然保护区、森林公园和风景名胜区三个体系,这三个体系在建立、审批和管理上都有各自的特点,并都拥有一定的基础。根据国家现有规定,自然保护区的建立由省级以上人民政府批准;森林公园的建立、审批和管理归属各级人民政府的林业行政主管部门;风景名胜区由各级人民政府划定,由城建园林部门管理。

③ 自然保护区、森林公园和风景名胜区都对保护我国自然环境和生物多样性做出巨大贡献。它们三者之间相辅相成,各有优势。

从管理目标看,自然保护区以绝对保护为主,承担的保护任务最重;而森林公园和风景名胜区以保护和开发旅游并重。

从保护对象看,自然保护区的科学意义较大,景观的自然性最强。森林公园和风景名胜区则融自然、社会及人文景观于一体。

从管理要求看,自然保护区和风景名胜区必须由各级人民政府批准建立,需解决机构、编制和经费等问题,审批程序复杂;而森林公园是由各级政府的林业行政主管部门批准建立,机构和人员是在部门内部调配,建立、审批的灵活性强。

从现有经济效益看,自然保护区内资源开发受到限制,旅游开发仅限于实验区;而森林公园和风景名胜区旅游收益较大。

从现有规模来看,自然保护区面积最大,占国土面积的6.8%;风景名胜区占国土面积的1%;森林公园仅占0.3%。

从发展趋势和潜力来看,自然保护区和风景名胜区已达稳定发展阶段;而森林公园正处于蓬勃发展阶段,相对于我国丰富的森林旅游资源来看,其发展潜力很大。

9.3.4 森林公园的类型

我国地域辽阔,地形地貌复杂,从南到北跨越热带、亚热带、暖温带、温带和寒温带五个气候带,从东到西横跨平原、丘陵、台地、高原和山地等多种地貌类型,海拔高差达8 000多米,不同的气候、地貌和水热组合条件,孕育了极丰富的森林生态景观系统和动植物资源类型。为了便于管理经营和规划建设,可以根据等级、规模、区位、景观等基本特征,从不同角度对森林公园进行类型划分(表9-9)。

表 9-9　我国森林公园的类型划分

分类标准	主要类型	基本特点
按管理级别分类	国家级森林公园	森林景观特别优美,人文景物比较集中,观赏、科学、文化价值高,地理位置特殊,具有一定的区域代表性,旅游服务设施齐全,有较高的知名度,并经国家林业局批准
	省级森林公园	森林景观优美,人文景物相对集中,观赏、科学、文化价值较高,在本行政区内具有代表性,具备必要的旅游服务设施,有一定的知名度,并经省级林业行政主管部门批准
	市、县级森林公园	森林景观有特色,景点景物有一定的观赏、科学、文化价值,在当地有一定的知名度,并经市、县林业行政主管部门批准
按地貌景观分类	山岳型	以奇峰怪石等山体为主
	江湖型	以江河、湖泊等水体景观为主
	海岸-岛屿型	以海岸、岛屿风光为主
	沙漠型	以沙地、沙漠景观为主
	火山型	以火山遗迹为主
	冰川型	以冰川景观为特色
	洞穴型	以溶洞或岩洞型景观为特色
	草原型	以草原景观为主
	瀑布型	以瀑布风光为主
	温泉型	以温泉为特色
按经营规模分类	特大型森林公园	面积6万公顷以上
	大型森林公园	面积2~6万公顷
	中型森林公园	面积0.6~2万公顷
	小型森林公园	面积0.6万公顷以下
按区位特征分类	城市型森林公园	位于城市的市区或其边沿的森林公园
	近郊型森林公园	位于城市近郊区,一般距离市中心20km以内
	郊野型森林公园	位于城市远郊县区,一般距离市区20~500km
	山野型森林公园	地理位置远离城市

9.3.5　森林公园风景资源评价

森林风景资源(forest landscape resource)是指,森林资源及其环境要素中凡能对旅游者产生吸引力,可以为旅游业所开发利用,并可产生相应的社会效益、经济效益和环境效益的各种物质和因素。

为了客观、全面、正确地反映森林公园的景观资源状况及其开发利用价值,合理确定开发利用时序,需要对森林公园进行全面、翔实的风景资源调查和评价。

1. 森林公园风景资源的类型

根据森林风景资源的景观特征和赋存环境,可以划分为五个主要类型(图9-4)。

(1)地文资源

包括典型地质构造、标准地层剖面、生物化石点、自然灾变遗迹、火山熔岩景观、蚀余景观、奇特与象形山石、沙(砾石)地、沙(砾石)滩、岛屿、洞穴及其他地文景观。

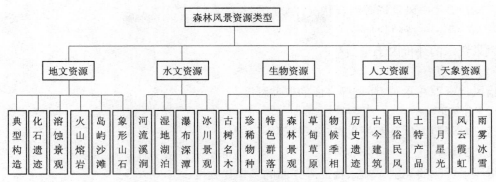

图 9-4　森林风景资源分类图

（2）水文资源

包括风景河段、漂流河段、湖泊、瀑布、泉、冰川及其他水文景观。

（3）生物资源

包括各种自然或人工栽植的森林、草原、草甸、古树名木、奇花异草等植物景观；野生或人工培育的动物及其他生物资源及景观。

（4）人文资源

包括历史古迹、古今建筑、社会风情、地方产品及其他人文景观。

（5）天象资源

包括雪景、雨景、云海、朝晖、夕阳、佛光、蜃景、极光、雾凇及其他天象景观。

2. 森林公园风景资源的质量评价（图 9-5）

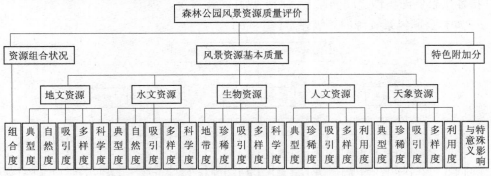

图 9-5　森林公园风景资源质量评价体系图

森林公园风景资源质量的评价采取分层多重因子评价方法。风景资源质量主要取决于三个方面：风景资源的基本质量、资源组合状况、特色附加分。其中，风景资源的基本质量按照资源类型分别选取评价因子进行加权评分获得分数。风景资源组合状况评价则主要用资源的组合度进行测算。特色附加分按照资源的单项要素在国内外具有的重要影响或特殊意义计算分数。

森林公园风景资源质量评价的计算公式：

$$M = B + Z + T$$

式中　M——森林公园风景资源质量评价分值；

　　　B——风景资源基本质量评分值；

231

Z——风景资源组合状况评分值；

T——特色附加分。

风景资源的评价因子包括：

（1）典型度

指风景资源在景观、环境等方面的典型程度。

（2）自然度

指风景资源主体及所处生态环境的保全程度。

（3）多样度

指风景资源的类别、形态、特征等方面的多样化程度。

（4）科学度

指风景资源在科普教育、科学研究等方面的价值。

（5）利用度

指风景资源开展旅游活动的难易程度和生态环境的承受能力。

（6）吸引度

指风景资源对旅游者的吸引程度。

（7）地带度

指生物资源水平地带性和垂直地带性分布的典型特征程度。

（8）珍稀度

指风景资源含有国家重点保护动植物、文物各级别的类别、数量等方面的独特程度。

（9）组合度

指各风景资源类型之间的联系、补充、烘托等相互关系程度。

3. 森林公园风景资源的等级评定（图9-6）

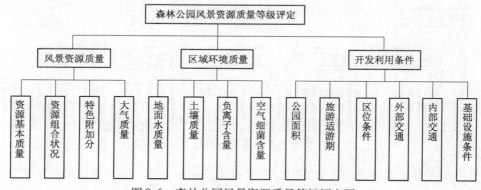

图9-6　森林公园风景资源质量等级评定图

（1）基本公式

森林公园风景资源的等级评定根据三个方面来确定：风景资源质量、区域环境质量、旅游开发利用条件。其中风景资源质量总分30分，区域环境质量和旅游开发利用条件各占10分，满分为50分。计算公式为：

$$N = M + H + L$$

式中　N——森林公园风景资源质量等级评定分值；

232

M——森林风景资源质量评价分值；

H——森林公园区域环境质量评价分值；

L——森林公园旅游开发利用条件评价分值。

（2）森林公园区域环境质量

森林公园区域环境质量评价的主要指标包括：大气质量、地表水质量、土壤质量、负离子含量、空气细菌含量等。其评价分值（H）计算由各项指标评分值累加获得。

（3）森林公园旅游开发利用条件

森林公园旅游开发利用条件评价指标主要包括：公园面积、旅游适游期、区位条件、外部交通、内部交通、基础设施条件。其评价得分（L）按开发利用条件各指标进行评价获得。

（4）森林公园风景资源等级评定

按照评价的总得分，森林公园风景资源质量等级划分为三级：

① 一级为 40～50 分，符合一级的森林公园风景资源，多为资源价值和旅游价值高，难以人工再造，应加强保护，制定保全、保存和发展的具体措施。

② 二级为 30～39 分，符合二级的森林公园风景资源，其资源价值和旅游价值较高，应当在保证其可持续发展的前提下，进行科学、合理的开发利用。

③ 三级为 20～29 分，符合三级的森林公园风景资源，在开展风景旅游活动的同时进行风景资源质量和生态环境质量的改造、改善和提高。

④ 三级以下的森林公园风景资源，应首先进行资源的质量和环境的改善。

9.4 森林公园规划

9.4.1 森林公园的规划程序

1. 规划编制程序

森林公园的规划一般也分两个阶段进行编制，首先编制规划大纲，经评议、修改后，作为第二阶段编制总体规划的依据。

2. 规划阶段及主要内容

森林公园的规划工作可分成以下阶段进行。

（1）公园基本情况调查

公园基本情况调查应包含以下几项内容。

1）地理位置

体现森林公园所处位置、地理坐标、与森林公园所在地县（市、区）或主要城市的距离、总面积等。

2）自然条件

① 应体现地质地貌、所属山系、水系及大地貌区、中地貌范围、气候条件、水文条件、土壤条件等。同时应阐明自然条件的特殊性及与森林旅游的内在关系。有条件时，可对上述因子进行分析和测定，以获得定量的指标。

② 应介绍地质年代及地质形成期，大、中地貌生成形式，区域内特殊地貌及生成原因，山体类型、平均坡度及最陡、最缓坡度等，危险地段应特别注明。

③ 生物资源。应体现动物资源与植物资源。分别阐述其类型、所属目、科、属、种及数量、

233

属国家重点保护的种类及数量、属省重点保护的有益或有重要经济价值的动物、森林资源(面积、蓄积量、森林覆盖率、绿化程度等)。

3)社会经济状况

应体现森林公园所在地土地总面积、总人口、产业结构,社会旅游状况,国民生产总值,人均国民生产总值,城镇居民人均可支配收入,农民人均纯收入等指标,当地文化习俗等。

4)交通状况

应体现现有道路里程。道路网密度,与机场、港口、火车站、高速公路连接点、周边大中型城市的距离、现有交通工具以及近期交通状况改善情况。

5)历史沿革

介绍森林公园前身、经营状况、批准机关、批准文号、现行等级、管理方式等。

6)森林公园建设与旅游条件

森林公园建设状况,固定资产投资,现有主要设备;森林公园在当地国民经济中所起的作用及发展前景,森林公园从业人员历年收入情况,近年游客量,现有主要游乐设施及其他旅游要素等。

(2)风景资源质量等级评定

风景资源质量等级评定应包含以下几项内容:

① 资源调查。

② 资源分析。

③ 资源分类,分别进行评价和分级。

(3)总体规划及专项规划

3. 总体规划指导思想及原则

(1)指导思想

在切实保护好森林资源、维护自然生态平衡的前提下,以森林风景资源为基础,以客源市场为导向,以突出自然野趣、粗犷质朴为目标,因地制宜,适度开发,发展生态型、立体式森林旅游项目,逐步提高经济效益、生态效益和社会效益。

(2)基本原则

① 重在保护、突出生态旅游、实现可持续发展的原则。

② 统一规划、布局合理、优势互补、主题突出、特色鲜明的原则。

③ 提高品位、增加内涵、动静结合、雅俗共赏的原则。

④ 建筑物与周围环境相协调而达到有机与完美结合的原则。

4. 总体布局

(1)基本原则

① 总体布局必须全面贯彻有关方针、政策及法规。

② 有利于保护和改善生态环境,妥善处理开发利用与保护、游览与生产、服务与生活等方面间的关系。

③ 从森林公园的全局出发,统一安排;充分合理地利用地域空间,因地制宜地满足森林公园多种功能的需要。

④ 在充分分析各功能区特点及其相互关系的基础上,以游览区为核心,合理组织各功能系统,既要突出各功能区特点,又要注意总体的协调性。使各功能区之间相互配合,协调发展,

构成一个有机的整体。

⑤ 根据游览需要、游客心理,结合森林公园实际情况,对游人服务中心作出规划。游人服务中心面积不得小于 $100m^2$。

⑥ 要有长远观点,为今后发展留有余地。

(2)总体布局

1)景区划分原则:

① 景区划分应维持现有地域单元的相对独立性,生态环境、森林景观、山水空间、人文景观、线状单元的完整性,保持历史文化、社会与区域的连续性,保护、利用、管理的必要性与可行性。

② 注重构造景观效果,注重统一性、差异性和协调性。

③ 分区主体鲜明,特色显著,能有效地调节、控制点、线、面等结构要素的配置关系。

④ 便于游览路线组织和基础服务设施设置,有利于森林公园发展和景区合理开发,使森林公园行政及园务管理便捷、高效。

⑤景区面积计量均应以同精度的地形图的投影面积为准。

2)景区划分原则:

① 根据森林公园规划指导思想、原则、定位及风景资源分布特点及风景资源造景需要划分功能区和景区。

② 景区性质必须依据景区的典型景观特征、游览欣赏特点、资源类型、区位因素以及发展对策与功能确定。

③ 景区性质的表述应体现风景特征、主要功能、景区级别三个方面内容。定性用词应突出重点、准确精练。

9.4.2 森林公园的功能布局

1. 基本原则

根据《森林公园总体设计规范》,森林公园规划设计的指导思想,是以良好的森林生态环境为主体,充分利用森林资源,在已有的基础上进行科学保护、合理布局、适度开发建设,为人们提供旅游度假、休憩、疗养、科学教育、文化娱乐的场所,以开展森林旅游为宗旨,逐步提高经济效益、生态效益和社会效益。

在这个指导思想下,森林公园的规划应遵循下列基本原则:

① 森林公园的规划建设以自然生态保护为前提,遵循开发与保护相结合的原则。在开展森林旅游的同时,重点保护好森林生态环境。

② 森林公园建设应以资源为基础,以市场为导向,其建设规模必须与游客规模相适应。应充分利用原有设施,进行适度建设,切实注重实效。

③ 在充分分析各种功能特点及其相互关系的基础上,以游览区为核心,合理组织各种功能系统,既要突出各功能区特点,又要注意总体的协调性,使各动能区之间相互配合、协调发展,构成一个有机整体。

④ 森林公园应以森林生态环境为主体,突出景观资源特征,充分发挥自身优势,形成独特风格和地方特色。

⑤ 规划要有长远观点,为今后发展留有余地。建设项目的具体实施应突出重点、先易后难、可视条件安排分步实施。

2. 功能布局

森林公园的规划设计,在规模确定、容量测算、景区划分、游线设计、工程规划等方面,与风景名胜区有类同之处,可以参照风景名胜区的方法执行。

森林公园按照功能可以划分为:游览区、宿营区、游乐区、接待服务区、生态保护区、生产经营区、行政管理区、居民生活区等主要分区。这些分区的规划布局,在遵照国家颁布的相关规范准则的基础上,还应满足以下技术要求。

(1)游览区

游览区是以自然景观为对象的游览观光区域,主要用于景点、景区建设。包括森林景观、地形地貌、河流湖泊、天文气象等内容。为了避免旅游量超过环境容量,必须组织合理的游览路线,控制适宜的游人容量,这是游览区规划的关键。在规划时,应尽量减少游览区的道路密度。主要景观景点应布置在游览主线上,以便于游客在尽可能短的时间内观赏到景观精华,同时在部分人流集聚的核心景点附近,应设置一定的疏散缓冲地带。在游览区内应尽量避免建设大体量的建筑物或游乐设施。在不破坏生态环境和保证景观质量的条件下,为了方便游客及充实活动内容,可根据需要在游览区适当设置一定规模的饮食、购物、照相等服务与游艺项目。

(2)宿营区

近年来,野营已经成为森林公园中非常受欢迎的游览活动。宿营区是在森林环境中开展野营、露宿、野炊等活动的用地。

宿营地的选择应主要考虑具有良好环境和景观的场地,宜选择背风向阳的地形,视野开阔、植被良好的环境,周边最好有洁净的泉水。营地位置宜靠近管理区或旅游服务区,以方便交通和卫生设施供给。地形坡度应在10%以下。林地郁闭度在0.6~0.8为佳,其林型特征是疏密相间,既便于宿营,又适宜开展其他游览娱乐活动。

营地的组成包括营盘、车行道、步游道、停车场、卫生设备和供水系统。营地的道路可以分为外部进入道路和内部道路。外部进入道路是联系公园主干路与营区的道路,应尽量便捷。内部道路宜设计为单向环路,在环路上设小路通向各单元,以避免各单元之间相互影响。环路的直径应在60米以上,并保持足够间距。营区内应尽量减少车行道,以避免破坏植被景观。卫生设施应尽量妥善处置污水和垃圾,根据国外经验,在营地设计中,每个营盘在100米半径内设一个厕所,每个厕所供10个营盘的宿营者使用,营盘与厕所的距离不能小于15米。营地的污水应统一处置排放,每个单元设置垃圾箱,以尽量避免对环境产生污染。营地须提供方便的给水设施和烧烤、野餐需要的能源。

在营地的布置中,必须兼顾私密性和公共交往的要求。既保证各单元的相对独立性,减少外界干扰,又要为旅游者提供公共交往和开展群体活动的场所。

(3)游乐区

对于距城市50km之内的近郊森林公园,为弥补景观不足、吸引游客,在条件允许的情况下,需建设大型游乐与体育活动项目时,应单独划分游乐区。游乐区的设置应尽量避免破坏自然环境和景观,拟建的游乐设施应从活动性质、设施规模、建筑体量、色彩、噪声等方面进行慎重考核和妥善安排。各项设施之间必须保持合理的间距。部分游乐设施,如射击场和狩猎场等,必须相对独立布置。

(4)旅游服务区

旅游服务区是森林公园内相对集中建设宾馆、饭店、购物、娱乐、医疗等接待服务项目及其配套设施的地区。各类旅游设施应严格按照规划确定的接待规模进行建设,并与邻近城镇的规划协调,充分利用城镇的服务设施。在规划建设中,应尽量避免出现大型服务设施。

(5)生态保护区

生态保护区是以涵养水源、保持水土、维护公园生态环境为主要功能的区域。生态保护区内应保持原生的自然生态环境,禁止建设人工游乐设施和旅游服务设施,严格限制游客进入此区域的时间、地点和人次。森林公园的保护区可以考虑与科普考察区相结合,以发挥森林公园的科学教育功能。

(6)管理区

管理区是行政管理建设用地,主要建设项目为办公楼、仓库、车库、停车场等。管理区的用地选择应该充分考虑管理的内容和服务半径。一般来说,中心管理区设置在公园入口处比较合理,在一些面积较大的森林公园,也可以考虑与旅游服务区结合布置。

9.4.3 环境容量估算与游客规模预测

1. 环境容量估算

(1)遵循的原则

1)生态效应准则,或称生态"忍耐性"准则。即环境容量不超过风景资源保存和环境质量保护的"忍耐度"。

2)游客需求准则,或称游客"快适性"准则。即各景区均可为游客提供舒适、安全、卫生、便利等旅游需要。

3)经济效率准则,或称经济"盈利性准则"。指在保证旅游资源质量不下降和生态环境不退化的条件下,森林旅游经营者可取得最佳经济效益的要求。

(2)估算方法

1)应分别按景区、景点的可游面积测算日环境容量,并结合旅游季节特点,计算森林公园年环境容量。

2)环境容量一般采用面积法、卡口法、游路法三种测算方法,必须根据现实条件选用或综合运用。

① 面积法。

$$C = A/a \times D$$

式中　C——日环境容量(人次);

A——可游览面积(m);

a——每位游人应占有的合理面积(m);

D——周转率(D = 景点开放时间/游完景点所需时间)。

② 卡口法。

$$C = D \times A = (t_1/t_3) \times A = (H - t_2) \times A/t_3$$

式中　C——日环境容量(人次);

D——日游客批数;

A——每批游客人数(人);

t_1——每天游览时间(h);

t_3——两批游客相距时间(h);

H——每天开放时间(h);

t_2——游完全程所需时间(h)。

③ 游路法。

完全游道：

$$C = M/m \times D$$

不完全游道：

$$C = M \times D/[m + (m \times E/F)]$$

式中　C——日环境容量(人次)；

　　　M——游道全长(m)；

　　　m——每位游客占用合理游道长度(m)；

　　　D——周转率(D = 游道全天开放时间/游完全游道所需时间)；

　　　F——游完全游道所需时间(h)；

　　　E——沿游道返回所需时间(h)。

（3）游客容量

在环境容量测算的基础上,分别按森林公园、景区、景点测算日、年游客容量。

$$G = t \times C/T$$

式中　G——日游客容量(人)；

　　　t——游完某景区或游道所需时间(h)；

　　　T——游客每天游览最舒适合理的时间(h)；

　　　C——日环境容量(人次)。

（4）客源市场分析

① 入境客源市场应分别对台胞、侨胞、港澳同胞及国外游客进行分析。

② 国内客源市场应分别对省内、外,森林公园周边地区主要城市进行分析。

③ 目标客源市场应分别对境外、境内进行分析,其中境内客源市场还应分别对近程、中程、远程作出分析。

④ 了解目标客源市场的发生、发展及变化规律以及各地游客的出游动机、目的和流向。

⑤ 在条件许可的情况下,可开展游客问卷调查,分析和了解游客构成、游客行为、特征、出游动机、出游率、游客爱好及未来发展趋势等。

2. 游客规模预测

1）总体规划前,应对可行性研究提出的游客规模进行核实。

2）根据森林公园所处地理位置、景观吸引能力、森林公园改善后的旅游条件及客源市场需求程度,按年度分别预测国际与国内游客规模。

3）应进行必要的市场调查,掌握有关游客规模的资料。

4）已开展旅游的森林公园游客规模,可在充分分析旅游现状及发展趋势的基础上,按游人增长速度变化规律进行推算;未开展旅游的新建森林公园可参照附近条件类似的森林公园及风景区游客规模变化规律推算,也可根据与游客规模紧密相关诸因素的发展变化趋势预测森林公园的游客规模。

5）在可能的情况下，对旅游高峰期游客规模作出预测。

6）游客容量计算采用以下指标：

① 线路法：以每个游客所占的平均道路面积计，取值 5～10m²/人。

② 以每个游客所占平均游览面积计。其中：

主要景点：50～100m²/人（景点面积）；

一般景点：100～400m²/人（景点面积）；

浴场海域：10～20m²/人（海拔 −2～0m 水面）；

浴场沙滩：5～10m²/人（海拔 0～2m 沙滩）。

③ 卡口法：实测卡口处单位时间内通过的合理游人数，单位以"人次/h"表示。

9.4.4 基础服务设施规划

1. 基本原则

1）森林公园道路、水、电、通信等线路布置，不得破坏景观，同时应符合安全、卫生、节约和便于维修的要求。供电、给水排水、环保、邮政、通信工程等配套设施应设在隐蔽地带。

2）森林公园基础设施工程，应尽量与附近城镇联网，如确有困难，可部分联网或自成体系，并为今后联网创造条件。

3）森林公园内不宜设置架空线路，确需设置时，应符合下列规定：

① 避开中心景区、主要景点和游人密集活动区。

② 不得破坏风景资源或影响原有植被的生长。

4）旅游服务设施应有利于保护景观，便于旅游观光，为游客提供畅通、便捷、安全、舒适、经济的服务条件；森林公园中的建筑和基础设施数量应控制在最低限度。

5）旅游服务设施应满足不同文化层次、职业类型、年龄结构和消费层次游人的需要，使游客各得其所。

6）休憩、服务性建筑物的位置、朝向、高度、体量、空间组合、造型、色彩及其使用功能，应符合下列规定：

① 与地形、地貌、山石、水体、植物等景观要素和自然环境统一协调。

② 建筑物高度一般以不超过林木高度为宜，兼顾观赏和点景作用的建筑物高度和层数应服从景观需要。

③ 亭、廊、花架、敞厅等供游人休憩之处，不采用粗糙饰面材料，也不采用易刮伤肌肤和衣物的构造。

7）服务设施用地不应超过森林公园陆地面积的2%。

8）宾馆、饭店、招待所、休养所、疗养院、游乐场等永久性大型建筑，必须建在游览观光区的外围地带，且不得破坏和影响森林公园景观。

9）森林公园内景观最佳地段，不得设置餐厅及集中的服务设施。

10）休憩、服务设计内容，应体现设施布局，占地面积计算，建筑物位置、等级、高度、体量、风格、造型、色彩及其使用功能的确定等。

2. 接待服务设施规划

1）餐饮设施规划规划要求：

① 餐饮服务点布局，应按游览里程和实际需要加以统筹安排。

② 饮食点建筑物除供游人进餐外，其造型应新颖、独特，并与自然环境相协调。

③ 致力于开发当地绿色食品,形成特色饮食,并注意营造饮食氛围。

④ 餐位需要量 = 日均游客规模 × 用餐率/餐位周转率。

⑤ 餐饮建筑设计,应内外空间互相渗透,室内室外各有情趣,并符合《饮食建筑设计规范》(JGJ 64—89)的规定。

2)住宿设施规划。

住宿设施规划应符合以下原则:

① 根据森林公园地理区位、留宿游客规模、旅游线路组织以及基础设施现状,合理地确定接待服务设施的布局和规模。

② 接待服务设施应有一定的格调,其建设标准应与游客结构相适应,高、中、低档相结合,季节性与永久性相结合,满足不同消费水平游客的需求。

③ 接待服务设施的建设不得破坏森林公园的景观,其体量、造型、色彩等应与周围环境相协调。

④ 接待服务设施的建设,应以为游客服务为宗旨,突出森林公园的特色,游乐及购物应着重体现森林公园的自然野趣和地方特色。

⑤ 接待服务设施宜小不宜大、宜低不宜高、宜隐不宜露、宜疏不宜密,且具有地方特色。

A. 住宿服务应根据游客规模和需求,确定接待房间、床位数量及档次比例,并按照森林旅游业的发展,考虑扩建的可能性;

B. 根据总体布局,确定旅馆和饭店的位置、等级、风格、造型、高度、色彩、密度、面积等;

C. 通过修缮、改造等措施充分合理地利用森林公园现有住宿设施,注重环保,切忌大动土方,大拆大建;

D. 与当地居民合作,适度发展家庭旅馆;家庭旅馆的建筑风格要统一,并具有地方特色;

E. 住宿服务设施设计应符合《旅馆建筑设计规范》(JGJ 62—90)的规定。

3)娱乐:

① 交通便捷、城市近郊的森林公园,可根据实际需要设置游乐区。

② 娱乐设施和项目应体现森林公园的特点,集知识性、趣味性和文明性于一体,力求新、奇、特,并能得到文化艺术的熏陶。

③ 娱乐服务设施和项目建设规模应立足于主要客源的需求与消费水平。力求切合实际。

④ 娱乐服务场所选设,不得破坏森林公园景观和自然环境。

⑤ 娱乐服务设施设计应符合《游乐设施安全规范》(GB 8408—2008)的规定。

4)购物:

① 购物服务设施和消费品生产,应与游客规模和消费水平相适应。

② 购物服务网点布局,应在不破坏自然环境和森林景观的前提下,因地制宜,随需而设,统筹安排。

③ 购物服务网点建筑物宜以临时性、季节性为主,其体量、造型、色彩应与周围环境相协调。

④ 旅游商品应力求体现森林公园的特色、品牌和风格,应小巧玲珑,便于携带,避免雷同。

⑤ 深入挖掘当地特色产品,通过精心设计和创意,形成富有森林公园特色的旅游购物品。

⑥ 旅游商品主要包括日用品、土特产品、工艺品、纪念品和馈赠品等。

5)导游标志:

① 标志牌种类包括广告宣传牌、导游牌、景区与景点介绍牌、动植物介绍牌、界标牌、危险

告示牌、公共及服务设施标识牌、牌匾等。

② 标志牌用于指导方向、表达信息、阐述园规、提示警告等;应采用中、英两种文字说明;公共设施标志应符合《标志用公共信息图形符号》(GB/T 10001)的标准规定。

③ 森林公园境界、出入口、功能区、重要景点、景物、游径端点和险要地段,应设置明显的标志牌,森林公园入口处必须设置大型旅游示意图。

④ 标志牌的色彩和规格,应根据设置地点、揭示内容和具体条件进行设计,并与景观和环境相协调。

⑤ 标志牌制作和设置既与周围环境相协调,又具有欣赏价值。

6)医疗:

① 应按景区建立医疗保健设施,及时救护伤病游客。

② 医疗保健设施和用品,应根据森林公园定位、特点和自然条件因地制宜地配置。主要景区、游览点附近应设有医疗所或有专业医务人员值班。

③ 医疗保健标志以中、英两种文字说明,并符合《标志用公共信息图形符号》(GB/T 10001)的标准规定。

7)应按有关要求设立必要的保卫设备和人员:

保卫人员应统一着装,持证上岗。

8)按有关规定在既隐蔽又便于使用之处设置厕所:

应设残疾人使用的蹲位,厕所服务半径不超过1km。

3. 道路交通规划

(1)原则

① 道路网组织要有利于风景资源保护和旅游路线组织,创造畅通、安全、便捷、舒适、无(低)公害的交通条件。

② 道路网布设应在满足旅游服务的同时,兼顾农业、水利、营林、防火、生产、管理与生活等方面的需要。

③ 充分合理地利用现有道路;新建道路应做好方案比选,达到技术上可行、经济上合理,不占或少占林地和农地。

④ 道路开设应避免穿越有滑坡、塌方、泥石流等不良地质地段;道路线形、走向、绿化及配套设施,力求顺其自然,服从景观要求;凡有碍景观的路段,应因地制宜加以改善;道路线形应尽量自然,避免大填大挖。

⑤ 园内道路可采用多种形式组成网络,并与园外道路合理衔接,沟通内外部联系。有水运条件的地区,可考虑利用水上交通。

⑥ 园内道路所经之处,两侧尽可能做到有景可赏,使游人有步移景异之感,防止单调平淡。

⑦ 应根据森林公园的规模、各功能分区的活动内容、环境容量、运营量、服务性质和管理需要,综合确定道路建设标准和建设密度。

(2)森林公园内主要道路应具有引导游览的作用

通向建筑集中地区的园路应有环行路或回车场地。生产管理专用道路不应与主要游览道路交叉或重叠。

(3)森林公园旅游区应尽量避免地方交通运输公路通过

确需通过时,应在公路两侧设置30～50m宽的防护林带,并在适当位置设生境通道。

第10章 观光农业园(区)规划设计

10.1 观光农业园(区)基础知识

10.1.1 观光农业园(区)概述

观光农业始于第二次世界大战后的欧美国家,后在日本、中国台湾等地充分发展并日趋成熟。已经由最初小规模的观光果园形式发展到今天统一规划的集观光、休闲、娱乐、教育为一体的有组织的观光农业园区、观光农业带,并走向多元化、多层次,发展为规模经营,成为国际旅游业发展的重点之一。

观光农业的兴起改变了传统农业仅专注于土地本身的大耕作农业的单一经营思想,把发展思路拓展到"人地共生"的旅游业与农业结合的理想模式。结合我国农业大国的国情,在农业与旅游业的最佳结合点上做文章,既可促使我国"三高"农业即高产、高质、高效农业和无污染的绿色农业的发展,在一定意义上也迎合了新世纪世界生态旅游发展的大趋势。

1. 观光农业的概念

观光农业是一种以农业和农村为载体的新型旅游业,有狭义和广义两种含义。狭义的观光农业仅指用来满足旅游者观光需求的农业。广义的观光农业应涵盖休闲农业、观赏农业、农村旅游等不同概念,是指在充分利用现有农村空间、农业自然资源和农村人文资源的基础上,通过以旅游内涵为主题的规划、设计与施工,把农业建设、科学管理、农艺展示、农产品加工、农村空间出让及旅游者的广泛参与融为一体,使旅游者充分领略现代新型农业艺术及生态农业的大自然情趣的新型旅游业。

2. 观光农业的功能

观光农业之所以在国内外蓬勃发展,在于它有多方面的功能。

① 健身、休闲、娱乐功能。这是观光农业区别于一般农业的一个最显著的特点。观光农业能为游客提供游憩、疗养的空间和休闲场所,并且通过观光、休闲、娱乐活动,减轻工作及生活上的压力,达到舒畅身心、强健体魄的目的。如南宁绿野生态休闲场就提出:在这里做个快乐农夫,体验"吃农家饭,住农家屋,做农家活,看农家景"的庭院农业以及回归自然的情趣,享受悠闲浪漫的情怀与淳朴农家乐趣的乡土气息。

② 文化教育功能。农业文明、农村风俗人情、农业科技知识以及农业优秀传统是人类精神文明的有机组成部分。观光农业注重农业的教育功能,通过观光农业的开发使这些精神文明得以继承、发展、发扬光大。

③ 生态功能。观光农业比一般的农业更强调农业的生态性,为吸引游客,观光农业区需改善卫生状况,提高环境质量,维护自然生态平衡。

④ 社会功能。观光农业的社会功能主要体现在两个方面:一是农业发展的新形式,经济效益好,对农业生产有示范样板作用,有利于稳定农业生产;二是能够增进城乡接触,缩小差

距,有利于提高农民生活质量,推进城乡一体化进程。

⑤ 经济功能。观光农业获利潜力大,可扩大农村经营范围,增加农村就业机会,提高农民收入,壮大农村经济实力。

10.1.2 观光农业园(区)特征

观光农业园(区)除具有农业的一般特点外,还应具有如下特征:

① 农业科技含量高。当前的观光农业项目建设越来越注重其科技含量,包括生物工程、组织培养室、先进的农业生产设施和旅游设施等。让人们在游览的过程中领略现代高科技农业的魅力。

② 经济效益好。观光农业除了发展基础农业外,可以带动交通、运输、饮食、邮电、加工业、旅游业等相关产业的发展。

③ 内容具有广博性。农业的劳作形式、传统或现代的农用器具、农村的生活习俗、农事节气、民居村寨、民族歌舞、神话传说、庙会集市以及茶艺、竹艺、绘画、雕刻、蚕桑史话等都是农村旅游活动的重要组成部分,也是观光农业可以挖掘的丰富资源和内容。

④ 活动具有季节性。除少数在自控温室内进行生产经营活动外,绝大多数农业旅游活动具有明显的季节性。

⑤ 形式具有地域性。由于不同地域自然条件、农事习俗和文化传统的差异,使得观光农业具有较强的地域差异性。

⑥ 活动内容强调参与性。农事活动具有较强的可参与性,迎合了广大游客在旅游活动中的需求,在观光农业园区的规划设计中应尽可能地设置一些参与性强的项目,如采摘、五月采茶游、撒网捕鱼、喂牛挤奶等。

⑦ 景观表达艺术性。观光农业利用美学的对比、均衡、韵律、统一、调和等手法对农业空间、农业景点进行园林化的布局和规划,整个农业环境都要求符合美学原理,在空间布局、形式表现、内容安排等多方面都具有艺术性。

⑧ 农林产品绿色性。观光农业要求用生态学的原理来指导农业生产,农产品要求符合绿色食品和无公害食品的要求。

⑨ 融观光、休闲、购物于一体。农业旅游活动既能让游人观赏到优美的田园风光,又能满足参与的欲望,最后还能购得自己劳动的成果,使游人玩得开心,购物满意。

⑩ 综合效益高。观光农业以现有的农业资源为基础,略加整修、管理,就可以较好地满足旅游者的需求。农业旅游的经济收益也较其他旅游形式多一个收入层次,既有来自农产品本身的收入,也通过旅游消费带动了农村第三产业的发展,解决了社会就业等方面的问题,具有较高的综合效益。

10.1.3 观光农业园(区)类型

观光农业是把观光旅游与农业结合在一起的一种旅游活动,它的形式和类型很多。常见的分类方法有以下两种:

1. 国际上常用的分类形式

1)观光农园。一般是指在城市近郊或风景区附近开辟特色果园、菜园、茶园、花圃等,让游客入内摘果、拔菜、赏花、采茶,享受田园乐趣。这是国外观光农业最普遍也是最初的一种形式。

2)农业公园。按照公园的经营思路,把农业生产场所、农产品消费场所和休闲旅游场所结合为一体。如日本有一个葡萄园公园,将葡萄园景色的观赏、葡萄的采摘、葡萄制品的品尝以及与葡萄有关的品评、绘画、写作、摄影等活动融为一体。目前大多数农业公园是综合性的,内部包括服务区、景观区、草原区、森林区、水果区、花卉区及活动区等。

3)教育农园。这是兼顾农业生产与科普教育功能的农业经营形态,即利用农园中栽植的作物、饲养的动物以及配备的设施,如特色植物、热带植物、水耕设施、传统农具展示等,进行农业科技示范、生态农业示范,传授游客农业知识。

4)森林公园。森林公园是一个以林木为主,具有多变的地形、开阔的林地、优美的林相和山谷、奇石、溪流等多景观的大农业复合生态系统。以森林风光与其他自然景观为主体,配套一定的服务设施和必要的景观建筑,在适当位置建设有狩猎场、游泳池、垂钓区、露营地、野炊区等,是人们回归自然、休闲、度假、旅游、野营、避暑、科学考察和进行森林浴的理想场所。

5)民俗观光村。在具有地方或民族特色的农村地域,利用其特有的文化或民俗风情,提供可供夜宿的农舍或乡村旅店之类的游憩场所,让游客充分享受浓郁的乡土风情以及别具一格的民间文化和地方习俗。

2. 按照功能定位进行分类

发展观光农业,明确功能定位对于合理确定投资以及配置科学的生产和经营管理方式至关重要。按照现阶段规划和开发观光农业的功能定位可将其分为以下五种类型。

1)多元综合型。功能上集农业研究开发、农产品生产示范、农技培训推广、农业观光旅游和休闲度假为一体。

2)科技示范型。以农业技术开发和示范推广为主要功能,兼具观光旅游功能。

3)高效生产型。以先进技术支撑的农产品综合生产经营为主要功能,兼具旅游观光功能。

4)休闲度假型。具有农林景观和乡村风情特色,以休闲度假为主要功能。

5)游览观光型。以优美又富有特色的农林牧业为基础资源,强化游览观光功能为主要经营方向的农游活动。

10.2 观光农业园(区)规划设计的原则、步骤

10.2.1 观光农业园(区)规划设计原则

(1)因地制宜,营造特色景观

总体规划与资源(包括人文资源与自然资源)利用相结合,因地制宜,充分发挥当地的区域优势,尽量展示当地独特的农业景观。

规划时要熟悉用地范围内的地形地貌和原有道路水系情况,本着因地制宜、节省投资的原则,以现有的区内道路和基本水系为规划基准点,根据现代都市农业园区体系构架、现代农业生产经营和旅游服务的客观需求以及生态化建设要求和项目设置情况,科学规划园区路网、水利和绿化系统,并进行合理的项目与功能分区。

(2)远、近期效益相结合,注重综合效益

将当前效益与长远效益相结合,以可持续发展理论和生态经济学原理来经营,提高经济效益。另外还应充分重视观光农业所带来的其他效应,如生态效应、社会效应等。

（3）尊重自然，以人为本

在充分考虑园区适宜开发度、自然承载能力的前提下，把人的行为心理、环境心理的需要落实于规划设计之中，在设计过程中去发现人的需求、满足人的需求，从而营造一个人与自然和谐共处的环境。

（4）整体规划协调统一，项目设置特色分明

注意综合开发与特色项目相结合，在农业旅游资源开发的同时，突出特色又注重整体的协调。

（5）传统与现代相结合，满足游人多层次的需求

展示乡土气息与营造时代气息相结合，历史传统与时代创新相结合，满足游人的多层次需求。注重对传统民间风俗活动与有时代特色的项目，特别是与农业活动及地方特色相关的旅游服务活动项目的开发和乡村环境的展示。

（6）注重"参与式"项目的设置，激发游人兴趣

强调对游客"参与性"活动项目的开发建设，农业观光园的最大特色是游人通过作为劳动（活动）的主体来体验和感受劳动的艰辛与快乐，并成为园区一景。

（7）以植物造景为主

生态优先，以植物造景为主，根据生态学原理，充分利用绿色植物对环境的调节功能，模拟园区所在区域的自然植被的群落结构，打破狭义植物群落的单一性，运用多种植物造景，体现生物多样性，结合美学中的艺术构图原则，来创造一个体现人与自然双重美的环境。

在尽量不破坏原基地植被及地形的前提下，谨慎地选择和设计植物景观，以充分保留自然风景，表现田园风光和森林景观。

10.2.2 观光农业园（区）规划设计步骤

观光农业园（区）的规划设计步骤如下（图10-1）：

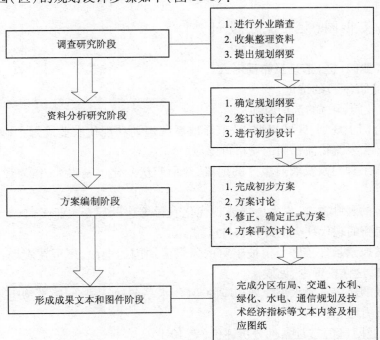

图 10-1 观光农业园（区）的规划步骤

1. 调查研究阶段

1）进行外业踏查，了解农业园（区）的用地情况、区位特点、规划范围等。

2）收集整理资料，进行综合分析。收集与基地有关的自然、历史和农业背景资料，对整个基地与环境状况进行综合分析。

3）提出规划纲要。充分与甲方交换意见，在了解业主的具体要求、愿望的基础上，提出规划纲要，特别是主题定位、功能表达、项目类型、时间期限及经济匡算等。

2. 资料分析研究阶段

1）确定规划纲要。通过与甲方深入地交换意见，确定规划的框架，最终确定规划纲要。

2）签订设计合同。在规划纲要确定以后，业主和规划（设计）方签订正式的合同或协议，明确规划内容、工作程序、完成时间、成果内容。

3）进行初步设计。规划（设计）方再次考察所要规划的项目区，并初步勾画出整个园区的用地规划布置，保证功能合理。

3. 方案编制阶段

1）完成初步方案。规划（设计）方完成方案图件初稿和方案文字稿，形成初步方案。

2）方案论证。业主和规划（设计）方及受邀的其他专家进行讨论、论证。

3）修改、确定正式方案。规划（设计）方根据论证意见修改完善初稿后形成正稿。

4）方案再次论证。主要以业主和规划（设计）两方为主，并邀请行政主管部门或专家再次讨论、论证。

4. 形成成果文本和图件阶段

完成包括规划框架、规划风格、分区布局、交通规划、水利规划、绿化规划、水电规划、通信规划及技术经济指标等文本内容及相应图纸。

10.3　观光农业园（区）规划设计

10.3.1　观光农业园（区）选址及布局形式

1. 观光农业园（区）的选址

（1）观光农业园（区）的选址原则

1）选择符合国土规划、区域规划、城市绿地系统规划和现代农业规划中确定的性质及规模，选择交通方便、人流物流畅通的城市近郊地段。

2）选择宜作工程建设及农业生产的地段，地形起伏变化不是很大，作为观光农业园（区）建设基地。

3）利用原有的名胜古迹、人文历史或现代化农村等建设观光农业园（区），展示农林古老的历史文化或崭新的现代社会主义新农村风貌。

4）选择自然风景条件较好及植被丰富的风景区周围的地段，还可在农场、林地或苗圃的基础上加以改造，这样投资少、见效快。

5）结合地域的经济技术水平规划相应的园区，水平条件不同，园区类型也不同，并且要留出适当的发展备用地。

（2）观光农业园（区）选址条件分析评价（表10-1）。

表 10-1　观光农业园(区)选址条件评价

地　理　条　件	发　展　内　容	发　展　资　源
地势平坦,农业发展水平较高	农业综合园区、园艺场、农业工厂、现代农场	高科技生产设备、果菜工作场所、休闲、参观、科普
靠近自然风景区,农村资源好	农业庄园、观光农业园、农业公园	参与、体验、休闲、度假
地理条件变化多,地势起伏	田园风光	农作场、田园、采摘、体验
海拔较高,部分由森林游乐区衍生	森林游乐区、森林浴场、林场、牧场、度假村	瀑布、河川、露营、生态环境
有湖泊、水面,地势平缓	观光休闲渔场	水产养殖、捕捞、钓鱼、产品展售、海滨
农村历史人文、文化内涵底蕴丰厚	农村历史文化展	农村民宿、农村民俗、农村建筑

2. 观光农业园(区)常见的布局形式

观光农业园(区)的布局形式一般根据观光农业园(区)中的非农业用地,也就是核心区在整个园区所处的位置来划分,常见的布局形式包括以下几种(表 10-2)。

表 10-2　观光农业园(区)常见的布局形式

布局形式	特　　　　　　点
围合式	在农业园(区)规划平面图上,非农业用地呈块状、方形、圆形、不等边三角形设置于整个园区中心,四周被农业用地所包围
中心式	非农业用地位于靠近入口处的中心部位,这种形式方便游人和管理人员使用
放射式	非农业用地位于整个园区一角,整个园的中心还是在农业用地部分
制高式	非农业用地一般位于整个园区地势较高处,也就是制高点上
因地式	将前几种布局形式相结合,结合园区基地的实际情况进行非农业用地的布局

10.3.2　观光农业园(区)的分区规划

观光农业园(区)以农业为载体,属风景园林、旅游、农业等多行业交叉的综合体,观光农业园(区)的规划也借鉴各学科中相应的理论。因我国的农业资源丰富,在进行观光农业园(区)的规划时要有所偏重、有所取舍,做到因地制宜、区别对待。

1. 分区规划的原则

1)根据观光农业园(区)的建设与发展定位,按照服从科学性、弘扬生态性、讲求艺术性以及具有可行性原则进行分区。

2)根据项目类别和用地性质,示范类作物按类别分别置于不同区域且集中连片,既便于生产管理,又可产生不同的季相和特色景观。

3)科技展示性、观赏性和游览性强且需相应设施或基础投入较大的其他种植业项目均可相对集中布局在主入口和核心服务区附近,既便于建设,又利于汇聚人气。

4)经营管理、休闲服务配套建筑用地集中置于主入口处,与主干道相通,便于土地的集中利用、基础设施的有效配置和建设管理的有效进行。

2. 分区规划

典型观光农业园(区)一般可分为生产区、示范区、观光区、管理服务区、休闲配套区。

（1）生产区

生产区是指在观光农业园（区）中主要供农作物生产、园艺生产（包括果树、蔬菜、花卉）、畜牧养殖、森林经营、渔业生产之处，占地面积最大。

位置选择要求：土壤、地形、气候条件较好，并且有灌溉、排水设施的地段，此区一般游人的密度较小，可布置在远离出入口的地方，但与管理区内要有车道相通，内部可设生产性道路，以便于生产和运输。

（2）示范区

示范区是观光农业园（区）中因农业科技示范、生态农业示范、科普示范、新品种新技术的生产示范的需要而设置的区域，此区内可包括管理站、仓库、苗圃苗木等。

位置选择要求：要与城市街道有方便的联系，最好设有专用出入口，不应与游人混杂，与管理区要有车道相通，以便于运输。

（3）观光区

观光区是观光农业园（区）中的闹区，是人流最为集中的地方。一般设有观赏型农田和瓜果园、珍稀动物饲养区、花卉苗圃等，园（区）内的建筑往往较多地设置在这个区内。

位置选择要求：可选在地形多变、周围自然环境较好的地方，让游人身临其境，感受田园风光和自然生机。由于观光区内的群众性观光娱乐活动人流比较集中，因此必须要合理地组织空间，应注意要有足够的道路、广场和生活服务设施。

（4）管理服务区

管理服务区是为观光农业园（区）经营管理而设置的内部专用地区，此区内包括管理、经营、培训、咨询、会议、车库、产品处理厂、生活用房等。

位置选择要求：要与园区外主干道有方便的联系，一般位于大门入口附近，与管理区要有车道相通，以便于运输和消防。

（5）休闲配套区

休闲配套区主要满足游人的一些休闲、娱乐活动。在观光农业园（区）中，为了满足游人休闲需要，在园区中单独划出休闲配套区是很必要的。

位置选择要求：一般应靠近观光区，靠近出入口，并与其他区用地有分隔，保持一定的独立性，内容可包括餐饮、垂钓、烧烤、度假、游乐等，营造一个能使游人深入乡村生活空间、参加体验、实现交流的场所。

表10-3是目前观光农业园（区）分区规划中常见的分区与布局方案。

表 10-3　常见的分区和布局方案

分　区	占规划面积	用地要求	主要内容	功能导向
生产区	40%～50%	土壤、气候条件较好，有灌溉、排水设施	农作物生产区、园艺生产区、畜牧、森林经营区、渔业生产区	让游人认识农业生产的全过程，参与农事活动，体验农业生产的乐趣
示范区	15%～25%	土壤、气候条件较好，有灌溉、排水设施	农业科技示范、生态农业示范、科普示范	以浓缩的典型农业或高科技模式，传授系统的农业知识，增长教益

分　区	占规划面积	用地要求	主要内容	功能导向
观光区	30%～40%	地形多变	观赏型农田和瓜果园;珍稀动物饲养区、花卉苗圃	身临其境,感受田园风光和自然生机
管理服务区	5%～10%	邻园区外主干道	乡村集市、采摘、直销、民间工艺作坊	让游客体验劳动过程,并以亲切的交易方式回报乡村经济
休闲配套区	10%～15%	邻园区外主干道	农村居所、乡村活动场所	营造游人深入其中的乡村生活空间,参与体验,实现交流

10.3.3　观光农业园(区)的景观规划

在进行观光农业园(区)景观规划时,应将自然素材、人工素材、事件素材有机地结合起来并进行创造和组织,使观光农业园(区)景观的形象、意境、风格能有效地表达与显现。

1. 建筑设施

规划时应注意以下几个问题:

1)既要具有实用功能性,又要具有艺术性。

2)与自然环境融为一体,给游人以接近和感受大自然的机会。

3)建筑设施的体量和风格应视其所处的环境而定,宜得体与自然,不能喧宾夺主,既要考虑到单体造型,又要考虑到群体的空间组合。

2. 道路水系

道路、水系也是观光农业园(区)中的一个重要组成因素,规划设计时应做到以下几点:

1)道路、水系的空间结构要求完整。

2)道路、水系的设计应做到自然引导,畅通有序,以体现景观的秩序性和通达性。

3)在一些农业历史文化展示的景观模式中,道路及水系景观应尽可能保留历史文化痕迹。

3. 农业工程设施

农业工程设施包括一些堤坝、沟渠、挡土护坡、排灌站、喷灌滴灌等农业生产设施,规划设计时应注意:在满足农业生产功能的同时,注重艺术处理,改变以往单调呆板的生产设施的设计方法,呈现出特殊的美学效果。如横跨水系沟渠可搭拱形网架,并在两岸种植(或基质培)各式优良品种的时令瓜果,形成悬于水上的瓜果长廊,极富创造性、科技感和观赏性;或者采用场景移动式喷灌设备,形成壮观的动感景观效果。

4. 作物(畜禽)生产

作物(畜禽或水产)生产是观光农业园(区)中最基本和主要的内容。露地随季节变化的果、菜、高粱、稻、麦、油菜等的色彩,温室内反季节栽培的蔬菜瓜果和鲜活的畜禽水产等,无论在农业公园、农业庄园、休闲农场等都是不可缺少的规划内容。

10.3.4　观光农业园(区)的绿化设计

1. 绿化设计原则

在进行观光农业园(区)的绿地设计时应按照总体布局,服从项目功能定位,植物与建筑、水系、道路及地形地貌共同构成园区的环境景观。

1）园区绿化要体现造景、游憩、美化、增绿和分界的功能。

2）不同功能区（项目区）的绿化风格、用材和布局特色应与该区环境特点协调。

3）不同道路、水体、建筑环境绿化要有鲜明的特色。

4）因地制宜进行绿化，做到重点与一般相结合，绿化与美化、彩化、香化相结合，绿化用材力求经济、实用、美观。

5）注意局部与整体的关系，绿地分布合理，满足功能要求，既有各分区绿化的不同风格，整体上又能体现点、线、面相结合的统一绿化体系。

6）以植物造景为主，充分体现绿色生态氛围。

2. 绿化设计的内容

首先要按植物的生物学特性，从观光农业园（区）的功能、环境质量、游人活动、庇荫等要求出发全面考虑，同时也要注意植物布局的艺术性。观光农业园（区）中不同的分区对绿化设计的要求也不一样（表10-4）。

表10-4　观光农业园（区）各分区绿化设计要点

分 区	绿 化 设 计 要 点
生产区	因生产需要，生产区内温室内外或者花木生产道两侧原则上不用高大乔木树种作为道路主干绿化树种，一般以落叶小乔木为主调树种、常绿灌木为基调树种形成道路两侧的绿带，再适当配置地被草花，总体上与生产区内农作物景观季相协调
示范区	示范区内的树木种类相对生产区内可更丰富，原则上根据示范区单元内容选取植物形成各自的绿化风格，总体上体现香化、彩化、亮化并富有季相变化
观光区	观光区对景观的要求最高，观光区内植物可根据园区主题营造不同意境，总体上形成以绿色生态为基调、活泼多姿、季相变化丰富的植被景观。在大量游人活动较集中的地段，开设开阔的大草坪，留有足够的活动空间，以种植高大的乔木为宜
管理服务区	可以高大乔木作为基调树种，与花灌木和地被植物结合，一般采用规则式种植，形成层次丰富，色块对比强烈、绚丽多姿的效果
休闲配套区	主要是满足游人的休息、活动等需求，一般以自由式种植为主，可种植观花小乔木，搭配秋色叶树和常绿灌木，地面四时有花卉、草坪，力求形成春夏有花、秋有红叶、冬有常绿的四季景观特色。也可在游人较多的地方，建造花、果、菜、鱼和大花篮等不同造型和意境的景点，既与观光农业园（区）主题相符，又增加园区的观赏效果

10.3.5　观光农业园（区）的植被规划

植被规划是观光农业园（区）内的特色规划。中国人工植被分为草本类型、木本类型和草本木本间作类型。草本类型包括大田作物型（旱地作物与水田作物）和蔬菜作物型两类。木本类型包括经济林型、果园型和其他人工林型。草本木本间作类型包括农林间作型与农果间作型。

1. 植被规划的内容

（1）生态林区

包括珍稀物种生境及其保护区、水土保持和水源涵养林区。

（2）观赏（采摘）林区

观赏采摘林区通常以木本植物为主，一般位于主游线、主景点附近，处于游览视阈范围内的植物群落，要求植物形态、色彩或质感有特殊视觉效果，其抚育要求主要以满足观赏或采摘为目的。如果范围内有生态敏感区域,还应增加生态成分,避免游人采摘活动,这时则作为观赏生态林。

（3）生产林区

生产林区为农业观光园区的内核部分,可为三大栽培类型中的任一类,以生产为主,限制或禁止游人入内。一般在规划中,生产林区处在游览视觉阴影区,选择地形平缓、没有潜在生态问题的区域。

2. 植被规划应注意的问题

（1）园区的植被规划要形成特色

如一个迷你型的水稻公园,其中植物可能就以水稻为主（$0.3hm^2$ 的水稻公园）,而一个几十公顷的果树公园植物种类（而非品种）有可能较为单调,也有可能多样。如果能够突出某一栽培种类,将其深化、扩展,也能产生一定的效果。

（2）考虑农业旅游资源的地域差异性,以激发游人的兴趣

农业旅游资源地域差异性明显,根据旅游地与客源地相互作用的原理,一个旅游地要具有吸引力,必须与客源地有较大的环境差异。这也就是说,同样一种农作物,对于长期居住于此的人们来说,它不能成为旅游吸引物,但对于居住于外地的、环境差异较大的地区的人们来说,可能就是一种极好的旅游资源。如荷花,对生活在南方水乡的人来说,可谓司空见惯,但对生活在干旱地区的人来说,却极具诱惑力。

我国国土所跨的经纬度非常大,不同地区有不同的光、热、水、土等自然条件的组合,导致农业生产地区差异性明显。就全国范围来说,可以划分为十大各具特色的农业区,各区的田野风光迥然不同。农业观光园（区）的栽培规划应当以园（区）所在的农业区为依据,挖掘特色,让游人真正体会到回归自然,感受乡野。

总之,每一种农、林、牧、副、渔产品的生产都具有很明显的地带性与特色。被称为南方"四大水果"的龙眼、荔枝、香蕉、菠萝,均生长于我国华南地区;柑橘则生长在长江流域亚热带地区;苹果、梨、柿、核桃等则主要生长于我国温带地区。对于一些受小气候影响较大、生长区域范围极小、产量极小的水果来说,就更具有地域性,它们对于旅游者来说也更具有吸引力。

参 考 文 献

［1］ 胡长龙等.园林规划设计[M].北京:中国农业出版社,2002.

［2］ 王绍增等.城市绿地规划[M].北京:中国农业出版社,2005.

［3］ 王浩等.城市生态园林与绿地系统规划[M].北京:中国林业出版社,2003.

［4］ 贾建中.城市绿地规划设计[M].北京:中国林业出版社,2001.

［5］ 封云.公园绿地规划设计[M].第二版.北京:中国林业出版社,2004.

［6］ 孟刚等.城市公园设计[M].上海:同济大学出版社,2003.

［7］ 王浩等.观光农业园规划与经营[M].北京:中国林业出版社,2003.

［8］ 王宝华.对工厂企业绿地规划的看法[J].风景园林汇刊,2000 年第八卷合订本.

［9］ 方咸孚,李海涛.居住区的绿化模式[M].天津:天津大学出版社,2001.

［10］ 刘延枫,肖敦余.低层居住群空间环境规划设计[M].天津:天津大学出版社,2001.

［11］ 姚时章,王江萍.城市居住外环境设计[M].重庆:重庆大学出版社,2000.

［12］ 周俭.城市住宅区规划原理[M].上海:同济大学出版社,1999.

［13］ 唐学山,李雄,曹礼昆.园林设计[M].北京:中国林业出版社,2002.

［14］ 孟兆祯等.园林工程[M].北京:中国林业出版社,1997.

［15］ 李敏.论城市绿地系统规划理论与方法的与时俱进[J].中国园林.2002(5):17~21.

［16］ 李德华.城市规划原理[M].北京:中国建筑工业出版社,2001.

［17］ 封云等.公园绿地建筑规划[M].北京:中国林业出版社,1999.

［18］ 金涛等.居住区环境景观设计与营造[M].北京:中国城市出版社,2003.

［19］ 刘滨谊.现代景观规划设计[M].南京:东南大学出版社,1999.

［20］ 沈洪.种植设计讲入[M].同济大学教材处,1990.

［21］ [日本]仙田满著,侯锦雄,林钰译.儿童游戏环境设计[M].台湾:田园城市文化事业有限公司出版, 1996.

［22］ 余树勋.植物园规划与设计[M].天津:天津大学出版社,2000.

［23］ 李敏.城市绿地系统与人居环境规划[M].北京:中国建筑工业出版社,1999.

［24］ 欧阳志云等.大城市绿化控制带的结构与生态功能[J].城市规划,2004.4.

［25］ 胡长龙.城市园林绿化设计[M].第二版.上海:上海科学技术出版社,2003.

［26］ 张吉祥.园林植物种植设计[M].北京:中国建筑工业出版社,2002.

［27］ 卢仁,金承藻.园林建筑设计[M].北京:中国林业出版社,1991.

［28］ 窦奕.园林小品及园林小建筑[M].合肥:安徽科学技术出版社,2003.

［29］ 王浩.城市道路绿地景观设计[M].南京:东南大学出版社,2002.

［30］ 李敏.现代城市绿地系统规划[M].北京:中国建筑工业出版社,2002.

［31］ 王保忠等.城市绿地研究综述[J].城市规划汇刊,2004,(2).

［32］ 宋晓虹.城市园林绿化的生态与文化原则[J].贵州农业科学,2002,30(5).

［33］ 杨永胜,金涛.现代城市景观设计与营造技术[M].北京:中国城市出版社,2002.

［34］ 温扬真.园林设计原理概论[M].北京:中国林业出版社,1989.

［35］ 杜汝俭,李恩山,刘管平.园林建筑设计[M].北京:中国建筑工业出版社,1986.

［36］胡长龙.城市园林绿化[M].北京:中国林业出版社,1992.

［37］孙筱祥.园林艺术及园林设计(内部教材).北京林业大学,1986.

［38］白德懋.居住区规划与环境设计[M].北京:中国建筑工业出版社,1993.

［39］白德懋.城市空间环境设计[M].北京:中国建筑工业出版社,2002.

［40］杨赉丽.城市园林绿地规划[M].北京:中国林业出版社,1995.

［41］(韩)建筑世界,Han集团(株).小区规划景观设计[M].福州:福建科学技术出版社,2004.

［42］(日)丰田幸夫.风景建筑小品设计图集[M].北京:中国建筑工业出版社,1999.

［43］束晨阳.现代庭院设计实录[M].北京:中国林业出版社,1997.

［44］赵世伟等.园林植物景观设计与营造[M].北京:中国城市出版社,2002.

［45］徐峰.城市园林绿地设计与施工[M].北京:化学工业出版社,2002.

［46］樊国盛等.园林理论与实践[M].北京:中国电力出版社,2007.

［47］黄晓鸾.园林绿地与建筑小品[M].北京:中国建筑工业出版社,1996.

［48］马锦义等.公共庭园绿化美化[M].北京:中国林业出版社,2003.

［49］黄东兵.园林绿地规划设计[M].北京:高等教育出版社,2006.

［50］梁永基等.机关单位园林绿地设计[M].北京:中国林业出版社,2002.

［51］梁永基等.医院疗养院园林绿地设计[M].北京:中国林业出版社,2002.

［52］梁永基等.校园园林绿地设计[M].北京:中国林业出版社,2001.

［53］李祖清.单位绿化环境艺术[M].成都:四川科学技术出版社,2002.

［54］封云,林磊.公园绿地规划设计[M].北京:中国林业出版社,2004.

［55］孙成仁.城市景观设计[M].哈尔滨:黑龙江科学技术出版社,1999.

［56］白佐民,艾鸿镇.城市雕塑设计[M].天津:天津科学技术出版社,1985.

［57］陈友华,赵民.城市规划概论[M].上海:上海科学技术文献出版社,2000.

［58］陈金河.城市园林绿化应注重森林生态建设[J].福建热作科技,2002,27(4).

［59］行业标准.CJJ/T 85—2002 城市绿地分类标准[S].北京:中国建筑工业出版社,2002.

［60］行业标准.CJJ/T 75—97 城市道路绿化规划与设计规范[S].北京:中国建筑工业出版社,1998.

［61］行业标准.CJJ 48—92 公园设计规范[S].北京:中国建筑工业出版社,2006.

［62］周忠武.城市园林设计[M].南京:东南大学出版社,2000.

［63］赵建民等.园林规划设计[M].北京:中国农业出版社,2001.

［64］王晓俊.风景园林设计[M](增订本).南京:江苏科学技术出版社,2000.

［65］郑强,卢圣.城市园林绿地规划[M].北京:气象出版社,2001.

［66］王浩,谷康,高晓君.城市休闲绿地图集[M].北京:中国林业出版社,1999.

［67］毛培林.园林铺地[J].北京林业大学学报,2004,(12).

［68］徐雁南.城市绿地系统布局多元化与城市特色[J].南京林业大学学报,2004,(4).

［69］莫伯治.环境、空间与格调[J].建筑学报,1983,(9).

［70］张黎明.园林小品工程图集[M].北京:中国林业出版社,1989.

［71］许浩.国外城市绿地系统规划[M].北京:中国建筑工业出版社,2003.